Introdução à **engenharia**

O autor

Luis Fernando Espinosa Cocian graduou-se em Engenharia Elétrica na Universidade Federal do Rio Grande do Sul (UFRGS) e obteve o título de Mestre em Engenharia de Instrumentação Eletroeletrônica pela mesma universidade. Foi chefe do Departamento de Engenharia Elétrica na Ulbra por mais de 10 anos, onde também recebeu o título de engenheiro de segurança. Atua em pesquisa no programa de doutorado em Engenharia Metalúrgica e dos Materiais da UFRGS, tendo desenvolvido novos sistemas computacionais para simulação de processos de solidificação de metais. As suas principais áreas de interesse são: concepção de novos sistemas de medição eletroeletrônicos, técnicas de geração não convencionais de energia, inovações em automação, IOT, sistemas integrados adaptáveis de computação e sistemas de segurança modernos. Nos tempos livres gosta de viajar, ler e desenvolver materiais didáticos para ajudar na formação das novas gerações de engenheiros.

C659i   Cocian, Luis Fernando Espinosa.
          Introdução à engenharia / Luis Fernando Espinosa Cocian. – Porto Alegre : Bookman, 2017.
          ix, 286 p. : il. ; 25 cm.

          ISBN 978-85-8260-417-5

          1. Engenharia. 2. Engenheiros – Habilidades. 3. Engenheiros – Especialidades. 4. Materiais de engenharia – Classificação. I. Título.

                                                      CDU 62

Catalogação na publicação: Poliana Sanchez de Araujo – CRB 10/2094

LUIS FERNANDO ESPINOSA COCIAN
Universidade Luterana do Brasil

Introdução à engenharia

2017

© Bookman Companhia Editora Ltda., 2017

Gerente editorial: *Arysinha Jacques Affonso*

Colaboraram nesta edição:

Capa: *Paola Manica*

Processamento pedagógico: *Carolina Utinguassú Flores*

Editoração: *Clic Editoração Eletrônica Ltda.*

Reservados todos os direitos de publicação, em língua portuguesa, à
BOOKMAN EDITORA LTDA., uma empresa do GRUPO A EDUCAÇÃO S.A.
Av. Jerônimo de Ornelas, 670 – Santana
90040-340 Porto Alegre RS
Fone: (51) 3027-7000 Fax: (51) 3027-7070

Unidade São Paulo
Rua Doutor Cesário Mota Jr., 63 – Vila Buarque
01221-020 São Paulo SP
Fone: (11) 3221-9033

SAC 0800 703-3444 – www.grupoa.com.br

É proibida a duplicação ou reprodução deste volume, no todo ou em parte, sob quaisquer formas ou por quaisquer meios (eletrônico, mecânico, gravação, fotocópia, distribuição na Web e outros), sem permissão expressa da Editora.

IMPRESSO NO BRASIL
PRINTED IN BRAZIL

Prefácio

A história deste livro começou no frio inverno do ano de 1995, quando comecei a ministrar aulas de algumas disciplinas do curso de engenharia elétrica, dentre elas, a de introdução à engenharia.

Com apenas quatro anos de exercício profissional como engenheiro, eu começava ali uma carreira dedicada à formação de novos colegas. Quando a coordenadora do curso me designou a disciplina, lembrei do começo do meu curso. Quando estudante tinha cursado uma disciplina denominada introdução à engenharia elétrica. Apesar do nome bastante claro, ela não tinha estrutura definida ou conteúdo específico e era ministrada basicamente por palestrantes e alunos de pós-graduação que falavam sobre as suas pesquisas ou produtos. Nada sobre a profissão. Os temas das palestras eram tão profundos e especializados que um aluno principiante sequer entendia o que estava sendo falado.

Essa experiência anterior me mostrou o que eu não deveria fazer. Então, como tinha os conhecimentos técnicos da formação ainda vivos, decidi tornar essa disciplina relevante do ponto de vista puramente técnico. Depois de conversar com colegas professores, decidi que a disciplina trataria de matemática aplicada, instrumentação básica, atividades experimentais de laboratório e um pouco de análise de circuitos elétricos e digitais. Ela era bastante técnica e os alunos gostavam porque podiam manipular osciloscópios e outros instrumentos. O problema era que eles não aprendiam sobre a profissão. Provavelmente, depois de formados eles não usariam mais estes instrumentos e técnicas. Esse pensamento me motivou a mudar novamente.

As questões técnicas, as atividades de laboratório e os exercícios de matemática eram interessantes para os estudantes de engenharia e eles gostavam disso. A questão básica era diferenciar o que eles "gostavam" do que eles "precisavam". É claro que eles precisavam de mais conhecimentos de matemática, e novos conhecimentos básicos de uso de instrumentos, e isso seria muito útil para as disciplinas posteriores, mas já havia disciplinas específicas no currículo para tratar desses assuntos, até demais!

O primeiro passo neste novo caminho foi buscar publicações gerais sobre a engenharia e as suas especialidades. Pesquisando nas livrarias ao longo dos anos fui reunindo uma série de referências, buscando completá-las com o conteúdo que julgava importante. Minha prática profissional e como empresário foi me ajudando na construção dessas referências. Depois de ler uma série de títulos e ainda não me satisfazendo com um para adoção como livro-texto, decidi colocar as mãos à obra. Depois de mais de oito anos de pesquisas e muito trabalho, no ano de 2006 publiquei a obra *Descobrindo a Engenharia: A Profissão*, que serviu de fundamento para este novo livro.

A preparação do livro foi fascinante. Ao longo do tempo adquiri um melhor discernimento da profissão e ganhei motivação para as minhas próprias atividades profissionais. Antes de começar a escrever, eu não conhecia a grande abrangência da profissão e não tinha consciência plena da importância da engenharia para a sociedade. Alguns dos meus conceitos mudaram bastante ao longo desses anos todos.

Poucos dias após a minha formatura, fui visitar minha tia que morava no exterior. Depois de me cumprimentar, ela me pediu: *"Luis, agora que tu és engenheiro eletricista, por favor, arruma o meu rádio que está mudo há duas semanas..."*. Eu respondi: *"Sim, tia!"*

Mas eu não aprendi isso na escola de engenharia. Eu sabia calcular uma transformada de Fourier sem olhar para as tabelas, conhecia técnicas avançadas de filtros para sinais, sabia projetar complexos circuitos eletrônicos analógicos e digitais, programava extensos algoritmos, aprendi sobre fluxos de potência em linhas de transmissão, sobre ondas eletromagnéticas, antenas e sobre projeto de máquinas elétricas; entretanto não sabia consertar o maldito rádio! Naquele dia percebi que as pessoas comuns não têm a menor ideia do que faz um engenheiro. Em geral, pensam que os engenheiros servem para construir prédios e pontes (e arrumar rádios de pilha!). O pior de tudo era que eu também não sabia direito o que os engenheiros fazem.

Esta obra não pretende ser completa e definitiva. Pretende ser um texto introdutório e deve ser complementado com outros, que apresentem pontos de vista diversos. O foco foi abrangente, pensando não apenas na prática da engenharia no Brasil. Algumas considerações podem não se aplicar a algum país em função de regulamentações legais específicas, ainda que a maior parte das ideias dos fundamentos da profissão sejam quase universais. Muito do que está dito no livro é fruto da minha experiência de trabalho com engenheiros brasileiros, alemães, búlgaros, tchecos, estadunidenses, canadenses, uruguaios, paraguaios, colombianos e argentinos.

Desejo uma boa leitura e espero que gostem do nosso mundo da engenharia. Esse mundo também é seu! Hããã... já ia esquecendo.... dei de presente um rádio novo para a minha tia!

Sumário

1 Engenharia: uma breve introdução 1
   Um mundo que jamais existiu 3
   A engenharia como profissão 4
   Os tempos passados e a engenharia 9
   Os tempos futuros e a engenharia 12
   Grandes realizações da engenharia 14
   O primeiro contato 19
   Resumo 23

2 As atividades dos engenheiros 24
   Aptidão para a engenharia 25
   A educação em engenharia 25
   As funções dos engenheiros 27
   A equipe tecnológica 34
   Resumo 36

3 Habilidades necessárias ao engenheiro 37
   As habilidades desejáveis 38
   Competências e habilidades esperadas dos engenheiros 41
   Resumo 45

4 As especialidades da engenharia 47
   Classificação das especialidades 48
   Extração, processamento e uso dos recursos naturais 49
   Infraestrutura e urbanismo 54
   Máquinas, mecanismos, produção, energia térmica
   e mecânica 56
   Processos químicos, alimentos, tecnologia de materiais
   e energia nuclear 58
   Eletroeletrônica, computação, iluminação, instrumentação,
   energia elétrica e magnética 59

Aplicações para sistemas biológicos 61
Saúde e segurança 63
Aplicações militares. 65
Resumo 65

5 O método para a solução dos problemas de engenharia 67
A fase da formulação do problema 69
A fase da análise do problema 72
A fase da pesquisa por soluções alternativas. 78
A fase da decisão 85
A especificação da solução final 91
Resumo 93

6 Modelos e modelagem na engenharia 95
As representações dos sistemas físicos 96
A modelagem na solução de problemas de engenharia 98
O uso dos modelos 109
Resumo 115

7 A busca da solução ótima 116
Quando os critérios são contraditórios 124
O valor relativo 127
O processo de otimização 128
Resumo 131

8 A análise de engenharia 133
A análise e o projeto de engenharia 134
A análise e as falhas de engenharia 137
Procedimento geral de análise de engenharia 141
A definição de problemas do mundo real 147
Resumo 151

9 O mundo quantificado dos engenheiros 153
As dimensões 155
Quantidades e unidades 160
O Sistema Internacional e suas unidades. 162
Unidades derivadas 164
Múltiplos e submúltiplos decimais das unidades SI – Prefixos SI 167

Unidades fora do SI..170
A escrita das quantidades e suas unidades...................174
Regras e convenções de estilo para expressar valores
de quantidades...177
Resumo..182

10 Os materiais de engenharia **184**
Classificação dos materiais de engenharia 185
A escolha dos materiais de engenharia......................204
Resumo..205

11 Fontes de energia................................... **206**
As fontes de energia.......................................207
Os tipos de energia..213
Resumo..227

12 Habilidades de liderança, trabalho em equipe e tomada de decisão **229**
Características dos grupos..................................230
Comportamentos interpessoais...............................230
Etapas de desenvolvimento da equipe........................231
As reuniões...233
Planejamento e atribuição de responsabilidades..............235
A divisão do trabalho......................................239
Habilidades na tomada de decisões..........................241
Resumo..251

13 Ética e responsabilidades............................ **252**
Responsabilidade na engenharia.............................253
Profissionais, profissões e empresas responsáveis...........260
Escolhas morais e os dilemas éticos........................263
Compromisso com a segurança................................267
Ética ambiental e aspectos sociais.........................269
Resumo..271

Referências..**275**

Índice...**281**

CAPÍTULO

1

Engenharia: uma breve introdução

Neste capítulo você será apresentado ao fantástico mundo da engenharia. As perguntas básicas a fazer sobre a engenharia são: o quê? Por quê? Para quê? Como? Quando? Qual? Quem? Onde? No final deste livro você será capaz de responder a todas essas perguntas e terá uma boa noção do que esperar do brilhante futuro dessa grande profissão.

Neste capítulo você estudará:

- O conceito da engenharia.
- A importância e as vantagens de uma carreira em engenharia.
- As atividades realizadas por um engenheiro.
- Algumas das habilidades necessárias para os profissionais de engenharia.

A maior parte das pessoas não tem uma ideia clara sobre a engenharia, sobre o que os engenheiros fazem ou por que eles são tão importantes para a sociedade. A engenharia é muitas vezes rotulada como uma profissão "discreta", "invisível" ou até "desconhecida", embora tudo o que envolva os avanços tecnológicos e a produção de bens e serviços esteja relacionado à engenharia.

Pesquisas indicam que uma boa parte da população adulta (cerca de 60%) julga não estar bem informada sobre as atividades do engenheiro. Este livro foi preparado para destacar a importância da engenharia e das atividades dos engenheiros para a sociedade.

Então, o que é a engenharia para você? Coloque a sua resposta em um pedaço de papel e guarde-o até o final da leitura deste capítulo.

É difícil definir engenharia em poucas palavras. Embora alguns exemplos práticos possam ser mais eficazes, podemos começar com uma definição curta, mas de amplo significado: "A engenharia é a arte da aplicação dos princípios científicos, da experiência, do julgamento e do senso comum, para implementar ideias e ações em benefício da humanidade e da natureza" (COCIAN, 2009d, p. 16).

Os engenheiros fazem coisas diversas, como projetar* pontes, equipamentos médicos, automóveis, desenvolver processos para dejetos tóxicos e sistemas para o transporte de massas. Em outras palavras, a engenharia envolve o desenvolvimento de um produto técnico ou sistema que seja adequado para resolver uma questão específica, valendo-se, para isso, de técnicas de utilização de materiais que a natureza oferece com a energia para fazer as transformações requeridas. Pensando nisso, outra definição interessante pode ser: "A engenharia é a aplicação dos saberes científicos para criar algum elemento de valor a partir dos recursos naturais" (COCIAN, 2009d, p. 17).

Essa última definição fala sobre "elemento de valor". O que é isso? Que tipo de "valor" é esse? Com certeza os valores são relativos, dependem do tipo de sociedade e da conjuntura. Valores considerados positivos e verdadeiros na nossa sociedade podem ser negativos ou falsos em outras, e vice-versa. O ser humano é contraditório por natureza, e é nesse ambiente que a engenharia se desenvolve. Por isso, é importante primeiro questionar os próprios valores antes de julgar os dos outros.

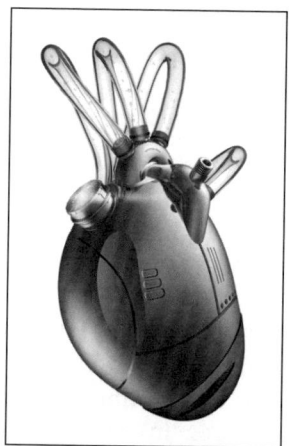

FIGURA 1.1 Engenheiros projetam corações artificiais buscando suprir as necessidades de pacientes que sofrem de insuficiência cardíaca.
Fonte: Zinco79/iStock/Thinkstock

---

*Projetar não é construir. Projetar é definir as características do que vai ser construído, prever o comportamento dos materiais empregados para que atendam a uma lista de requisitos de desempenho e segurança, além de detalhar como o objeto do projeto deve ser construído e quais os recursos necessários antes, durante e depois da sua vida útil.

Um mundo que jamais existiu

Talvez você ache estranho o fato de as definições anteriores não tratarem a engenharia como ciência, mas como processos que se aproveitam dela para gerar as suas aplicações – uma "ciência aplicada". Em geral, os engenheiros não "fazem" ciência, eles a usam. A palavra **ciência** se refere a descobrir como a natureza funciona. A engenharia é a criação do **artificial**, conforme o engenheiro aeroespacial Theodore Von Karman (THE NATIONAL AVIATION HALL OF FAME, c2011) escreveu: "Os cientistas descobrem o mundo que existe; os engenheiros criam o mundo que jamais existiu."

Os engenheiros são frequentemente confundidos com cientistas, provavelmente porque todos nós tivemos algumas disciplinas de ciências no ensino médio, porém ninguém teve disciplinas de engenharia. Por exemplo, uma pesquisa realizada na virada dos anos 2000 nos Estados Unidos (NATIONAL ACADEMY OF ENGINEERING, c2015), demonstrou que somente 18% dos respondentes associavam à engenharia as viagens ao espaço sideral, enquanto 68% faziam esse vínculo com os cientistas. Na verdade, 67% dos astronautas treinados até então eram graduados em engenharia.

Mas, por que criar o artificial? O ser humano tem entre seus instintos básicos a busca por **segurança** individual, por exemplo, contra rigores climáticos e ambientais (evitando passar fome, fugindo de inundações, remediando as secas) e contra ataques de outros predadores ou de tribos rivais, ou mesmo para se defender de microrganismos e de doenças. Outra característica é o desejo de **poder** fazer coisas que ultrapassem nossas limitações naturais ou genéticas, como: atravessar um rio sem se molhar, se afogar ou virar a refeição de um jacaré; andar a 120 km/h sem ter que correr ou sair de uma poltrona; não morrer congelado quando a temperatura ambiente estiver congelante; ou poder voar sem ter asas e mergulhar em grandes profundidades sem ter guelras.

Essas são motivações objetivas para criar o artificial, ligadas à nossa preservação individual. À medida que a civilização se equipa com elementos artificiais que mantêm o indivíduo "seguro" e "poderoso", começam a surgir motivações secundárias e, em alguns casos, subjetivas, que podem reforçar as anteriores ou criar um mundo novo de necessidades, algumas até sem nexo racional.

Importante

Os engenheiros se motivam a criar o artificial para a defesa e a superação de limites que o corpo humano não possui, bem como para satisfazer necessidades funcionais ou estéticas.

A engenharia como profissão

No marco legal brasileiro da época do Império, foram definidas como as três principais áreas profissionais a medicina, a advocacia e a engenharia. Essas ficaram conhecidas como as profissões imperiais, e o marco legal promoveu a organização das funções relacionadas com as atividades desses profissionais. O Brasil Imperial acompanhou os modelos de outras nações na formalização dos deveres e direitos de algumas profissões. As três profissões principais atenderiam grande parte dos problemas da sociedade: a primeira, para resolver os problemas do ser humano como entidade biológica; a segunda, para resolver os conflitos de relacionamento do ser humano com os seus pares; e a terceira, para resolver os problemas de relação do ser humano com o mundo material e as suas transformações. Como profissão formal, a engenharia é relativamente nova, e as suas atividades estão continuamente mudando de natureza e escopo.

Os engenheiros trabalham com a realidade e geralmente enfrentam conjuntos de problemas específicos que devem ser resolvidos para atingir alguns objetivos. Se um problema em particular for muito difícil de resolver, ele deverá ser parcialmente resolvido, dentro das limitações de tempo e custo sob o qual o engenheiro trabalha.

A Figura 1.2 mostra as principais atividades humanas, agrupadas em diferentes polos. A engenharia é mostrada como uma ciência aplicada. As atividades específicas do engenheiro cobrem um amplo espectro: elas vão desde o trabalho como cientista pesquisador até o de engenheiro de vendas ou de aplicações, que tem mais a ver com aspectos orientados a profissões, como psicologia e economia.

Uma definição legal típica

O engenheiro profissional, dentro do significado e dos objetivos da lei, refere-se à pessoa ocupada na prática profissional da prestação de serviços ou em atividades de trabalho criativo que requeira educação, treino e experiência nas ciências da engenharia e a aplicação de conhecimento específico em matemática, física e ciências da engenharia. A prestação de serviços ou trabalho criativo se dará como consultoria, investigação, avaliação, planejamento ou projeto de serviços de utilidade pública ou privada, estruturas, máquinas, processos, circuitos, construções, equipamentos ou projetos, e supervisão de construções com o propósito de seguir e alcançar as especificações estabelecidas pelo projeto de qualquer um desses serviços. (COCIAN, 2009d, p. 69).

Uma definição profissional

O engenheiro profissional é competente em virtude da sua educação fundamental e do treinamento para aplicar o método científico (e da engenharia). A sua percepção e experiência são fatores determinantes para a solução de problemas, assumindo responsabilidade pessoal pelo desenvolvimento e aplicação das ciências da engenharia e das técnicas, principalmente na pesquisa, projeto, manufatura, supervisão e gerenciamento. O engenheiro é uma pessoa qualificada pela sua capacidade, educação e experiência em executar tarefas de engenharia. (COCIAN, 2009d, p. 70).

Provavelmente você foi atraído para o estudo da engenharia sem ter conhecimento amplo do que ela realmente é. Considerando as muitas definições de engenharia existentes, podemos destacar cinco elementos essenciais em comum entre elas:

- A engenharia como vocação
- Arte e ciência
- Uso da ciência aplicada
- Utilização dos recursos naturais
- Benefício à humanidade como propósito

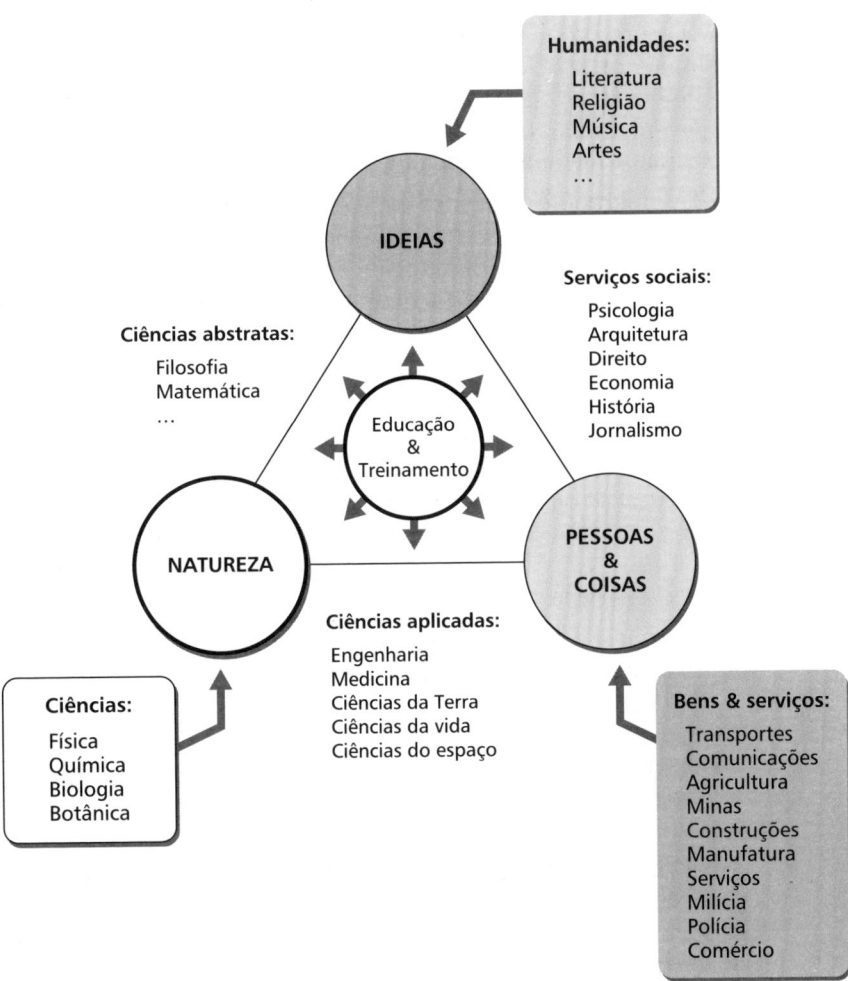

FIGURA 1.2 Diagrama das atividades humanas.
Fonte: Cocian (2009d).

Como queremos uma definição completa na forma mais simples possível, podemos incorporar esses cinco elementos em uma única frase, para chegar à seguinte definição: "A engenharia é a arte profissional da aplicação da ciência, da experiência, do julgamento e do senso comum para a conversão dos recursos naturais em benefício da humanidade." (COCIAN, 2009d, p. 70).

> **Dica**
>
> Ao elaborar a sua definição de engenharia, lembre-se dos outros elementos ligados ao conceito de engenharia para atender às necessidades humanas: valor, poder, criatividade, experiência, prática, segurança e economia.

A engenharia como vocação

As vocações são comumente associadas às profissões, dentre as quais podemos citar a medicina, a advocacia, a arquitetura, o ensino, o sacerdócio e, finalmente, a engenharia. As vocações têm quatro características comuns:

- Estão associadas com uma grande área específica do conhecimento.
- A preparação para a profissão inclui treinamento na aplicação de tal conhecimento.
- Os padrões da profissão são mantidos no mais alto nível, através da força de regulamentações legais ou pela opinião pública.
- Cada membro da profissão reconhece as suas responsabilidades para com a sociedade, além das responsabilidades com os seus clientes, empregados ou com outros membros da sua profissão.

Arte e ciência

A engenharia é, mais do que uma ciência, uma arte, pois a técnica também depende muito da inteligência perceptiva. A arte utiliza a aplicação sistemática do conhecimento e das habilidades de acordo com um conjunto de regras. A engenharia requer perspicácia e habilidade de decisão na adaptação do conhecimento para propósitos práticos. Uma das atividades mais frequentes na engenharia é a resolução de problemas, e para alguns engenheiros isso é uma arte.

O método para isso começa pelo claro entendimento do problema em si, fazendo as hipóteses necessárias; segue, então, utilizando a criatividade para estabelecer o conceito, dispositivo ou sistema que atenda às necessidades, efetuando uma análise lógica da situação, baseada nos princípios estabelecidos, verificando cuidadosamente os resultados, e finalizando com um conjunto de conclusões ou recomendações baseadas em todos os fatos relacionados. A habilidade para conceber uma solução original e predizer o seu desempenho e custo é um dos atributos diferenciais do engenheiro profissional.

Uso da ciência aplicada

A ciência é um conjunto de conhecimentos cumulativos, embasados e sistematizados. A engenharia é baseada nas ciências fundamentais da física, química e matemática, com suas extensões no estudo das ciências dos materiais, mecânica, termodinâmica, eletrodinâmica e processos de transferência, denominados "ciências da engenharia". A palavra ciência deriva do latim *scire*, que significa "conhecer". Diferentemente, a função básica do engenheiro é "fazer". O cientista busca a ampliação do conhecimento. O engenheiro utiliza a ciência para resolver problemas práticos; ele é uma pessoa de ação. O engenheiro utiliza a ciência, mas não se limita à construção do conhecimento científico.

Para citar um exemplo, até hoje ninguém conhece exatamente como e por que o concreto e o aço se comportam da maneira que se comportam; mesmo assim, usando dados empíricos, o engenheiro é capaz de projetar estruturas eficientes e seguras. É importante notar que a concepção e o projeto de uma estrutura, dispositivo ou sistema, que atenda a uma determinada especificação de forma otimizada, é considerada uma obra de engenharia, mesmo que tenha sido feita por uma pessoa cujo treinamento formal foi na área das ciências.

Frequentemente a imprensa aumenta a confusão, comemorando a colocação bem-sucedida de um satélite de comunicações em órbita, por exemplo, descrevendo-a erroneamente como uma "conquista científica", enquanto relata um lançamento malsucedido como resultado de uma "falha de engenharia".

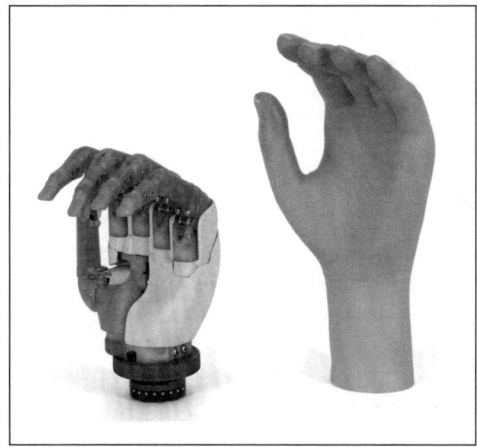

FIGURA 1.3 Engenheiros estudam as ciências para aplicá-las em projetos que geram benefícios para as pessoas, como as próteses robotizadas.
Fonte: Bela Hoche/iStock/Thinkstock

Utilização dos recursos naturais

A engenharia envolve a utilização dos recursos naturais. Alguns recursos naturais são renováveis e outros podem ser rapidamente esgotados. O engenheiro deve se preocupar com a conservação desses recursos, o que não significa "não utilizá-los". A verdadeira conservação dos recursos naturais requer o contínuo desenvolvimento de novos recursos, assim como a utilização eficiente dos já existentes. Todos nós devemos ser conscientes da finitude de alguns desses recursos, entre eles a água doce, o petróleo e o minério de ferro.

Em vista do rápido crescimento populacional, do desejo de melhorar a qualidade de vida e do aumento do consumo de energia e materiais, o trabalho de conservação dos recursos naturais está se tornando a principal atividade de alguns engenheiros e cientistas, que têm a missão de descobrir novas fontes, desenvolver métodos melhorados de processamento e revelar recursos alternativos. Os recursos naturais podem ser classificados em dois tipos: os recursos materiais e os energéticos.

Para refletir

Você consegue imaginar como seria a vida se não pudéssemos mais utilizar a quantidade e a variedade de recursos naturais do planeta para criar novos espaços urbanos, novos caminhos para dejetos, novas soluções em estradas, bem como ambientes para adaptar o crescimento populacional? Tudo vem da natureza: pedras, cimento e areia para fazer concreto, a madeira das esquadrias e móveis, os diversos minerais para o pigmento das tintas (o minério de ferro, por exemplo, é utilizado para fazer barras de estribo, vigas de aço, prego, fios...), o barro e a argila para produzir tijolos, gesso para fazer *drywall*, etc. São apenas alguns exemplos, mas basta você olhar em volta para perceber que tudo foi tirado da nossa rica natureza, até mesmo a sua roupa!

Recursos materiais

Os recursos materiais são utilizados com o objetivo de produzir outros objetos. Os materiais utilizados na engenharia incluem derivados de animais, vegetais e minerais, sendo alguns naturais e outros, em sua maioria, manufaturados ou processados. Estes derivados são muito úteis pelas suas diversas propriedades: resistência, fácil fabricação, leveza, durabilidade, capacidade de isolamento ou condução, boas características térmicas, magnéticas, elétricas, químicas ou acústicas. A lista de materiais utilizáveis é praticamente ilimitada; por exemplo, existem 45 elementos metálicos e aproximadamente 10 000 ligas metálicas em uso hoje em dia. Pela variação da composição de uma liga, o engenheiro pode melhorar a sua condutividade, usinagem, resistência à corrosão, suas propriedades magnéticas ou as características de produção.

Recursos energéticos

Os recursos energéticos são utilizados com o objetivo de produzir energia. A quantidade de fontes importantes de energia é muito menor do que a de recursos materiais como o carvão mineral, o petróleo, o gás natural, o vento, a luz solar, as quedas de água, as ondas do mar e a fissão nuclear. Os recursos energéticos são necessários para processar esses recursos naturais.

Cada forma de energia tem vantagens e desvantagens. O carvão mineral é barato, mas a sua mineração é perigosa e o seu conteúdo de enxofre é difícil de remover. Os produtos derivados de petróleo podem ser armazenados e convertidos em calor sob condições cuidadosamente controladas. O estoque mundial de petróleo está se esgotando rapidamente e a sua disponibilidade está submetida a um conjunto pequeno de países. O poder do vento é barato, mas não confiável. O desenvolvimento de energia pela força da água é viável somente em certas áreas, geralmente remotas. O combustível nuclear é barato, mas o equipamento de conversão é muito caro, e a sociedade se preocupa com relação a sua segurança. Cada dia, a terra recebe 10.000 vezes a quantidade de energia necessária para os seres humanos, mas ainda não encontramos uma forma efetiva de converter essa energia de forma competitiva.

Benefício da humanidade como propósito

A engenharia busca o benefício da humanidade. A sociedade criou a engenharia para servi-la. Suponha que, no passado, um produto que satisfizesse alguma necessidade material fosse oferecido. Um engenheiro que compartilhasse essa inovação possivelmente ficaria totalmente satisfeito com a solução de um problema técnico específico. Hoje, diferentemente, estamos ficando cada vez mais convencidos de que as contribuições do engenheiro têm implicações políticas, sociais e estéticas, muito além da obtenção de resultados técnicos imediatos.

Um sistema de mísseis intercontinentais pode fornecer segurança a um segmento da sociedade, enquanto ameaça outro. Uma represa que converte a energia de um rio num cânion remoto pode alagar uma imensa área, que tem um papel importante na natureza. Um motor de automóvel, mesmo barato e eficiente no transporte, reduzindo os problemas de energia, pode, em contrapartida, prejudicar o meio ambiente pela poluição do ar.

Os tempos passados e a engenharia

Tem-se afirmado que a história da civilização é a história da engenharia. Certamente é verdade que as civilizações desenvolvidas são conhecidas pelas suas realizações de engenharia.

O rei Salomão, Júlio César, Carlo Magno e a rainha Vitória possuíam uma coisa em comum: todos dependiam de um veículo impulsionado por cavalos que, de várias formas, serviu à humanidade por mais de 5 mil anos. Leonardo da Vinci esboçou tanques e máquinas voadoras (em 1480) e Júlio Verne descreveu os submarinos e naves espaciais (em 1865), mas a realização desses sonhos fantásticos sempre foi um lento processo de engenharia.

Arquitetura

A palavra arquiteto significa "chefe construtor". O primeiro arquiteto tinha que ser hábil para planejar uma estrutura adequada às necessidades sociais, ser experiente na arte da construção, ser eficiente no uso dos materiais e, ainda, ser competente para dirigir diretamente os operários – em outras palavras, ele era um engenheiro.

Algumas estruturas conhecidas que atestam a imaginação e as habilidades dos seus planejadores são: as grandes pirâmides do Egito (ano 3000 a.C.), o templo do rei Salomão em Jerusalém (ano 1000 a.C.), o Parthenon na Grécia (ano 450 a.C.) e o Coliseu em Roma (ano 80).

Estradas

Os romanos deslocavam os seus engenheiros para os vários territórios que conquistavam. Algumas estradas dos romanos ainda são encontradas na Inglaterra, onde muitas destas serviram como fundações de estradas posteriores. No império romano existiam aproximadamente 75.000 km de estradas

FIGURA 1.4 As pirâmides do Egito permanecem incólumes até os dias de hoje.
Fonte: WitR/iStock/Thinkstock

FIGURA 1.5 Aqueduto romano de Pont du Gard, na França.
Fonte: Bertl123/iStock/Thinkstock

construídas de acordo com os princípios de pavimentação e drenagem usados até hoje. A administração do império dependia das facilidades de transporte e comunicação.

Hidráulica

A água está intimamente ligada à vida humana. As represas de irrigação e os canais que fizeram das margens do rio Nilo um jardim (ano 2000 a.C.) estão entre as primeiras realizações de engenharia de grande porte. Jerusalém e Atenas foram supridas com água a partir de morros distantes por meio de aquedutos. Os romanos são famosos pelos seus mais de 400 km de aquedutos, que foram descritos em detalhe por Frontinius (ano 79), um inspetor romano "responsável pela água". Esses aquedutos conseguem sustentar uma vazão de mais de 1 bilhão de litros de água por dia.

Metalurgia

O uso diário do fogo pelos humanos permitiu-lhes descobrir as possibilidades da metalurgia. O bronze foi descoberto bastante cedo, por originar-se da fusão de minérios de cobre e de estanho, que são elementos frequentemente encontrados juntos. Na construção das pirâmides foram utilizadas serras e brocas feitas de bronze. O ferro tem um ponto de fusão bastante elevado, e, portanto, é mais difícil de trabalhar. Algum minério raro de ferro foi misturado com carvão e trabalhado quente pelos ferreiros, originando um elemento de extrema dureza e raridade, sendo utilizado como ferramenta, arma, ou fabricado em barras para ser utilizado como moeda.

Curiosidade

Ingenium

Muito antigamente, o termo "engenheiro" se referia à pessoa que projetava e executava obras militares. Derivada do latim, a palavra *ingenium* significava a capacidade inventiva de alterar a forma natural das coisas para lhes dar uma utilidade prática. Até o século XIX toda a construção era feita pelos arquitetos, artesãos comuns e engenheiros militares. A construção de maquinário (ainda muito limitada nos tempos antigos) e a lavra de minas eram simplesmente artes especiais. No final do século XVIII, o crescente aumento e complexidade excepcionais da construção criaram uma grande demanda de pessoas com habilidades, experiência e conhecimentos especiais para planejar e inspecionar a construção de estradas, obras hidráulicas, faróis e outras grandes estruturas permanentes.

Assim, surgiu uma nova classe de pessoas capacitadas no estudo analítico das construções e na utilização prática dos materiais. Para diferenciá-los dos engenheiros militares, que se dedicavam a trabalhos similares de caráter militar, foram chamados de "engenheiros civis".*

Com a introdução da máquina de vapor no início do século XIX, surgiu a necessidade de engenheiros treinados especialmente no projeto e na construção de máquinas, e isso conduziu de forma gradual à formação de um campo profissional conhecido hoje como "engenharia mecânica". A prática da lavra de minas precisou também da aplicação dos conhecimentos científicos e experiência, desenvolvendo a "engenharia de minas". Da mesma forma, a utilização prática da ciência da eletricidade resultou em outra especialidade, no caso, a "engenharia elétrica".

Os tempos futuros e a engenharia

Devido à extraordinária liberdade alcançada, os seres humanos assumem responsabilidades pelo seu bem-estar e pelo das gerações futuras. Pela aplicação da ciência, conversão de recursos e criação de artefatos, o engenheiro desempenha um papel essencial na modificação do meio ambiente. Está claro que não podemos projetar o nosso próprio futuro, mas podemos identificar o que é melhor para os membros de uma nova comunidade? Examinando esses problemas, nos deparamos com uma série de questões que exigem negociações nos processos de tomada de decisão.

---

*O inglês John Smeaton (1724-1792) foi a primeira pessoa a autodenominar-se "engenheiro civil".

A velocidade do progresso da engenharia

Os seres humanos primitivos utilizavam somente aquilo que estava disponível, enquanto que o engenheiro moderno começa com uma necessidade e desenvolve os meios de satisfazê-la. Em geral, o esforço para o progresso pode ser classificado em quatro estágios sucessivos de atividades: utilização, adaptação, conversão e criação. A definição de engenharia, com ênfase na aplicação da ciência, está relacionada aos dois primeiros estágios. Por exemplo, as árvores foram utilizadas primeiramente como ponte e posteriormente adaptadas na forma de vigas para a construção de casas. A madeira passou a ser utilizada de uma nova maneira, de forma a obter as vantagens das suas propriedades inerentes. Uma ponte feita de vigas de liga de aço utiliza um material e uma forma que não existem na natureza, mas que foram criados para esse propósito.

Influências da ciência e da tecnologia

Cada aspecto da vida moderna é influenciado pela aplicação da ciência nos problemas humanos básicos. Nossa sociedade quer uma vida livre de pobreza, doenças, ignorância e penúrias. Com a ajuda da tecnologia podemos controlar nosso ambiente físico imediato e minimizar os efeitos do calor, do frio, da chuva e do vento. Reduzimos os perigos de enchentes e aumentamos a produtividade pelo desvio de rios, criamos lagos e limpamos florestas para poder plantar. Contornamos as distâncias atravessando continentes usando aviões; diminuímos o tempo de um ano de cálculos mentais para poucos segundos utilizando computadores. Não ficamos mais restritos à crosta terrestre, em que residimos, mas planejamos viagens para o leito dos mares e para o espaço.

Por outro lado, a posição dominante ocupada pelas novas criações, como automóveis, computadores, pontes e arranha-céus, também coloca em perigo os indivíduos. Os avanços tecnológicos podem ter efeitos secundários desagradáveis; isso, porém, não é culpa dos engenheiros que os criaram, mas da própria humanidade.

A maior mobilidade depende de quão baratos e eficientes sejam os motores de combustão, que poluem a atmosfera. Os *sprays* tóxicos que aumentam a produtividade exterminando os insetos prejudiciais acabam nos rios, onde matam também as criaturas benéficas. Os robôs industriais aumentam a quantidade e a qualidade da produção, mas em determinados locais conduzem pessoas à miséria pela eliminação de postos de trabalho. Uma linha de transmissão ou uma autoestrada pode destruir a magnificência de um bosque de árvores centenárias.

Se olharmos do ponto de vista negativo, pode-se dizer que destruímos a natureza, que funciona do jeito dela, para criarmos outra que funcione do nosso jeito. Ainda não evoluímos o suficiente como raça para termos consciência coletiva de que, acabando com a natureza, acabaremos nós mesmos, pois fazemos parte dela, gostemos ou não.

— **Importante**

A engenharia trabalha junto à tecnologia, de forma a reduzir os perigos e aumentar a produtividade, tentando minimizar, também, outras formas de destruição do meio ambiente.

Liberdade e responsabilidade

Duas características importantes da era moderna são a extensão das mudanças produzidas pela tecnologia e a velocidade com que o mundo está mudando. Os engenheiros, como tradutores da ciência, desempenham um papel importante e decisivo na determinação do caminho da existência humana.

Para que possam ser responsáveis pelo nosso futuro, nos itens em que a sua competência os qualifica, e para poder executar essa responsabilidade da melhor maneira possível, os futuros engenheiros devem estar preparados para tomar decisões técnicas de escopo muito maior do que aquele dos seus predecessores.

Grandes realizações da engenharia

A Academia Americana de Engenharia selecionou recentemente o que seriam as 20 maiores realizações da área, em um evento da NAE (NATIONAL ACADEMY OF ENGINEERING, c2015).*O anúncio, feito pelo astronauta e engenheiro Neil Armstrong**, continha aquelas que tiveram o maior impacto na qualidade de vida das pessoas nos tempos atuais.

A eletrificação

A energia elétrica está envolvida em praticamente qualquer ocupação e operação da sociedade moderna. Ela tem literalmente iluminado o mundo, gerando grande impacto em inúmeras áreas, incluindo a produção e processamento de alimentos, as comunicações, os cuidados com a saúde e a computação. Milhares de engenheiros fizeram isso acontecer, implementando trabalhos inovadores em fontes de energia, técnicas de geração de energia e nas redes de transmissão.

O automóvel

O automóvel é o símbolo mais importante da liberdade pessoal. É também o maior transportador de pessoas e produtos, e uma fonte de crescimento econômico e de estabilidade comercial. Desde os primeiros veículos até os

---

*Maiores detalhes em http://www.greatachievements.org/.
**Neil Armstrong (1930-2012) foi o primeiro ser humano a pisar na Lua. Ele era engenheiro aeronáutico.

mais modernos, o automóvel é uma amostra da capacidade da engenharia, com incontáveis inovações feitas tanto no *design*, quanto na produção e na segurança.

O avião

O transporte aéreo moderno mundial de mercadorias e pessoas facilitou, de forma rápida, a nossa interação pessoal, cultural e comercial. As inovações tecnológicas da engenharia, que vão do 14-bis de Alberto Santos Dumont até os atuais jatos supersônicos, tornaram isso possível.

Água tratada e abundante

A disponibilidade de água tratada e abundante mudou a forma de viver e morrer dos humanos nos últimos séculos. No início do século XIX, as doenças adquiridas pelo consumo de água poluída, como a febre tifoide e a cólera, matavam centenas de milhares de pessoas anualmente. A partir de 1940, os sistemas de tratamento e distribuição de água, projetados por engenheiros, começaram a eliminar doenças nas nações desenvolvidas. Esses avanços também permitiram levar água a lugares da Terra antes inabitáveis.

A eletrônica

A eletrônica é a base de incontáveis inovações – telefones inteligentes, TVs e computadores, somente para mencionar alguns dos equipamentos. Desde os tubos de vácuo até os transistores, e daí até os circuitos integrados, os engenheiros têm feito a eletrônica cada vez menor, mais poderosa e mais eficiente, construindo o caminho para produtos que estão melhorando a qualidade e a comodidade da vida moderna.

Rádio e televisão

O rádio e a televisão foram os maiores agentes da mudança da sociedade a partir do século XX, abrindo portas para outras culturas e para áreas remotas do nosso mundo, servindo como documentário para a história. Os engenheiros têm desenvolvido tecnologias extraordinárias que permitem a troca de informações e entretenimento para milhões de pessoas todos os dias. Essas tecnologias vão desde os antigos telégrafos sem fio até os avançados sistemas de comunicação via satélite.

A mecanização agrícola

O maquinário das fazendas, como tratores, cultivadores, colheitadeiras e milhares de outros equipamentos, aumentaram a eficiência e a produtividade das lavouras de forma impressionante. No início do século XX, um agricultor fornecia alimentos para 10 pessoas. As inovações da engenharia elevaram esse número, antes do final do século, para 100 pessoas, na mesma área de terra.

FIGURA 1.6 A mecanização da agricultura aumentou a produtividade das lavouras.
Fonte: Comstock Images/Stockbyte/Thinkstock

Os computadores

Os computadores têm transformado as empresas e as vidas pelo aumento da produtividade e pelo acesso aberto a vastas áreas do conhecimento. Eles têm reduzido o incômodo das rotinas diárias do nosso trabalho, permitindo novas formas de manipular problemas complexos. A capacidade de invenção da engenharia alimentou essa revolução, continuamente fabricando computadores mais rápidos, mais potentes e mais baratos.

A telefonia

O telefone é visto por alguns como a pedra fundamental da vida moderna. Ligações quase instantâneas entre amigos, familiares, empresas e países, permitem a comunicação que melhora as nossas vidas, as nossas indústrias e as nossas economias. Os engenheiros têm feito inovações impressionantes, que levaram à tecnologia dos fios de cobre, das ondas de rádio e até das fibras ópticas; desde os quadros de distribuição até os satélites, e das linhas fixas até as linhas sem fio e até a Internet. Os telefones inteligentes oferecem cada vez mais ferramentas que facilitam a vida do homem.

Os sistemas de ar condicionado e refrigeração

O ar condicionado e a refrigeração também mudaram a vida do homem no século XX. Dezenas de inovações de engenharia tornaram possível o transporte e o armazenamento de alimentos frescos e perecíveis, permitiram que as pessoas trabalhassem confortavelmente em lugares de clima quente e auxiliaram na criação de ambientes de temperatura estável.

As malhas rodoviárias

As autoestradas fornecem uma das características mais desejadas pelo homem – a liberdade de locomoção pessoal. Milhares de engenheiros constroem as estradas, as pontes e os túneis que conectam as cidades, permitem a movimentação de mercadorias e serviços para áreas remotas, incentivam o crescimento e facilitam o comércio.

A exploração espacial

Desde os primeiros foguetes até os satélites mais sofisticados, a exploração espacial foi a mais incrível façanha da engenharia no século XX. O desenvolvimento de naves espaciais tem emocionado o mundo, aumentado o nosso conhecimento e melhorado as nossas capacidades. Milhares de produtos e serviços úteis têm resultado dos programas espaciais, incluindo equipamentos médicos, previsões meteorológicas mais exatas e comunicação sem fio.

A Internet

A Internet mudou o trabalho, a educação e as comunicações pessoais. Ao proporcionar acesso global às notícias, ao comércio e aos grandes centros de armazenamento de informação, a internet aproximou os povos, adicionando ainda conveniência e eficiência para nossas vidas.

As tecnologias de imagem

Desde os pequenos átomos até as galáxias mais distantes, as tecnologias de geração de imagens têm expandido os limites da nossa visão. A análise do corpo humano, o mapeamento do leito dos oceanos e a análise do comportamento do clima são resultados dos avanços da engenharia nas tecnologias de geração de imagens.

Os eletrodomésticos

A inovação tecnológica produzida pela engenharia resultou em uma ampla variedade de equipamentos, incluindo aspiradores de pó, máquinas lava-roupas e lava-louças. Esses e outros produtos nos permitem maior tempo livre, possibilitam que mais pessoas possam trabalhar fora de suas casas, contribuindo significativamente na economia global.

As tecnologias da saúde

Os avanços médicos da tecnologia no século XX foram impressionantes graças ao trabalho dos engenheiros. Os médicos dispõem hoje de um grande arsenal de equipamentos para diagnóstico e tratamento. Alguns produtos que melhoram a qualidade de vida das pessoas são os órgãos artificiais, as próteses para substituição de articulações, as tecnologias de aquisição e processamento de imagens e os biomateriais.

FIGURA 1.7 Engenheiros projetam complexos sistemas de mapeamento por satélite para aproveitamento dos recursos naturais, fiscalização e acompanhamento de eventos climáticos e ambientais.
Fonte: koto_feja/iStock/Thinkstock

As tecnologias de aproveitamento do petróleo e do gás

O petróleo foi o componente energético mais importante no século XX, resultando em combustível para veículos, casas e indústrias. Os produtos petroquímicos são utilizados em milhares de produtos, desde uma aspirina até em roupas. Estimulados pelos avanços da engenharia na sua exploração e processamento, os derivados do petróleo têm um impacto cada vez maior nas economias mundiais, nas pessoas e na política.

O *laser* e as fibras ópticas

Os pulsos de luz dos *lasers* são utilizados como ferramentas industriais, dispositivos cirúrgicos, satélites e em diversos outros produtos. Nas comunicações, as fibras ópticas fornecem a infraestrutura para carregar a informação através de luz produzida por laser. Um único cabo de fibra óptica pode transmitir dezenas de milhões de ligações telefônicas, arquivos de dados e imagens de vídeo.

A tecnologia nuclear

A manipulação do átomo mudou a natureza da guerra para sempre e causou espanto no mundo com o seu poder. As tecnologias nucleares também nos forneceram uma nova fonte de energia elétrica e novos instrumentos para a área médica, tanto para diagnóstico e tratamentos, quanto para a geração de imagens.

Os materiais de alto desempenho

Partindo do ferro e do aço até os últimos avanços na fabricação de polímeros, cerâmicos e compósitos, o século XX viu a evolução dos materiais. Os engenheiros têm manipulado e melhorado suas propriedades para usos em milhares de aplicações.

O primeiro contato

Antes de finalizar este capítulo, vamos propor uma série de perguntas para sua reflexão, o que pode ser útil para entendimento das características da profissão.

A engenharia é uma carreira adequada para mim?

Depende do que você gosta de fazer. O que você gostaria de ser daqui a 10 anos? Um projetista de naves espaciais para a exploração de planetas do sistema solar? Um construtor de sistemas de energia ambientalmente seguros e autossustentáveis para as cidades? Um salvador de vidas que utiliza novas técnicas de aplicações a *laser*? Uma carreira na engenharia possibilita que alguma dessas coisas aconteça!

Os engenheiros são basicamente **solucionadores de problemas**, profissionais que pesquisam a maneira mais fácil, mais rápida e menos onerosa de utilizar as forças da natureza e os materiais. Através dos séculos, desde as pirâmides do Egito, até a alunissagem e as sondas espaciais enviadas para fora do sistema solar, os engenheiros têm sido os formadores do progresso da nossa civilização.

Que tipo de atividades os engenheiros desenvolvem?

Os engenheiros desenvolvem muitos tipos de atividades, de acordo com o seu perfil pessoal. Se você é o tipo de pessoa que procura descobrir coisas novas, uma alternativa será escolher a carreira de engenheiro pesquisador. Caso você seja muito imaginativo e criativo, talvez a carreira de engenheiro de projetos seja a mais adequada. O trabalho de um engenheiro de concepção de projetos lembra um pouco das aulas de ciências e de matemática que você teve no colégio.

Se você gosta de atividades de laboratório e de conduzir experimentos, talvez seja conveniente trabalhar como engenheiro de testes. Ser um engenheiro de vendas poderá ser uma boa escolha, caso você seja persuasivo e goste de trabalhar com pessoas. Se você gosta de organizar e promover novas soluções, pode se tornar um engenheiro de desenvolvimento. Depois de muitos anos de experiência, você pode ainda se tornar um engenheiro consultor.

Qual é a relação dos engenheiros com os tecnólogos e os técnicos?

Os técnicos e tecnólogos trabalham frequentemente junto aos engenheiros, formando uma equipe de engenharia. Os engenheiros planejam e desenvolvem os projetos, e os técnicos e tecnólogos ajudam a transformar esses projetos em produtos.

Os programas de graduação em engenharia aplicam os conceitos científicos para desenvolver soluções aos problemas do mundo real. O trabalho de um engenheiro é mais teórico que o do tecnólogo, envolvendo o projeto de novos produtos, como um robô a ser utilizado numa planta de manufatura. Os engenheiros precisam de conhecimento teórico, científico e matemático bastante aprofundado; em contrapartida, os tecnólogos precisam de conhecimentos amplos, mas não tão aprofundados. Algumas escolas e universidades oferecem programas de tecnólogos, com duração variada entre dois e três anos, enquanto que os programas de graduação em engenharia têm, em geral, uma duração de quatro a seis anos de estudo. Resumindo, os engenheiros projetam os sistemas e produtos, os tecnólogos os instalam, operam e os mantêm funcionando.

Os tecnólogos e os técnicos ocupam-se de várias tarefas do espectro tecnológico, mais adequadamente empregados nas áreas que tratam de aplicações, manufatura, execução, operacionalização, vendas e produção. Essas tarefas diferem das dos engenheiros graduados, que são empregados em atividades de projeto, pesquisa e desenvolvimento.

Embora os tecnólogos e técnicos trabalhem na implementação de projetos dos engenheiros, os tecnólogos tendem a ocupar mais cargos de supervisão e gerenciamento do que os técnicos, devido ao seu grau mais avançado de estudos teóricos, e usualmente trabalham mais perto dos engenheiros projetistas. Tanto o trabalho dos técnicos quanto dos tecnólogos deverá ter a supervisão de um engenheiro, especialmente quando se tratarem de obras que podem colocar em risco a vida das pessoas ou o patrimônio.

Quais são as perspectivas de carreira para um engenheiro?

Os salários pagos aos engenheiros são bons, e a demanda por profissionais é abundante. A graduação em engenharia também abre as portas para outras carreiras. Muitos engenheiros seguem posteriormente outras profissões, como medicina, direito e administração, onde os seus embasamentos em engenharia e no conhecimento tecnológico os convertem em profissionais de competência invejável.

Quais tipos de conhecimentos prévios podem me ajudar na carreira de engenheiro?

É óbvio que você precisará ter obtido bons conceitos no ensino médio, especialmente nas matérias de ciências, para poder efetuar um curso tão exigente quanto o de engenharia. Porém, você não precisa ser um "gênio". O ideal é que você esteja classificado entre os melhores alunos da sua turma (entre os 30% melhores) para poder escolher essa carreira sem maiores dificuldades. Agora, se você nunca foi de estudar muito no colégio, se sempre recebeu notas baixas nas avaliações, mas mesmo assim gosta da área técnica, bem, neste caso, talvez fosse melhor optar por um curso técnico de curta duração antes de encarar a graduação.

Se você ainda estiver cursando o ensino médio, poderá enriquecer a sua experiência na resolução de problemas, aproveitando ao máximo todas as disciplinas de matemática que a sua escola ofereça, incluindo cálculo básico e trigonometria, se disponível. Você também deverá ter assistido a aulas práticas de ciências, como biologia, química e física. A maioria das escolas de engenharia espera que você tenha bons conhecimentos de álgebra, geometria, trigonometria, química, física, inglês, estudos sociais, ortografia e gramática do seu idioma materno.

Os engenheiros convertem as suas ideias em gráficos, e, para tanto, precisam visualizar os seus produtos ou processos em três dimensões. É interessante que você obtenha uma formação prévia em disciplinas de desenho.

Hoje, os computadores pessoais são ferramentas importantes no trabalho do engenheiro e do estudante de engenharia. Os conhecimentos da utilização de computadores, de sistemas operacionais e de alguma linguagem de programação também são de extrema importância antes de iniciar um curso de engenharia.

Terei tempo para atividades extracurriculares? Quantas horas por dia preciso reservar para os estudos?

Essa é uma questão muito pessoal e que também depende de cada disciplina. Obviamente, precisará de mais horas de trabalho para obter um conceito A do que um conceito C, sendo que os cursos de engenharia são provavelmente os mais exigentes de todos os oferecidos pelas universidades. Em geral, os estudantes não deveriam deixar os estudos às expensas de outros interesses diferentes dos da sua formação. Em média, são necessárias ao menos duas horas de estudo para cada hora de aula assistida.

A sua participação em atividades extracurriculares o ajudará no desenvolvimento de outros talentos e habilidades, o que é muito valorizado pelos empregadores em potencial.

A engenharia é uma boa opção para as mulheres?

Atualmente, as mulheres constituem aproximadamente 10% dos estudantes ingressantes nas carreiras de engenharia. As mulheres são cada vez mais atraídas para essa profissão pelas mesmas razões que os homens: promessas de desafios, trabalho interessante, *status* social e bons salários.

Posso eu mesmo sustentar a minha formação em engenharia?

Geralmente o custo dos cursos de engenharia nas escolas privadas é mais elevado que os cursos de outras áreas. No caso de seus pais ou parentes próximos não poderem pagar o custo total da sua formação, existem financiamentos públicos e privados. Como alternativa, você poderá obter bolsas de pesquisa e atuar em monitorias durante o seu curso, assim como ingressar em estágios extracurriculares remunerados, e, como última alternativa, poderá trabalhar em meio turno em alguma empresa do ramo da sua especialidade de engenharia. Algumas universidades oferecem bolsas e descontos para alunos carentes.

Uma vez finalizado o curso, preciso fazer uma pós-graduação?

Embora depois de formado você possa trabalhar como engenheiro na indústria ou para o governo, sem um curso de pós-graduação, muitos engenheiros investem num curso de especialização ou de mestrado. Com isso, eles ganham mais conhecimentos, qualificam-se para melhores posições no trabalho, adquirem maior prestígio e melhores salários. Porém, não existe razão para decidir isso imediatamente após a graduação. Um curso de especialização normalmente tem duração mínima de um ano; o de mestrado, dois anos; e o de doutorado, três anos. Os níveis de mestrado ou doutorado são preferidos para ocupar as posições de professor e de pesquisador.

Preciso de uma licença especial para poder exercer a profissão?

Uma vez que os projetos de engenharia envolvem questões de segurança pública, preservação ambiental e, ainda, responsabilidade civil e técnica, existem órgãos governamentais específicos de regulamentação das atribuições dos engenheiros e de fiscalização dos seus projetos. O sistema Confea/Crea é responsável pela fiscalização do exercício profissional.

Quantas horas os engenheiros trabalham?

A maioria dos engenheiros trabalha, normalmente, de segunda a sexta-feira, de oito a 10 horas por dia. Existem algumas empresas que possibilitam uma flexibilidade de horários, especialmente nas áreas de pesquisa e desenvolvimento. Eventualmente os engenheiros permanecem mais de 24 horas no local de trabalho, especialmente quando acontece a "posta em marcha" de uma nova planta, por exemplo.

Os engenheiros são criativos?

O significado da palavra "criar", utilizada várias vezes neste livro, está relacionada diretamente com a engenharia. Esses profissionais criam e inovam. Não há criação e inovação sem criatividade. O grupo dos engenheiros é provavelmente o conjunto mais criativo dos profissionais existentes, olhando do ponto de vista das utilidades. Eles abstraem, sintetizam, resolvem problemas e inovam. Em outras palavras: permitem que se façam coisas novas e que as velhas funcionem melhor. Os profissionais das artes também são pessoas criativas, mas a sua criatividade se defronta com pensamentos e emoções. Já a dos engenheiros se defronta com normas técnicas, escassez de recursos e equações matemáticas. A criatividade da engenharia está diretamente relacionada com objetos e resultados.

Importante

A competência é uma das características mais fortes dos engenheiros, e ela só se desenvolve, como dizem os militares, "correndo em campo minado sob fogo cruzado". Nas guerras antigas, as minas eram colocadas nos melhores caminhos, principalmente nos atalhos, por isso, fuja deles.

Resumo

Neste capítulo, foram definidos vários termos da engenharia por meio de exemplos e de breves comentários sobre a história da profissão. A continuação foi embasada no grande futuro a que os próximos engenheiros se deparam e as vantagens de optar por uma carreira na área de engenharia. Com esses fundamentos, você poderá prosseguir nos próximos capítulos, onde serão tratadas as habilidades e competências necessárias para se tornar um engenheiro de sucesso. Para expandir as informações deste capítulo, são colocadas a seguir algumas atividades que podem fornecer uma visão mais ampla da engenharia e das suas atividades.

Atividades

1. A partir das suas dúvidas pessoais, elabore três perguntas sobre a engenharia.
2. No início deste capítulo, foi solicitado que você escrevesse a sua opinião sobre o que era para você a engenharia naquele momento. Agora, após o estudo deste capítulo, compare a sua resposta inicial e o significado completo que a engenharia passou a ter para você.
3. Em comparação às grandes realizações do século XX, acrescente 10 realizações da engenharia alcançadas no século XXI.
4. Descubra cinco engenheiros famosos da história mundial e cinco engenheiros brasileiros famosos por suas obras na história brasileira.

CAPÍTULO

2

As atividades dos engenheiros

As atividades desenvolvidas pelos engenheiros no seu dia a dia são inúmeras e dependem tanto da especialidade de engenharia quanto de fatores econômicos, de oportunidade, tipo de formação e do perfil do profissional. À diferença de seus antecessores, que dependiam muito das habilidades manuais, os engenheiros da atualidade estão apoiados em suas habilidades intelectuais. Isso se deve ao nível de complexidade que nossa civilização atingiu, em que o conhecimento é muito valorizado em comparação com o trabalho manual e repetitivo, cada vez mais desempenhado por máquinas de forma mais barata e eficiente.

Neste capítulo você estudará:

- Características e conhecimento científico exigidos de um engenheiro.
- Os campos de atuação dos engenheiros.
- Equipes e profissionais que apoiam as atividades de engenharia e suas funções cada vez mais necessárias.

Os engenheiros trabalham com **ideias** (princípios científicos e conceitos abstratos), **objetos** (máquinas, materiais, circuitos, *software*), **pessoas** (empregados, associados, supervisores, clientes) e **dinheiro** (financiamentos, custos, taxas, economia, preços e lucros). As várias funções que o engenheiro pode desempenhar fazem da engenharia um grande campo de atividades.

As carreiras em engenharia são geralmente descritas em termos do campo de atuação e da função. O trabalho dos engenheiros iniciantes está mais diretamente relacionado a atividades de operação, isto é, de projetos. Depois de anos de experiência, o seu trabalho se relacionará mais a atividades de direção e gerenciamento. Engenheiros mestres e doutores, em geral, estão mais voltados às atividades de ensino e pesquisa, nas áreas de ciência e engenharia.

Aptidão para a engenharia

Aptidão significa "disposição para", ou a "capacidade de" desenvolver atividades em certo campo de conhecimento. Uma característica do estudo da engenharia é a necessidade de adquirir um modo específico de pensar, e nem todos conseguem se adaptar. Obviamente, não é possível dizer com exatidão se uma pessoa pode ou não se tornar um engenheiro, mas certas características pessoais estão intimamente relacionadas ao sucesso na profissão. Entre elas estão o interesse pelas ciências básicas da matemática, física e química, as habilidades na aplicação da ciência em problemas práticos, a habilidade de visualizar as relações físicas descritas pelas palavras e a facilidade em traduzir princípios verbais em termos matemáticos e de interpretar os resultados matemáticos em termos de objetivos práticos.

A engenharia é essencialmente uma atividade mental. Às vezes, o gosto por montar e desmontar relógios e pela construção de aviões é visto, equivocadamente, como evidência de aptidão para a engenharia; essa é uma condição necessária, porém não suficiente. A habilidade na manipulação de ferramentas e máquinas físicas é mais importante para o técnico ou tecnólogo do que para o engenheiro, embora o conhecimento prático das características funcionais dos dispositivos técnicos seja muito valioso.

Engenheiros bem-sucedidos na carreira têm, em comum, a habilidade de desenvolver as seguintes características:

- Discernimento
- Feeling
- Experiência
- Conhecimento
- Determinação

- Bom senso
- Empreendedorismo
- Curiosidade
- Ousadia

A educação em engenharia

O treinamento formal dos engenheiros, da forma que conhecemos hoje, teve início no final do século XIX. Os currículos de formação das escolas de engenharia têm evoluído gradualmente em cinco áreas:

- **Ciências**: geralmente inclui o estudo dos mecanismos da natureza, como física, química e matemática, e, em alguns casos especiais, biologia, astronomia, geologia, anatomia e até botânica.
- **Ciências da engenharia**: inclui os princípios da ciência aplicados à solução de uma classe particular de problemas que envolve algum tipo de técnica. Alguns temas importantes são a mecânica dos fluidos, os fenômenos de transporte, a ciência dos materiais e a eletricidade aplicada.

- **Aplicações de engenharia**: trata da aplicação das técnicas ao dia a dia. Com essas técnicas, os estudantes treinam a resolução de problemas reais, preferencialmente sob a supervisão de um professor engenheiro experiente. Um tema típico das aplicações de engenharia são os projetos de engenharia (ou a engenharia de projetos).
- **Humanidades, sociedade e meio ambiente**: é incluído nos currículos porque o engenheiro deve resolver os problemas das pessoas e da sociedade, sempre preservando o meio ambiente, de onde tira os seus recursos.
- **Comunicação e expressão**: o desenvolvimento de habilidades de comunicação e expressão (oral, escrita e visual) é um aspecto importante na educação em engenharia, pois engenheiros trabalham com pessoas e para as pessoas. Esses temas são geralmente tratados em matérias especiais, nas avaliações dos relatórios e nas apresentações de projetos das disciplinas técnicas.

Assim como em outras profissões, a educação do engenheiro não termina na graduação. É importante manter-se a par dos desenvolvimentos da tecnologia. Depois de formado, é importante que o engenheiro dedique 10% a 20% do seu esforço para aprender novos procedimentos analíticos e se atualizar com as novas tecnologias. Isso é normalmente feito pelo estudo autodidata, encontros nas associações de engenharia ou na participação em cursos de curta duração (de uma a duas semanas até alguns meses). É bastante comum os engenheiros voltarem à universidade para participar de cursos de seis meses a um ano a cada 10 anos, aproximadamente.

A pós-graduação em engenharia é relativamente recente. Antes da 2ª Guerra Mundial, os cursos de doutorado em engenharia eram praticamente inexistentes. Hoje, cerca de um terço dos engenheiros continuam os seus estudos formais na especialização, no mestrado e no doutorado, e esses números estão crescendo.

Em geral, os engenheiros mestres e doutores têm os melhores salários iniciais, mas deve-se ter cuidado com a generalização, já que cada nível é composto de vários subníveis. Muitos engenheiros competentes, munidos de um diploma convencional, ganham mais que os engenheiros mestres e doutores.

Com o acúmulo de experiência, os engenheiros podem ganhar não somente novas responsabilidades técnicas, mas também maiores responsabilidades de supervisão. Obviamente, as funções gerenciais estão sempre associadas aos engenheiros mais experientes.

Nos primeiros cinco anos de atividade, os engenheiros costumam ter responsabilidade técnica e de supervisão limitadas. Após esse período, crescem as responsabilidades envolvendo tanto temas complexos e técnicos quanto supervisão e gerenciamento. São poucos os que se tornam autoridades ou que assumem a supervisão e o gerenciamento de uma equipe grande (mais de 500) antes de cinco anos de experiência. A maior parte dos engenheiros supervisores tem dez anos ou mais de experiência.

As funções dos engenheiros

A engenharia é composta de uma ampla gama de atividades que podem ser mais bem descritas em termos de funções. Enquanto os ramos das engenharias estão geralmente relacionados à área de interesse do engenheiro, as funções estão relacionadas às suas aptidões e treinamento. Por exemplo, certas pessoas podem se sair bem em atividades de pesquisa, mas nem tanto na atividade de vendedor. Os engenheiros assumem várias responsabilidades funcionais, incluindo pesquisa, desenvolvimento, projeto, produção, construção, operação, vendas e gerenciamento. Alguns exemplos:

Engenheiros na pesquisa

A pesquisa é hoje um grande negócio, trabalhando com orçamentos de bilhões de dólares por ano no mundo todo. Ela é realizada em colégios e universidades, laboratórios industriais, organizações patrocinadas por governos e institutos de pesquisa.

Os engenheiros de pesquisa trabalham na fronteira do conhecimento científico, e seu sucesso exige um conjunto particular de aptidões treinadas, mas também alguns requisitos pessoais. Esses engenheiros devem ser hábeis no raciocínio abstrato e indutivo, e devem saber expressar-se de forma matemática.

O engenheiro pesquisador deverá completar um curso de graduação de quatro a cinco anos, em que receberá um amplo treinamento nas ciências fundamentais e da engenharia, com uma forte preparação em matemática, preferencialmente com ênfase nos princípios da engenharia, mais do que na teoria pura. Também precisará de um treinamento especializado avançado com mestrado (dois anos) e doutorado (três anos), que deverá incluir estudos nos conceitos científicos e uma introdução ao trabalho de pesquisa. O número de engenheiros que completam o mestrado e doutorado aumenta a cada ano, e esses anos de estudos intensivos culminam em uma contribuição original e no diploma de doutor, que é particularmente valioso na área da pesquisa.

--- **Importante** ---

Os pesquisadores de engenharia devem ser hábeis na concepção, execução e análise dos experimentos. Devem estar cientes, porém, de que podem encontrar várias falhas, fracassos e perdas antes de obter o sucesso. Para isso, é imprescindível ter imaginação, criatividade e aceitação da incerteza.

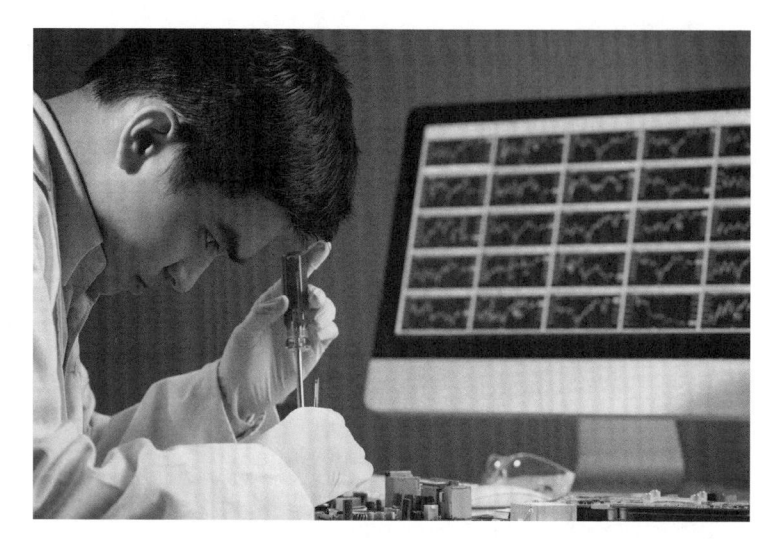

FIGURA 2.1 Engenheiros concebem e desenvolvem constantemente novas soluções para as necessidades que surgem na sociedade.
Fonte: DragonImages/iStock/Thinkstock

Engenheiros na concepção e no desenvolvimento

O engenheiro de desenvolvimento ocupa uma posição estratégica entre a pesquisa e o projeto. Sua tarefa é dar às descobertas e aos resultados da pesquisa uma finalidade útil, produzindo um modelo funcional, nas características desejadas, que posteriormente será projetado para uma produção econômica.

Na maioria das vezes, o setor de desenvolvimento é composto por um grupo de pessoas, e a comunicação direta com pesquisadores, outros engenheiros de desenvolvimento e projetistas, por meio de reuniões ou visitas técnicas, é uma constante. A educação técnica necessária para os engenheiros de desenvolvimento varia de acordo com o campo de atuação. Nas áreas científicas, como astronáutica, eletrônica e termodinâmica, é imprescindível um amplo treinamento em nível de graduação, mestrado e doutorado. O valor do trabalho avançado no desenvolvimento é bastante reconhecido, e altos salários são pagos para os engenheiros mestres e doutores. No campo da inventiva, a criatividade e a experiência prática podem ser mais importantes que o treinamento acadêmico. Em ambos os casos, os engenheiros de desenvolvimento estão sempre trabalhando em áreas novas, precisando ter à disposição as ferramentas, as técnicas e o conhecimento.

Engenheiros no projeto

Os engenheiros de projeto fazem uso dos resultados obtidos pelos engenheiros de desenvolvimento para criar um produto útil e economicamente viável. Nesse caminho, eles selecionam métodos de execução, especificam materiais e determinam os meios de satisfazer os requisitos físicos, químicos, térmicos e elétricos. Um bom projeto deve ser econômico em termos de materiais, fabricação, instalação, operação e manutenção.

Os engenheiros de projetos devem ter treinamento avançado nas propriedades e no comportamento dos materiais e processos, e ainda ser capazes de adaptar os avanços recentes para a prática corrente. Eles devem ser hábeis na síntese e proficientes na expressão gráfica, além de contar com uma base forte em economia. É desejável que tenham pelo menos quatro anos de estudos na graduação e um ano na pós-graduação. Os estudos devem ser amplos, pois os principais projetos de engenharia envolvem muitas matérias, incluindo fatores econômicos, políticos e sociais, além dos aspectos puramente técnicos.

Engenheiros na produção

Os engenheiros de produção se encarregam do *layout* das fábricas e da seleção de equipamentos, enquanto mantêm particular atenção aos fatores humanos e econômicos. Eles escolhem o processo de manufatura, as sequências, as ferramentas e os métodos de fabricação; integram o fluxo de materiais e componentes com os processos; desenvolvem estações de trabalho que facilitam os esforços humanos e automáticos para aumentar a produção; implementam os meios e métodos para a inspeção e teste, eliminam os funis de produção e corrigem as falhas nos procedimentos de manufatura. Trabalham lado a lado com os projetistas desde os primeiros estágios da produção e participam no reprojeto. É sua responsabilidade converter a matéria-prima em um produto acabado de forma mais eficiente que os concorrentes do mercado.

Na organização tradicional das empresas, o departamento de produção é supervisionado diretamente pelos departamentos administrativo e gerencial, no lugar do departamento de engenharia. A ênfase do seu trabalho está em como executar o que o engenheiro de projeto especificou e o que deve ser executado.

O engenheiro de produção aconselha os engenheiros de projeto no planejamento para posterior produção, selecionando as ferramentas, os processos e a programação da produção. Trabalha sob constante pressão e se defronta com máquinas e sistemas utilizados no limite.

Os problemas técnicos que enfrentam os engenheiros de produção cobrem praticamente todas as fases da engenharia, de forma que é necessário ter um forte treinamento nas ciências básicas desse campo. Além disso, é necessário um treinamento especial nos processos de produção de materiais, mecânica e termodinâmica, engenharia econômica e controle de qualidade. O treinamento prático poderá ser obtido nos laboratórios das universidades, em visita às fábricas ou nos estágios.

Engenheiros na construção e na instalação

A indústria da construção e instalação constitui um dos grandes segmentos da economia, e é responsável por uma grande parte do PIB. No escopo desta

FIGURA 2.2 Os engenheiros definem, supervisionam e avaliam a construção e instalação de novas máquinas e estruturas.
Fonte: branex/iStock/Thinkstock

discussão, o termo "engenheiro de construção e instalação" será utilizado para identificar o trabalho do construtor de estruturas de edifícios, o instalador das utilidades elétricas, sanitárias e de outras relacionadas, que tenham sido previamente projetadas e que serão implementadas posteriormente.

Os engenheiros de construção e instalação são responsáveis pela supervisão e preparação dos lugares a serem ocupados por estruturas ou instalações. Eles recebem dos engenheiros de projeto um conjunto de planos e especificações e devem converter essas informações em realidade, pela tradução dos rabiscos em aço, plástico e metal. Eles determinam os procedimentos a serem seguidos com base na economia e qualidade desejada; dirigem a montagem, a colocação e a combinação dos materiais; e organizam o pessoal que executará as operações.

Os engenheiros de construção e instalação devem ser capazes de dirigir pessoas de forma efetiva e ter uma firme noção dos custos envolvidos. Um curso básico de engenharia fornecerá o conhecimento necessário dos materiais, forças, estruturas e equipamentos mecânicos e elétricos. É importante e necessária a habilidade na elaboração e escrita de relatórios. É desejável o conhecimento das leis comerciais e do trabalho, e sobre economia e comportamento humano. O treinamento em métodos de construção e instalação é disponibilizado nas universidades e pode ser complementado no próprio trabalho.

Engenheiros de operação

Depois que uma parte de um equipamento foi desenvolvida, projetada e produzida, ainda deverá ser operada. Qualquer pessoa pode operar um aparelho sofisticado de televisão, ou um automóvel com 200 CV de potência; entretanto, a operação de um centro de computação, uma instalação de lançamento de foguetes ou uma planta de energia nuclear requer o treinamento em engenharia.

Os engenheiros de operação controlam máquinas, fábricas ou organizações que fornecem serviços, como energia, transporte, comunicação, processamento e armazenamento de dados. Eles são responsáveis pela seleção, instalação e manutenção de equipamentos. Os supervisores das operações de manufatura são responsáveis pelos programas de manutenção preventiva e pela operação de equipamentos complexos, de forma a operar com a máxima economia.

Nas operações de manufatura, a atividade de supervisão da fabricação e dos equipamentos e máquinas às vezes é denominada engenharia de planta. A atividade de controle dos serviços de utilidade pública ou das plantas processadoras, com o objetivo de obter a máxima confiabilidade e economia, é denominada engenharia de operação. Em ambas as atividades, a manutenção das plantas e equipamentos é de importância suficiente para justificar discussões específicas.

O engenheiro de operação está mais preocupado com o desempenho das máquinas e sistemas que os engenheiros engajados em outras funções. É uma função apropriada para homens e mulheres que gostem das máquinas e que se sintam desafiados a tirar o maior proveito delas. Eles devem ser hábeis na identificação e no rastreamento dos problemas difíceis, suportar o trabalho sob pressão e, portanto, ser capazes de lidar com muitos tipos de pessoas, assim como máquinas. Deverão constituir a liderança e o cérebro do grupo de operadores e técnicos, que têm a experiência e as habilidades manuais. Devem ser metódicos, hábeis na planificação, assim como especialistas na coleta e na análise de dados operacionais, e ainda ser capazes de interpretar situações técnicas em termos econômicos. Também devem ser capazes de cooperar com outros departamentos da empresa.

Importante

Engenheiros de operação são responsáveis pela seleção, instalação e manutenção de equipamentos. Eles precisam suportar o trabalho sob pressão e ser capazes de lidar com muitas pessoas diferentes.

Engenheiros de vendas, aplicações e serviços

Os engenheiros de vendas, também conhecidos como engenheiros de aplicação, analisam as necessidades dos clientes, selecionam e recomendam bens, equipamentos ou serviços que satisfaçam as suas especificações da forma mais econômica. Eles combinam a capacidade de convencer com a educação e o treinamento técnico em aplicações. A eles cabe também analisar as reclamações dos clientes e treinar seus funcionários. Devem ser hábeis em lidar com pessoas de todos os níveis técnicos, desde os supervisores de manutenção até os pesquisadores.

A principal característica que diferencia a denominada "personalidade de vendedor" é a habilidade do profissional de se comunicar com pessoas desconhecidas de forma rápida e eficiente. Os engenheiros de vendas devem ser amigáveis, abertos e bons ouvintes. Eles devem inspirar confiança em relação ao seu conhecimento do produto e sua integridade comercial, não esquecendo de ser corteses e educados, assim como impávidos ante a indiferença, resistência ou insolência.

Uma vez que representam as suas empresas, a aparência é muito importante. Eles devem ser capazes de interpretar as necessidades dos clientes e de se expressar de forma eficaz. Devem ter bom senso e disponibilidade para as constantes viagens.

Os engenheiros de vendas bem-sucedidos têm ainda a habilidade técnica para resolver diversos problemas de engenharia, incluindo o projeto, a operação e a manutenção. Devem ser criativos e inovadores, pois serão chamados com frequência a participar de novas situações. Devem tomar decisões a respeito de assuntos importantes e estão sujeitos a cometer erros, como qualquer ser humano. Também precisam ser capazes de lidar com pessoas de todos os níveis técnicos.

Os engenheiros de vendas podem trabalhar com problemas de todos os campos da engenharia, e por isso precisam de um amplo treinamento. O treinamento nas universidades normalmente não inclui todas as matérias necessárias; em geral, um engenheiro de vendas iniciante investe um ano ou mais nos departamentos de manufatura e de serviços para se familiarizar com os produtos e as suas características, além de formar a sua própria opinião. Normalmente, o primeiro trabalho na área de vendas será com o apoio de um engenheiro de vendas mais experiente.

— **Importante** —

Os engenheiros de vendas devem ser amigáveis, abertos e bons ouvintes. Eles devem inspirar confiança em relação ao seu conhecimento do produto, assim como na sua integridade comercial, buscando solucionar as necessidades do cliente.

Engenheiros na gestão

É de responsabilidade da gestão determinar os principais propósitos de um empreendimento, para antecipar as áreas de futuro crescimento, selecionar os projetos de pesquisa mais promissores e formular as diretivas a serem seguidas. O gestor estabelece a forma de organização e a hierarquia, e, ainda, seleciona o pessoal executivo. Os engenheiros são valorizados nas posições de direção em função da sua habilidade na análise de fatores envolvidos em um problema, coletando os dados necessários e extraindo conclusões corretas.

Os requisitos principais incluem uma base sólida dos fundamentos da engenharia, habilidades nas relações humanas e destreza nos negócios. Em ampla análise, o futuro da empresa depende da sua capacidade de gerenciamento e administração. As estatísticas mostram que, em média, 25 anos depois de finalizar a graduação, mais da metade dos engenheiros ocupam cargos com funções de gestão, supervisão ou funções administrativas em geral.

A gestão requer um ponto de vista amplo e global. Frequentemente, a pessoa que desenvolve atividade de gestão está menos interessada na especialização técnica e mais preocupada com aspectos sociais, econômicos e científicos; tem vontade de olhar para o futuro, assim como para o presente.

Para o engenheiro de desenvolvimento, o desejo de apreço e reconhecimento pode ser a força motivadora; para o engenheiro de gestão, o interesse maior está na posição e no poder de tomar grandes decisões.

As características mais importantes do gestor são a sensibilidade nas relações humanas, o entendimento dos desejos básicos de segurança e reconhecimento, e a aceitação da responsabilidade de contribuir para o bem-estar pessoal dos seus funcionários.

Importante

A gestão requer um ponto de vista amplo e global que vem com a experiência. O caminho mais usual para a gestão começa com as posições técnicas, seguidas de tarefas de supervisão e responsabilidades administrativas.

Engenheiros na consultoria

A consultoria é uma atividade da engenharia que percorre todo o espectro de funções. Por exemplo, um engenheiro mecânico especialista em projetos pode criar sua própria empresa e oferecer serviços a qualquer cliente que deseje contratá-lo. Um engenheiro industrial com particular habilidade na automação de processos de produção pode oferecer os seus serviços como consultor a uma grande variedade de pequenas empresas.

A consultoria difere das outras funções na engenharia no que se refere a eventuais problemas, oportunidades e qualificações.

O consultor pode ser o engenheiro civil que trata principalmente com o público. Ele pode inspecionar a casa de uma pessoa, esquematizar uma subdivisão de um problema para um engenheiro de desenvolvimento, planificar uma planta de tratamento de esgoto para uma pequena comunidade, determinar os requisitos estruturais para a obra de um arquiteto, ou definir o melhor local para uma ponte e uma autoestrada.

Os problemas técnicos podem ser rotineiros, e conseguir desempenho e segurança com um mínimo de custo para o cliente requer habilidade e destreza. Somando-se as aptidões indicadas pela função técnica a ser executada, os engenheiros consultores devem ter especial facilidade para conhecer o seu público e vender as suas ideias. Na maioria dos casos, seu senso comercial e organizacional é tão importante quanto as suas habilidades técnicas na determinação do sucesso profissional.

Engenheiros na academia

O ensino de engenharia é outra atividade que não pode ficar limitada a uma única função. Os indivíduos com competência incomum na elaboração de projetos, pesquisas, construção ou gestão podem escolher dedicar os seus maiores esforços na instrução de estudantes de engenharia, enquanto conduzem suas pesquisas ou prestam consultoria. Existem outras oportunidades no ensino de engenharia ou em assuntos relacionados, como em escolas e em institutos técnicos. Embora um engenheiro recém-formado esteja mais interessado na prática profissional, a importância do ensino é tão grande e tão recompensadora que ele merece ser considerado aqui.

O ensino, entretanto, não é para qualquer um. Primeiramente, é necessária uma alta capacidade intelectual; talvez estar entre os 5% dos mais qualificados de uma sala de aula seja uma boa indicação de capacidade intelectual para tornar-se professor. Além disso, para poder ensinar, o professor precisa ter habilidade de se comunicar, o que não é muito comum no perfil médio dos engenheiros.

O caminho normal para o ensino de engenharia inclui a formação de engenheiro mestre ou doutor, o que é possível após mais dois ou três anos de trabalho depois da graduação. Os graus de mestre e doutor são conferidos em reconhecimento à maestria nas bases da engenharia e nas ciências físicas, competência especial de uma área particular do conhecimento em nível avançado, e pela habilidade de efetuar pesquisas e apresentar resultados úteis e coerentes.

▄━ A equipe tecnológica

O engenheiro em geral integra uma equipe de especialistas com habilidades complementares às suas. Seja no laboratório, seja nas mesas de desenho ou na linha de produção, cientistas, técnicos e tecnólogos fazem importantes contribuições para o trabalho.

As equipes de engenharia variam de grupos pequenos (por exemplo, um engenheiro, um técnico especialista e um mecânico) até grandes grupos de milhares de pessoas, como em companhias de utilidade pública e em companhias de manufatura. Existem cinco tipos de integrantes no grupo tecnológico, que algumas vezes se denomina equipe de engenharia: auxiliares técnicos, técnicos especialistas, tecnólogos, engenheiros e cientistas. Eles geralmente mostram diferentes características pessoais, na forma de trabalho e na preparação educacional.

Auxiliar técnico

Os auxiliares técnicos geralmente trabalham com ferramentas durante a instalação, manutenção ou conserto de objetos físicos. Por exemplo, o eletricista industrial utiliza fios para conectar os fusíveis, interruptores, reatores, motores, lâmpadas e outros complicados equipamentos elétricos. Os mecânicos automotivos instalam, testam e consertam motores, freios, embreagens, transmissões manuais e automáticas. Os maquinistas utilizam uma variedade de máquinas-ferramenta para conformar metais para qualquer tipo de projeto.

Técnico especialista

O técnico especialista frequentemente utiliza ou realiza as ideias dos planos técnicos elaborados pelo engenheiro ou cientista. Os técnicos são os agentes executores, no lugar de inovadores ou projetistas, mesmo que façam desenhos, projetos ou trabalhos relacionados. Um exemplo é o técnico em eletrônica, que usualmente efetua uma ou mais das seguintes tarefas: cálculos padronizados para estimar custos, execução de serviços manuais em equipamentos eletrônicos, instalações, verificações ou testes, manutenção e reparação, modificação e melhoria de equipamentos eletrônicos, vendas ou operação de equipamentos eletrônicos e instrumentos.

O treinamento dos técnicos pode iniciar-se a partir do ensino médio ou após a sua conclusão e tem duração de um a dois anos de estudos específicos. A formação normalmente contempla desenho técnico, álgebra elementar, técnicas básicas da engenharia e redação de relatórios técnicos, mas em geral não inclui matemática e física avançadas.

FIGURA 2.3 Os técnicos especialistas usam o seu conhecimento específico para desenvolver e ajudar a equipe técnica.
Fonte: moodboard/moodboard/Thinkstock

Tecnólogo

O tecnólogo é uma pessoa prática interessada na aplicação dos princípios da engenharia e da administração de pessoal para a produção industrial, a construção ou operação, ou para trabalhar na melhoria de dispositivos, processos, métodos e procedimentos. Estes se defrontam com as partes componentes do sistema global, que foi desenvolvido e projetado pelos engenheiros. Na pesquisa e desenvolvimento, eles podem auxiliar na ligação entre o cientista ou engenheiro de um lado e o técnico especialista ou o auxiliar técnico de outro.

A formação do tecnólogo é parecida com a do técnico especialista, porém, mais aprofundada, tendo duração aproximada de três anos. Em alguns casos, a formação do tecnólogo pode ser considerada como uma continuidade da formação do técnico especialista, só que em nível superior. A ênfase educacional dos programas formadores de tecnólogos é menos teórica do que seus pares de engenharia, entretanto, são mais orientados à prática, ao conhecimento das soluções existentes e aos processos.

▰ Resumo

Neste capítulo vimos quais são as características desejáveis de uma pessoa que pretende seguir a carreira de engenharia, bem como algumas outras informações de interesse para quem está começando os estudos:

1. As áreas do conhecimento em que se divide o currículo do curso.
2. Os diferentes campos de atividade em que o futuro profissional poderá se inserir.
3. Quem são os profissionais integrantes da equipe de apoio no dia a dia do engenheiro.

Atividades

1. Com relação às atividades descritas nesta seção, escreva a sua opinião sobre a profissão da engenharia.
2. Reveja as atividades fundamentais dos engenheiros e escolha três com as quais você se identifica.
3. Comente as diferenças fundamentais entre o trabalho dos técnicos especialistas e o dos engenheiros, e pense em exemplos de como o trabalho de ambos se complementa no dia a dia.
4. Faça uma analogia entre o tipo de trabalho do engenheiro, do tecnólogo e do técnico especialista e os do médico, do enfermeiro e do técnico em enfermagem.

CAPÍTULO

3

Habilidades necessárias ao engenheiro

A palavra "habilidade" relaciona as ideias de capacidade, inteligência, aptidão, engenhosidade, destreza e astúcia. Para poder realizar as atividades descritas no capítulo anterior, o estudante deverá desenvolver ou aperfeiçoar habilidades bastante específicas, algumas exclusivas da engenharia, o que faz dessa uma profissão adequada a um grupo seleto de pessoas.

Neste capítulo você estudará:

- As habilidades e as bases fundamentais para um engenheiro de sucesso.
- A diferença entre habilidades e conhecimento.
- O perfil requerido pela profissão de engenharia.

As escolas de engenharia não focam explicitamente o desenvolvimento de habilidades, dando preferência para o treinamento técnico. Embora importantes, muitas habilidades têm caráter subjetivo, o que pode dificultar a sua avaliação.

Algumas escolas oferecem cursos de curta duração para desenvolver habilidades de oratória ou redação técnica. Outros currículos de formação de engenheiros incluem os assuntos aqui tratados na disciplina de introdução à engenharia, para que desde o início o estudante conheça e aplique as recomendações básicas que lhe garantirão sucesso na sua profissão.

Os avanços recentes da ciência e da engenharia têm tornado o ciclo de vida do conhecimento cada vez mais curto. Em alguns casos, determinado conjunto de conhecimentos é substituído totalmente em até três anos, provocado por um novo paradigma*. Por isso, sobrecarregar os estudantes de engenharia com conhecimentos demasiadamente específicos não faz muito

---

*"Paradigma" é uma forma padronizada de pensar ou agir. No âmbito da engenharia, pode significar a aplicação de novas tecnologias.

sentido. Os currículos atuais de formação de engenheiros dão mais ênfase aos conhecimentos fundamentais e ao desenvolvimento de algumas habilidades específicas, que permitam ao futuro engenheiro buscar a informação necessária no momento que desejar.

As habilidades desejáveis

Ser criativo

Todos nós temos a capacidade de ser originais, inovadores, inventores ou descobridores. Em alguns casos, falta só decidir sê-lo, embora uma boa fundamentação teórica e conhecimento sobre os materiais e as energias sejam indispensáveis no processo de criação. Dizem que se você criar algo que é novo só para você, você é original; se criar algo novo para muitos, você é inovador; se criar algo novo para todos, você é inventor. Em todos os casos haverá uma descoberta, para você ou para os demais. Um dos grandes objetivos dos cursos de engenharia é que alguns de seus alunos venham a se tornar inventores de novas soluções.

Pensar de forma convergente

Os engenheiros devem ser hábeis na tomada de decisões para que minimizem o risco dos seus projetos fracassarem. Para isso, devem ser capazes de avaliar os dados disponíveis, estimar as informações indisponíveis e os fatores de risco que o conjunto acarreta e definir as prioridades de forma clara.

FIGURA 3.1 George de Mestral, engenheiro eletricista que inventou o velcro.
Fonte: Dimitri (2010).

Pensar de forma divergente

Os problemas de engenharia sempre apresentam mais de uma solução possível; por isso, o conhecimento do maior número de alternativas aumentará a probabilidade de alcançar a solução mais eficiente.

Analisar tudo em detalhes

Ter pensamento analítico é a capacidade de entender as partes do problema e as suas inter-relações. Engloba, portanto, a habilidade de decompor sistemas complexos em subsistemas simples que se relacionam e, também, discernir a importância de cada um deles para o resultado final. Em engenharia, isso requer conhecimento aprofundado das ciências e dos seus modelos matemáticos, assim como facilidade no uso de computadores e interpretação de resultados.

Projetar

O projeto é a essência da engenharia; ele relaciona as tarefas de idealizar, planejar e antecipar os meios e recursos para a realização de algo. A atividade de projeto geralmente não envolve a sua execução; entretanto, se executado, o projeto envolve a avaliação final. A avaliação final tem valor inestimável para o engenheiro, já que serve para aprimorar as suas habilidades de previsão. O estudante de engenharia deve praticar a atividade de projeto desde o início da sua formação, projetando e construindo ele mesmo os seus próprios sistemas, e, então, avaliando os resultados previstos e comparando-os com os alcançados.

FIGURA 3.2 Konrad Suze, engenheiro civil alemão, inventou e construiu o Z4, primeiro computador realmente reprogramável.
Fonte: Schroeder (2010).

Trabalhar em equipe

O engenheiro nunca desenvolverá uma obra sozinho. Trabalhar com pessoas é uma arte em que poucos engenheiros são hábeis, ou querem ser. A atividade do engenheiro na equipe geralmente exige atitudes de liderança positiva, que exige um alto senso de responsabilidade para com a equipe (além de muita energia e tempo dispendido).O trabalho em equipe também exige paciência, compreensão e suporte do engenheiro para a sua equipe. Equilíbrio emocional e empatia são importantes.

Comunicar-se de forma eficiente

A informação é um dos ativos mais valiosos das empresas, e a comunicação eficiente é um requisito básico imprescindível para o engenheiro poder passar o seu conhecimento para pessoas de diferentes tipos e níveis de educação formal.

O engenheiro deve ser hábil em escrever relatórios técnicos, *e-mails*, manuais do usuário, manuais de especificação e manuais de manutenção. Também deve ser hábil na comunicação oral, para, por exemplo, dizer o que deve ser feito à sua equipe, ou convencer as pessoas sobre as vantagens da execução do seu projeto. A **retórica** é uma habilidade valiosa para o engenheiro.

— Curiosidade

A retórica era ensinada em várias escolas da antiguidade e abordada em seus diferentes estilos, que se alteram dependendo do tipo de discurso em questão. Dizemos, por exemplo, que uma pergunta é retórica quando nem sempre exige uma resposta, quando pretendemos simplesmente **enfatizar alguma ideia** ou **ponto de vista**. Em alguns casos, a palavra retórica pode ser usada com um **sentido pejorativo**, uma **discussão inútil** ou uma **presunção** por parte de uma determinada pessoa (SIGNIFICADOS, c2015).

A habilidade de se comunicar na língua inglesa é também de primordial importância no mundo da engenharia, já que esse idioma foi o escolhido, pela sua relativa simplicidade, como a língua universal do mundo tecnológico, do qual a engenharia faz parte.

Ser útil

A função principal do engenheiro é ser útil para a sociedade. Isso quer dizer que o trabalho do engenheiro deve ser pautado e avaliado pela utilidade dos resultados alcançados. Por isso, engenheiros devem ser hábeis na apresentação dos resultados e, de preferência, na publicação dos mesmos.

Pensamento humanístico

Também muito importante para o engenheiro é o profundo conhecimento da condição humana e da organização da sociedade. Embora o engenheiro seja o profissional dedicado a resolver problemas de engenharia, indiretamente ele estará resolvendo os problemas das pessoas. Para conseguir o grande objetivo do benefício da humanidade como propósito do seu trabalho, ele deve conhecer o entorno e as condições em que vivem as pessoas, deve ser hábil para entender o impacto do seu trabalho na sociedade e deve desenvolver-se intelectualmente para trocar ideias com profissionais de outras áreas, que tenham mais conhecimentos das implicações sociais e culturais, tornando possível o desenvolvimento de habilidades muito além das puramente técnicas.

Competências e habilidades esperadas dos engenheiros

Muitas das habilidades descritas anteriormente podem ser desenvolvidas fora do âmbito da formação em engenharia. No que se refere à formação geral dos engenheiros (CONSELHO NACIONAL DE EDUCAÇÃO; CÂMARA DE EDUCAÇÃO SUPERIOR, 2002), existem algumas habilidades específicas a serem desenvolvidas nos currículos (veja Quadro 3.1)

Tópicos básicos para a formação em engenharia

Alguns outros **tópicos importantes** na formação do engenheiro são o conhecimento das normas de engenharia e das restrições do mundo real, como

Quadro 3.1 Habilidades desenvolvidas nos currículos de engenharia

Aplicar conhecimentos matemáticos, científicos, tecnológicos e instrumentais à engenharia	Avaliar criticamente a operação e a manutenção de sistemas de produção e operações
Projetar e conduzir experimentos e interpretar resultados	Comunicar-se eficientemente nas formas escrita, oral e gráfica
Conceber, projetar e analisar sistemas, produtos e processos de produção e operações	Atuar em equipes multidisciplinares
Planejar, supervisionar, elaborar e coordenar projetos e serviços de engenharia	Compreender e aplicar a ética e responsabilidade profissional
Identificar, formular e resolver problemas de engenharia	Avaliar o impacto das atividades da engenharia no contexto social e ambiental
Desenvolver e utilizar novas ferramentas e técnicas	Avaliar a viabilidade econômica de projetos de engenharia
Supervisionar a operação e a manutenção de sistemas de produção e operações	Assumir a postura de permanente busca de atualização profissional

fatores econômicos, segurança, confiabilidade, ética e impacto social e ambiental.

Os estudantes de engenharia geralmente procuram treinamento em outras áreas especializadas durante o seu curso de graduação, incluindo matérias que ajudam na comunicação efetiva com clientes, funcionários e o público em geral. Muitos estudantes de engenharia cursam disciplinas eletivas de contabilidade, gestão, qualidade e legislação.

Já as áreas de conhecimentos básicos de um currículo de engenharia, que devem compor 30% do currículo do curso, estão descritas a seguir:

Matemática

Em qualquer currículo de formação de engenheiros, as disciplinas de matemática são muitas e alcançam um nível bem elevado. Os engenheiros precisam ter habilidades de avaliação, tanto qualitativa quanto quantitativa, e os números servem muito bem para isso, junto com padrões de comparação.

Antes de começar um curso de engenharia, o estudante deve ser hábil no uso da aritmética, geometria, álgebra, trigonometria e lógica, para poder encarar as disciplinas de matemática. Para os engenheiros, a matemática, sem aplicação, é só filosofia.

Física

A física é útil ao engenheiro para entender a mecânica de funcionamento do nosso universo e, junto com a matemática, serve para que ele desenvolva os

FIGURA 3.3 O conhecimento profundo de matemática é fundamental para os engenheiros.
Fonte: tiero/iStock/Thinkstock

seus modelos matemáticos de comportamento ou previsão. No ensino médio as pessoas apreendem os mecanismos básicos usando uma matemática fundamental. Já na formação de engenheiros, se soma a esse conhecimento os modelos que utilizam as técnicas de cálculo diferencial e integral. Em muitas especialidades, os modelos matemáticos para descrever os sistemas físicos continuam a ser usados com técnicas de matemática avançada e cálculo numérico. Para o estudante de engenharia, a física é o momento de utilizar a matemática. Estudar física é o hobby do engenheiro.

Química

O entendimento das reações químicas serve ao engenheiro para fazer, por exemplo, previsões de comportamentos, corrosões, geração de eletricidade, etc., assim como para elaborar máquinas para a produção de produtos e serviços que se aproveitem desse comportamento.

Ciência e tecnologia dos materiais

A ciência dos materiais estuda as relações entre a estrutura interna e o comportamento das propriedades físicas dos materiais. Baseia-se na química e na física para fornecer informações fundamentais para o processamento dos materiais, para as suas mais variadas formas e utilidades. Trata dos materiais no estado sólido, mas não se limita a essa fase, já que com a aplicação de princípios físico-químicos também estuda o comportamento de materiais líquidos (em altas e baixas temperaturas) e gases, com algumas limitações.

Fenômenos de transporte

É uma das ciências da engenharia dedicada ao estudo da matéria, quantidade de movimento e energia. Para os engenheiros que utilizam deslocamento de matéria nas suas soluções, o conhecimento profundo desses fenômenos é extremamente útil.

Mecânica dos sólidos

É também uma das ciências da engenharia e se ocupa do estudo dos corpos formados por partículas que impõem entre si restrições de movimento, provocando deformações permanentes ou temporárias. Relaciona conteúdos de física, matemática e ciência dos materiais.

Eletricidade aplicada

O conhecimento básico para um estudante de engenharia passa pelo estudo do comportamento dos circuitos elétricos, do comportamento dos componentes básicos lineares e não lineares, de eletrônica fundamental, de equipamentos elétricos, como condutores, interruptores, disjuntores, transformadores e máquinas elétricas, assim como de noções de transmissão de sinais, sensores e infraestrutura dos sistemas computacionais.

Metodologia científica e tecnológica
A metodologia científica é um método de investigação utilizado para a produção de conhecimento científico. Ele consiste na observação sistemática, incluindo medição, experimentação, formulação, análise e modificação de hipóteses. A aplicação desse método é uma habilidade básica a ser desenvolvida por qualquer engenheiro.

Comunicação e expressão
Alguns currículos de formação de engenheiros incluem disciplinas de redação técnica, oratória e desenho como disciplinas específicas ou optativas, que objetivam o desenvolvimento de habilidades de comunicação.

Informática
Os computadores são, no mínimo, as principais ferramentas de trabalho e, em algumas especialidades, se torna o objeto das suas atividades.

Expressão gráfica
A comunicação de informações por meio de gráficos é de extrema importância no trabalho dos engenheiros. Os projetos de soluções podem envolver sistemas físicos muito complexos e, para a sua devida interpretação, desenhos, diagramas, gráficos e outros recursos são imprescindíveis para que não haja falha de comunicação ou ambiguidades.

Administração
A administração na engenharia é uma ciência social que tem como objeto o estudo das organizações e as técnicas utilizadas para o planejamento, a organização, a direção e o controle dos recursos (humanos, financeiros, materiais, tecnológicos, de conhecimento, etc.).

Economia
A economia é também uma ciência social que estuda a exploração, produção, comercialização, distribuição e consumo de bens e serviços, assim como as formas e métodos de satisfazer as necessidades humanas mediante os recursos disponíveis, que são sempre limitados.

Ciências do ambiente
Engloba o estudo dos problemas ambientais, principalmente daqueles gerados pelas atividades de engenharia, e objetiva a elaboração de propostas

para o desenvolvimento sustentável. O grande número de leis de proteção ambiental e o esgotamento dos recursos naturais fazem dessa ciência um dos grandes desafios para o trabalho dos engenheiros.

Humanidades, ciências sociais e cidadania

Os cursos de humanidades e ciências sociais (que podem incluir literatura, filosofia, religião, história, economia, psicologia e sociologia) ajudam o estudante a entender e apreciar os impactos do trabalho da engenharia na sociedade e no meio ambiente.

Para refletir

Não é difícil ficar embaralhado com tantas atividades, conceitos fundamentais e responsabilidades da profissão de engenharia. Sim, é um curso muito complexo, afinal engloba ciências humanas e exatas! Porém, com o tempo, cada habilidade se tornará um hábito, dependendo da sua vontade de resolver problemas.

Resumo

Neste capítulo abordamos as habilidades necessárias ao bom desempenho das atividades profissionais pelos engenheiros. Podemos resumir o exposto da seguinte forma:

1. O estudante deve ter um perfil adequado e demonstrar atitudes que o ajudem a desenvolver suas atividades profissionais de forma eficiente.
2. Principal importância foi dada ao conhecimento técnico e científico, à vontade de resolver problemas de forma criativa e inovadora através da análise, e às habilidades de comunicação.
3. O comportamento ético deve pautar o dia a dia do trabalho dos estudantes de engenharia, assim como dos engenheiros profissionais.

Atividades

1. Para cada habilidade básica comentada neste capítulo, defina uma atitude sua que possibilite o seu desenvolvimento.
2. Procure definições das palavras "técnica" e "tecnologia" e relacione com o significado da engenharia.
3. Cite exemplos do seu dia a dia, onde as habilidades listadas neste capítulo podem facilitar a sua vida.

4. Proponha novas atitudes para o seu comportamento de rotina atual para desenvolver as habilidades descritas neste capítulo.

5. Você tem que abrir uma garrafa de vinho e está sem um saca-rolhas. É um problema que envolve objetos e, por isso, pode ser considerado um problema de engenharia. Procure por cinco soluções eficientes de resolvê-lo, comparando-as e definindo qual delas você considerou como a melhor. Não esqueça o senso comum, a eficiência, a eficácia e a viabilidade econômica. Primeiro exercite o pensamento divergente, e após escolher o número de soluções, exercite o pensamento convergente.

6. Verifique o currículo do seu curso de engenharia e identifique as disciplinas que lhe ajudarão a desenvolver as habilidades básicas profissionais.

CAPÍTULO

4

As especialidades da engenharia

As especialidades da engenharia estão relacionadas com o conhecimento específico dos engenheiros. Elas foram surgindo à medida que a quantidade de conhecimento foi aumentando e a sociedade foi se tornando cada vez mais complexa e abstrata. Cada nova solução gera novas necessidades, tornando difícil acumular tudo em uma única função. Para isso, foram surgindo ramificações das áreas estudadas na engenharia, a fim de aprofundar as possibilidades de ação de cada campo.

Neste capítulo você estudará:

- A origem histórica das especialidades de engenharia.
- A classificação das especialidades de engenharia.
- As atividades e atribuições de cada especialidade.

Até o século XVIII, as técnicas de engenharia eram desenvolvidas nos institutos militares. As primeiras escolas para aplicações civis da engenharia foram a École Nationale des Ponts et Chaussées, de Paris, fundada no ano de 1747; a Academia de Artilheria de Segóvia, Espanha, em 1764 (que abriu as portas aos civis para fornecer uma titulação equivalente ao engenheiro industrial, não militar) e a Academia de Minas, em Freiberg, Alemanha, em 1765.

Em 1771, o inglês John Smeaton, o primeiro a se proclamar publicamente engenheiro civil, fundou junto com alguns colegas o Smeatonian Society of Civil Engineers. Essa associação serviu de base para que em 1818 fosse fundada o Institution of Civil Engineers, que recebeu em 1828 a Royal Charter do Rei George IV, reconhecendo formalmente a engenharia civil como profissão. Nesse documento, a profissão foi definida como (INSTITUTION OF CIVIL ENGINEERS, 2015):

> [...] a arte de direcionar as grandes fontes de energia da natureza para o uso e conveniência do homem, como os meios de produção e de transporte, tanto para o comércio externo como interno, tal como aplicados na construção de

estradas, pontes, aquedutos, canais, navegação fluvial e docas para deslocamentos internos e comércio, na construção de portos, molhes, quebra-mares e faróis, na arte da navegação pelo poder artificial para fins de comércio, na construção e aplicação de máquinas e na drenagem das cidades e vilas [...].

Pela definição da Royal Charter, a engenharia civil abrangia a aplicação de todos os conhecimentos sobre a extração e processamento dos materiais e do uso das forças naturais necessárias para a criação do artificial.

Essa época marca o início da Revolução Industrial, quando as máquinas começaram a se tornar elementos ativos da produção de bens e serviços. O desenvolvimento da máquina a vapor e o entendimento mais profundo da conversão de energia térmica em mecânica, aliado a um conhecimento da resistência dos materiais usados em distintos mecanismos, promoveu, em 1847 (após 76 anos da criação do Smeatonian), a Institution of Mechanical Engineers, recebendo a sua Royal Charter em 1930. Na prática, essa foi a primeira especialização da engenharia civil.

O desenvolvimento de utilidades elétricas de comunicação levou, após 24 anos da especialidade em mecânica em 1871, à fundação da Society of Telegraph Engineers*, provavelmente a segunda especialidade da engenharia civil, recebendo a Royal Charter em 1921. Em sequência, já no século XIX, surgem a Institution of Structural Engineers, em 1908, e a Institution of Chemical Engineers, em 1922 – apenas para citar algumas das especialidades da engenharia civil em um contexto histórico.

A partir do século XIX, as especialidades da engenharia civil continuaram a se diversificar, e no século XX se iniciou o processo da "emancipação" das especialidades para se tornarem profissões praticamente independentes. Nesse século, as engenharias mecânica, elétrica e química começaram a produzir as suas próprias especializações. As especialidades da engenharia se multiplicaram como se fossem diferentes "sabores" dentro de cada uma das especialidades primárias, assim como também houve a mistura destes entre as próprias subespecialidades e entre as subespecialidades e as especialidades, criando um cardápio variado de "sabores" disponíveis.

■ Classificação das especialidades

A maioria dos engenheiros se especializa numa determinada área. São reconhecidas pelo menos 25 especialidades, sendo que as maiores áreas de aplicação possuem numerosas subdivisões. Alguns exemplos incluem a engenharia de estruturas, ambiental, de saneamento e de transportes, que podem ser consideradas subdivisões da engenharia civil. Outro exemplo seria

---

*Em 1880 passou a ser chamada Society of Telegraph Engineers and Electricians, e em 1889 mudou novamente, dessa vez para Institution of Electrical Engineers, para incluir os temas de eletromecânica, iluminação e energia elétrica.

a engenharia de cerâmicas, metalúrgica e de polímeros, que poderiam ser subdivisões da engenharia de materiais.

Os engenheiros também podem especializar-se num determinado tipo de indústria, como a indústria de motores de combustão, ou em um campo da tecnologia, como em turbinas ou materiais semicondutores.

As engenharias podem ser agrupadas de diversas formas de acordo com os critérios escolhidos para a sua classificação. Os primeiros agrupamentos de especialidades foram feitos levando em consideração as quatro grandes áreas históricas de aplicação, que deram origem às respectivas subespecialidades: civil, mecânica, elétrica e química. Algumas subespecialidades deram origem a outras menos genéricas, tornando-se independentes da sua criadora. Nelas, alguns conteúdos das especialidades criadoras foram sendo suprimidos, enquanto outros mais específicos foram sendo adicionados. Esse processo contínuo de diferenciação de uma subespecialidade com relação à especialidade original resulta na criação das novas especialidades da engenharia. É um processo contínuo e natural à medida que novos conhecimentos, materiais e técnicas são criados ou descobertos pelos cientistas e engenheiros.

O agrupamento das especialidades da engenharia usando o critério de "atividade fim" resulta em **oito** grandes áreas:

- Extração, processamento e uso dos recursos naturais
- Infraestrutura e urbanismo
- Máquinas, mecanismos, manufatura, energia térmica e mecânica
- Processos químicos, de alimentos, de tecnologia de materiais e de energia nuclear
- Eletroeletrônica, computação, iluminação, instrumentação, energia elétrica e magnética
- Aplicações para sistemas biológicos
- Saúde e segurança
- Aplicações militares

Cada grupo possui diferentes carreiras de engenharia, sendo que algumas delas podem pertencer a mais de uma área ou tema. As principais carreiras de engenharia serão tratadas em detalhe nas próximas seções.

Extração, processamento e uso dos recursos naturais

A sobrevivência da humanidade depende dos recursos naturais, muitos dos quais são limitados e, à medida que o seu consumo aumenta, vão se esgotando. Alguns dos recursos naturais se renovam em curto prazo e outros não.

As carreiras de engenharia que têm como objetivo resolver esses problemas, mantendo a exploração sustentável, são as seguintes:

- Engenharia de Agrimensura
- Engenharia Ambiental
- Engenharia Agrícola
- Engenharia Florestal
- Engenharia Geológica
- Engenharia Hidrotécnica
- Engenharia de Madeira
- Engenharia de Minas
- Engenharia Oceanográfica
- Engenharia de Pesca
- Engenharia de Petróleo
- Engenharia Zootécnica

Os engenheiros de minas

Os engenheiros de minas projetam as minas para a extração segura e eficiente de minérios, como carvão e metais para a fabricação de peças e geração de energia termoelétrica. Entre suas atribuições também estão: supervisionar a construção das perfurações e túneis para as operações subterrâneas; conceber métodos para o transporte dos minérios até as plantas de processamento; preparar relatórios técnicos para os mineradores, engenheiros e gerentes e monitorar a produção para avaliar a eficácia das operações.

Os **engenheiros geológicos** utilizam o seu conhecimento de geologia para procurar depósitos de minérios e avaliar os possíveis locais.

Os **engenheiros de minas** podem se especializar em um minério ou metal em particular. Alguns trabalham com geólogos e engenheiros metalúrgicos para encontrar e avaliar novas jazidas; outros, desenvolvem novos equipamentos ou técnicas de processamento direto para separar os minérios de interesse.

Os **engenheiros de segurança de minas** usam o seu conhecimento de projeto de minas e as melhores práticas para assegurar a conformidade com os regulamentos de segurança do trabalho. Eles inspecionam as paredes e tetos das minas, monitoram a qualidade do ar e examinam os equipamentos de mineração na busca de possíveis perigos.

Nem sempre os engenheiros de minas trabalham em locais remotos. Alguns deles desempenham atividades que ocorrem perto das grandes cidades. Os engenheiros mais experientes podem ocupar cargos nos escritórios das empresas de mineração ou em empresas de consultoria, normalmente localizadas em grandes áreas urbanas.

Os setores industriais que empregam engenheiros de minas são de serviços especializados de engenharia, extração de metais, mineração de carvão e de suporte às operações de mineração. A maioria desses profissionais trabalha em tempo integral. O afastamento dos locais de mineração dos grandes centros urbanos resulta em períodos de trabalho variáveis e, às vezes, maiores que o normal.

Os engenheiros de agricultura

Os engenheiros de agricultura, também denominados engenheiros agrícolas, desenvolvem uma grande variedade de atividades relacionadas à indústria agropecuária. Essas atividades incluem aquicultura, cultivo, florestamento, desenvolvimento de biocombustíveis, conservação ambiental, planejamento de ambientes para animais, desenvolvimento de melhorias no processamento de alimentos, dentre outras.

Normalmente, as atribuições dos engenheiros de agricultura são:

- Projetar componentes de máquinas e equipamentos para uso na agricultura, usando tecnologias assistidas por computador (CAD).
- Testar máquinas e equipamentos agrícolas para assegurar o seu funcionamento adequado.
- Projetar plantas de processamento de alimentos e supervisionar as operações de manufatura.
- Planejar e dirigir a construção de sistemas de distribuição de energia elétrica no meio rural.
- Projetar estruturas para armazenamento e processamento do cultivo.
- Projetar estruturas e ambientes para maximizar o conforto, a saúde e a produtividade dos animais.
- Orientar sobre a qualidade da água e sobre as questões relacionadas com o gerenciamento da poluição, o uso dos cursos d´água e de como proteger e usar outras fontes hídricas.

FIGURA 4.1 Engenheiros agrícolas aplicam a tecnologia no desenvolvimento de novas funcionalidades para o trabalho no campo.
Fonte: Jevtic/iStock/Thinkstock

- Projetar e supervisionar o meio ambiente e a recuperação da terra para a agricultura e as indústrias relacionadas.
- Discutir projetos com seus clientes, empreiteiros, consultores e outros engenheiros, de forma que o planejamento seja avaliado e que as alterações necessárias sejam feitas.

Os engenheiros de agricultura passam o seu tempo em uma grande quantidade de locais, viajando até as plantações para verificar o funcionamento das máquinas e equipamentos. Eles podem trabalhar diretamente no campo para supervisionar os projetos de recuperação ambiental ou de gerenciamento do uso da água, por exemplo. Outros locais de trabalho onde eles são empregados incluem laboratórios de pesquisa e desenvolvimento, salas de aula e escritórios.

Eles trabalham com outros engenheiros de agricultura na solução de problemas ou na aplicação de novas tecnologias. Também podem trabalhar com pessoas de outras áreas, como agrônomos, zootécnicos, geneticistas e horticultores.

Os engenheiros de agricultura trabalham normalmente em tempo integral. Alguns podem, às vezes, fazer horas extras devido à natureza dos projetos agrícolas. O clima tem um papel importante no seu cronograma de trabalho. Alguns projetos a céu aberto, como os de recuperação ambiental ou gerenciamento da poluição, precisam de clima favorável e, por isso, esses engenheiros podem trabalhar mais de oito horas por dia.

Os engenheiros ambientais

Os engenheiros ambientais utilizam os princípios da engenharia, ciência dos solos, biologia e química, para desenvolver soluções para os problemas ambientais. Eles reúnem esforços para melhorar os processos de reciclagem, eliminação de resíduos, saúde pública e controle da poluição da água e do ar. Eles também tratam de questões globais, como águas não potáveis, mudanças climáticas e sustentabilidade ambiental.

Os engenheiros ambientais normalmente têm as seguintes atribuições:

- Preparar, revisar e atualizar relatórios sobre o meio ambiente.
- Elaborar projetos que visam à proteção do meio ambiente, como tratamento da água nas indústrias, sistemas de controle da poluição do ar e, operações que convertam resíduos em energia.
- Obter, atualizar e manter planos, licenças e procedimentos padronizados de operação.
- Fornecer suporte técnico em projetos de recuperação ambiental e para as ações judiciais.
- Inspecionar instalações industriais e programas para assegurar o atendimento à legislação ambiental.

- Orientar empresas e agências do governo sobre os procedimentos de limpeza de locais contaminados.

Os engenheiros ambientais podem trabalhar em vários ambientes, dependendo da natureza das tarefas a serem efetuadas. Quando trabalham com outros engenheiros, urbanistas e planejadores, geralmente desenvolvem o seu trabalho em escritórios. Quando trabalham com técnicos e cientistas, eles se deslocam para locais específicos a céu aberto.

As indústrias que empregam engenheiros ambientais são as de serviços especializados de engenharia, consultoria e agências de governo.

A maioria desses engenheiros trabalha em tempo integral. Os que gerenciam projetos geralmente devem trabalhar em tempo extra para monitorar o progresso do projeto e recomendar ações corretivas quando necessário. O trabalho em tempo extra é frequentemente necessário para assegurar que os cronogramas sejam cumpridos e que o projeto seja construído de acordo com as especificações.

Os engenheiros de materiais

Os engenheiros de materiais desenvolvem, processam e testam materiais usados para criar uma grande variedade de produtos, como circuitos integrados para computadores; asas de avião; raquetes de tênis e ferramentas especiais. Eles trabalham com metais, cerâmicas, plásticos, compósitos e outras substâncias para criar novos materiais que atendem determinados requisitos mecânicos, térmicos, elétricos, magnéticos e químicos. Eles também ajudam a selecionar materiais para produtos específicos, desenvolver novas formas de uso para materiais existentes e criar novos materiais com características diferentes dos já existentes.

Os engenheiros de materiais normalmente têm as seguintes atribuições:

- Planejar e avaliar novos projetos de produção de materiais, consultando outros engenheiros sempre que necessário.
- Preparar propostas e orçamentos, analisar os custos de produção, escrever relatórios e executar outras tarefas administrativas.
- Supervisionar o trabalho de tecnólogos, técnicos e outros engenheiros e cientistas.
- Monitorar o desempenho dos materiais e avaliar como eles se deterioram.
- Determinar as causas de falhas de produtos e desenvolver soluções.
- Avaliar especificações técnicas e os fatores econômicos relacionados com os objetivos de projeto dos processos ou produtos.

Alguns engenheiros de materiais trabalham frequentemente em escritórios onde têm acesso a computadores e equipamentos de projeto; outros trabalham como supervisores na indústria ou nos laboratórios de pesquisa e desenvolvimento. Eles podem trabalhar em equipes constituídas por cientistas e engenheiros de outras áreas.

As indústrias que contratam engenheiros de materiais são: fábricas de peças para uso em aviões, automóveis e barcos; serviços específicos de engenharia; institutos de pesquisa científica e tecnológica; fábricas de semicondutores e componentes eletrônicos e agências.

Infraestrutura e urbanismo

À medida que as populações das cidades crescem, aumenta a necessidade de organização e de uma infraestrutura que facilite o fluxo de pessoas, veículos, alimentos, fármacos e demais produtos indispensáveis para a nossa vida atual. As carreiras de engenharia que têm como objetivo resolver esses problemas podem ser as seguintes:

- Engenharia civil
- Engenharia de estruturas
- Engenharia de geodésia e cartografia
- Engenharia geotécnica
- Engenharia sanitária
- Engenharia de transportes

Os engenheiros civis

Os engenheiros civis projetam, constroem, supervisionam, operam e mantêm grandes projetos de construção e sistemas, incluindo estradas, edifícios, aeroportos, túneis, barragens, pontes e sistemas de fornecimento de água e tratamento de esgoto. Os engenheiros civis normalmente têm as seguintes atribuições:

- Analisar relatórios, mapas e outros dados para o planejamento dos seus projetos.
- Considerar os custos de construção, regulamentos, leis, potenciais problemas ambientais e outros fatores nos estágios de planejamento e de análise de riscos.
- Redigir, compilar e submeter solicitações às agências dos governos municipais, estaduais e federais para verificação de que os seus projetos atendem às normas e à legislação correspondente.
- Executar ou supervisionar os testes de solos para determinar a adequação e resistência das fundações.
- Testar os materiais de construção, como concreto, asfalto ou aço, para o uso nos seus projetos.

- Efetuar estimativas de custos de materiais, de equipamentos e de recursos humanos necessários para determinar a viabilidade econômica dos seus projetos.
- Utilizar ferramentas de software para fazer o planejamento e o projeto de sistemas de transporte, sistemas hidráulicos e cálculos de estruturas de acordo com as normas.
- Executar ou supervisionar as operações para estabelecer pontos de referência, avaliar e orientar as atividades de construção.
- Apresentar os resultados do seu trabalho ao público na forma de propostas, declarações de impacto ambiental ou descrição de propriedades.
- Gerenciar o conserto, a manutenção e a substituição da infraestrutura pública e privada.

Os engenheiros civis trabalham em projetos complexos e, por isso, costumam buscar algum tipo de especialização:

Os **engenheiros de construção** gerenciam os projetos de construção civil, a fim de assegurar que eles atenderão os cronogramas e que serão construídos de acordo com plantas e normas correspondentes. Eles são, ainda, responsáveis pelo projeto e segurança das estruturas temporárias durante a construção.

Os **engenheiros geotécnicos** trabalham de forma a assegurar que as fundações das estruturas sejam sólidas o suficiente. Eles focam o trabalho das estruturas projetadas pelos engenheiros civis, como edifícios, viadutos e pontes, bem como interagem com a terra (incluindo o solo e a rocha). Além disso, eles projetam e planejam encostas, estruturas de retenção e túneis.

Os **engenheiros de estruturas** projetam e avaliam os desenhos de grandes estruturas, como os de edifícios, pontes e barragens, para garantir a sua resistência e durabilidade.

Os **engenheiros de transportes** planejam, projetam, operam e mantêm os sistemas de engenharia usados no dia a dia da sociedade, como ruas e autoestradas, e grandes obras como aeroportos, portos, sistemas de transporte público e molhes.

Os engenheiros civis trabalham em escritórios dentro das empresas, mas devem visitar o local da construção para monitorar as operações e resolver problemas. Ocasionalmente, os engenheiros civis devem viajar ao exterior para supervisionar grandes projetos em outros países.

A maioria dos engenheiros civis trabalha em escritórios de prestação de serviços de engenharia e arquitetura. Os governos municipais, estaduais e federais também os contratam.

Engenheiros civis costumam trabalhar em tempo integral, e alguns poucos chegam a trabalhar mais de 40 horas semanais. Os engenheiros que dirigem os projetos podem precisar trabalhar horas extras para monitorar o progresso geral dos seus projetos e garantir que as especificações, cronogramas e orçamentos sejam cumpridos.

Máquinas, mecanismos, produção, energia térmica e mecânica

A otimização dos processos criou a necessidade de operar máquinas eficientes para o transporte de pessoas e para a produção primária e de bens de consumo. De olho na economia dos processos, surgiu a necessidade de sistemas automáticos, especialmente para a produção em grande escala. Outros sistemas importantes são os de utilização e transformação da energia térmica e mecânica, os sistemas de controle de robôs industriais, automóveis e aviões, o transporte de calor e massa, e os sistemas de refrigeração e climatização. As carreiras de engenharia que têm como objetivo resolver esses problemas são as seguintes:

- Engenharia automotiva
- Engenharia aeroespacial
- Engenharia aeronáutica
- Engenharia industrial
- Engenharia de manufatura
- Engenharia mecânica
- Engenharia mecatrônica
- Engenharia naval
- Engenharia de produção
- Engenharia térmica

Os engenheiros mecânicos

Os engenheiros mecânicos pesquisam, projetam, desenvolvem, constroem e testam dispositivos térmicos e mecânicos, incluindo ferramentas, motores, mecanismos e máquinas. Os engenheiros mecânicos normalmente têm as seguintes atribuições:

- Analisar situações para ver como os dispositivos térmicos e mecânicos podem ser usados para resolver problemas.
- Projetar ou redesenhar dispositivos térmicos e mecânicos usando simuladores computacionais e ferramentas de projeto assistido por computador.
- Desenvolver e testar protótipos de dispositivos que eles mesmos projetam.
- Analisar os resultados dos testes e fazer alterações quando necessário.
- Supervisionar os processos de manufatura dos dispositivos.

Esses profissionais trabalham geralmente nas indústrias de manufatura, nas empresas de serviços de engenharia, nas fábricas de peças para automóveis e nos setores de pesquisa e desenvolvimento. Também é comum trabalharem em escritórios. Eles podem ocasionalmente visitar locais onde um problema ou alguma peça necessite de sua atenção pessoal. Na maioria

FIGURA 4.2 Engenheiros mecânicos trabalham geralmente nas indústrias de manufatura e de fabricação de peças, analisando e projetando dispositivos térmicos e mecânicos que visam a solução dos mais variados problemas.
Fonte: nd3000/iStock/Thinkstock

das vezes eles trabalharão com outros engenheiros, tecnólogos, técnicos e outros profissionais como parte de uma equipe.

Os engenheiros de produção

Os engenheiros de produção, também chamados engenheiros industriais, encontram formas de eliminar o desperdício dos processos de produção, bem como maneiras mais eficientes de utilizar os recursos humanos, as máquinas, os materiais, a informação e a energia para fazer um produto ou fornecer um serviço.

Em geral, os engenheiros de produção têm as seguintes atribuições:

- Avaliar os cronogramas de produção, as especificações técnicas, os fluxos dos processos e outras informações para compreender os métodos e atividades de manufatura e de serviços, e, assim, oferecer recomendações de melhoria de eficiência.
- Desenvolver formas eficientes de fabricar peças ou produtos e de fornecer serviços.
- Desenvolver sistemas de controle de gestão para auxiliar na eficiência do planejamento financeiro e da análise de custos.
- Definir procedimentos de controle de qualidade para resolver problemas de produção ou para minimizar custos.
- Trabalhar com clientes e gerentes para desenvolver normas de projeto e produção.

- Projetar sistemas de controle gerencial para coordenar as atividades e os planos de produção a fim de que os produtos atendam os requisitos de qualidade.
- Conversar com os clientes sobre as especificações de produto; com vendedores sobre compras; com os gerentes sobre a capacidade de fabricação; e com o pessoal sobre o status do projeto.

A versatilidade dos engenheiros de produção lhes permite participar de atividades que são úteis a uma grande variedade de organizações comerciais, governamentais e sem fins lucrativos. Por exemplo, em alguns casos, os engenheiros de produção participam na gestão da cadeia de fornecimento para ajudar empresas a minimizar os seus custos de inventário; conduzir atividades de controle de qualidade para ajudar às empresas a manter os seus clientes satisfeitos; e em atividades de gestão de projetos para controlar os custos e maximizar as eficiências.

Algumas das indústrias que contratam engenheiros de produção são: as de manufatura de peças e produtos para aviação; indústria metalomecânica; serviços de engenharia; indústria automotiva; e empresas de consultoria.

Processos químicos, alimentos, tecnologia de materiais e energia nuclear

A humanidade precisa se alimentar de forma eficiente e suficiente, e, para isso, precisa de sistemas de produção rápidos e de boa qualidade. Isso implica a utilização de materiais com características mecânicas, químicas, ópticas, magnéticas e elétricas suficientes para as aplicações em máquinas e dispositivos. Deve-se vestir roupas adequadas e ter acesso a medicamentos bem preparados. As reações atômicas nucleares controladas fornecem uma fonte imensa de energia disponível para as atividades humanas. As carreiras de engenharia que têm como objetivo resolver esses problemas são as seguintes:

- Engenharia de alimentos
- Engenharia bioquímica
- Engenharia de cerâmicas
- Engenharia de materiais
- Engenharia metalúrgica
- Engenharia nuclear
- Engenharia petroquímica
- Engenharia de plásticos
- Engenharia têxtil
- Engenharia química

Os engenheiros químicos

Os engenheiros químicos aplicam os princípios da química, biologia, física e matemática para resolver problemas que envolvam a produção ou uso de produtos químicos, combustíveis, fármacos, tintas, alimentos e muitos outros produtos. Eles projetam processos e equipamentos para a fabricação em grande escala, planejam e testam métodos de fabricar os produtos e os seus derivados e ainda supervisionam a produção. Os engenheiros químicos normalmente têm as seguintes atribuições:

- Conduzir pesquisas para desenvolver novos processos de fabricação ou para melhorar os existentes.
- Desenvolver procedimentos de segurança para os trabalhadores que possam ficar expostos a gases ou substâncias químicas perigosas.
- Desenvolver processos para separar componentes de líquidos e gases, ou para gerar correntes elétricas usando processos químicos controlados.
- Projetar e planejar o layout de fábricas e de grandes máquinas de produção.
- Testar e monitorar o desempenho dos processos de produção.
- Procurar por problemas nos processos de fabricação.
- Avaliar equipamentos e processos para assegurar o atendimento às normas e regulamentos de segurança e de proteção do meio ambiente.
- Fazer estimativas dos custos de produção.

Os engenheiros químicos usualmente trabalham em escritórios ou em laboratórios. Eles podem passar o tempo nas plantas de produção química, refinarias e outros locais, onde monitorarão ou dirigirão as operações, ou resolverão problemas no local da produção. Eles deverão ser hábeis para trabalhar com os profissionais que projetaram os sistemas e com os técnicos e mecânicos que os construíram. Alguns deles viajam frequentemente para visitar as plantas produtivas ou para acompanhar a construção de novas plantas em vários pontos do país e no exterior.

As empresas que contratam engenheiros químicos incluem escritórios de engenharia; institutos de pesquisa e desenvolvimento; fábricas de produtos químicos básicos; de resinas de borrachas e fibras sintéticas; e petroquímicas. Em geral, eles trabalham em tempo integral.

Eletroeletrônica, computação, iluminação, instrumentação, energia elétrica e magnética

A eletricidade é a forma mais nobre das energias, pois ela pode ser transformada e transportada com um mínimo de perdas, se comparada com as outras formas. A eletricidade pode ser usada para dois propósitos principais: transporte de energia ou informação. A nossa civilização atual depende da energia elétrica para movimentar as máquinas das fábricas, para iluminação e aquecimento, assim como de sistemas de computação que aceleram os processos administrativos, científicos, tecnológicos, sistemas de produção e de comunicação. As carreiras de engenharia que têm como objetivo resolver esses problemas são as seguintes:

- Engenharia elétrica
- Engenharia de controle e automação
- Engenharia de computação – hardware
- Engenharia de computação – software
- Engenharia eletrônica
- Engenharia eletromecânica
- Engenharia eletrotécnica
- Engenharia de Sistemas de energia elétrica
- Engenharia de Sistemas ópticos e lasers
- Engenharia de telecomunicações

Os engenheiros eletricistas e eletrônicos

Os engenheiros eletricistas e eletrônicos projetam, desenvolvem, testam e supervisionam a fabricação de equipamentos elétricos, como motores elétricos, eletrodomésticos, sistemas de navegação e radar, sistemas de comunicação e equipamentos de geração de energia elétrica. Eles também projetam os sistemas elétricos de automóveis, barcos e aviões. Desenvolvem equipamentos eletrônicos, como sistemas de comunicação e radiodifusão, telefones inteligentes, sistemas de localização de GPS, computadores, firmwares e softwares, instrumentos de medição e aparelhos de televisão, dentre muitos outros. Os engenheiros eletricistas e eletrônicos normalmente têm as seguintes atribuições:

- Projetar novas formas de uso da energia elétrica para desenvolver ou melhorar produtos.
- Efetuar cálculos detalhados para desenvolver normas para fabricação, construção e instalação de dispositivos e sistemas elétricos.
- Fabricar, instalar e testar equipamentos elétricos para assegurar que os produtos atendam às normas vigentes.
- Investigar queixas dos consumidores ou do público em geral, avaliar problemas e recomendar soluções.
- Trabalhar com gerentes de projeto para que os projetos se desenvolvam dentro do cronograma e orçamento previsto.
- Projetar componentes eletrônicos, programas ou sistemas para aplicações comerciais, industriais, médicas, militares ou científicas.
- Analisar as necessidades dos clientes e determinar os requisitos dos sistemas elétricos, capacidade e custos para desenvolver os planos do sistema.
- Desenvolver procedimentos de teste e manutenção para os componentes eletrônicos e equipamentos.
- Avaliar os sistemas e recomendar modificações do projeto ou o seu conserto.

- Inspecionar equipamentos eletrônicos, instrumentos e sistemas para assegurar que atendam às normas de segurança.
- Planejar e desenvolver aplicações e modificações das propriedades eletrônicas das peças e sistemas para melhor o desempenho técnico.

As indústrias que empregam engenheiros eletricistas e eletrônicos são as de serviços de engenharia; geração, transmissão e distribuição de energia elétrica; fábricas de instrumentos de medição, de controle, de navegação, de semicondutores e médicos, de máquinas; e demais componentes elétricos e eletrônicos; empresas de telecomunicações; agências do governo; e empresas de construção civil.

Aplicações para sistemas biológicos

Os seres humanos são seres biológicos e, assim, seguem o ciclo da vida que é nascer, crescer, reproduzir-se e morrer. Em muitos casos, há desvios no funcionamento das partes, originando o que conhecemos como doenças e enfermidades, defeitos genéticos ou de nascença. É possível reduzir os efeitos negativos dessas doenças e disfunções, e até eliminá-las através de tratamentos preventivos, curativos ou com intervenções de vários tipos. O diagnóstico e prognóstico podem ser melhorados com o uso de equipamentos eletroeletrônicos, químicos e mecânicos, como aparelhos de ressonância magnética, tomografia computadorizada, ultrassom, quimioterapia, cateterismo e outras técnicas. As carreiras de engenharia que têm como objetivo resolver esses problemas são as seguintes:

- Engenharia biomédica
- Engenharia clínica e hospitalar
- Engenharia biomecânica
- Engenharia bioinformática
- Bioinstrumentação
- Bioengenharia
- Engenharia de biomateriais
- Engenharia de células e tecidos
- Engenharia eletromédica e bioelétrica

Os engenheiros biomédicos

Os engenheiros biomédicos analisam e projetam soluções para problemas da biologia e medicina, com o objetivo de melhorar a qualidade e eficácia da assistência aos pacientes. Eles normalmente têm as seguintes atribuições:

- Projetar sistemas e produtos, como órgãos artificiais; dispositivos artificiais para substituir partes do corpo e máquinas para diagnóstico médico.
- Instalar, ajustar, manter, consertar ou fornecer suporte técnico para equipamentos biomédicos.

- Avaliar a segurança, a eficiência e a eficácia dos equipamentos médicos.
- Treinar médicos, enfermeiros, técnicos de enfermagem, fisioterapeutas e esteticistas para uso apropriado de equipamentos biomédicos.
- Gerenciar a operação da infraestrutura dos hospitais e clínicas.
- Trabalhar com cientistas e médicos para pesquisar os aspectos de engenharia dos sistemas biológicos de humanos e animais.
- Calibrar e aferir instrumentos biomédicos.

Algumas subespecialidades da engenharia biomédica incluem: bioinstrumentação; biomateriais; biomecânica; engenharia genética celular e de tecidos; engenharia clínica; bioinformática; bioeletricidade; imagens médicas; ortopedia; engenharia de reabilitação e sistemas fisiológicos.

Os engenheiros biomédicos trabalham em uma grande variedade de locais, dependendo do tipo de atividade que eles desenvolvem. Eles podem trabalhar em hospitais, laboratórios de pesquisa, laboratórios de produção e testes de produtos farmacêuticos, fábricas onde produzem e projetam equipamentos biomédicos e em escritórios comerciais, onde eles ajudam nas decisões comerciais.

Os engenheiros biomédicos trabalham em equipe com cientistas, trabalhadores da área da saúde e outros engenheiros. Assim, onde e como eles trabalham é determinado pelas necessidades específicas dos demais. Por exemplo, um engenheiro biomédico que desenvolve um novo dispositivo projetado para ajudar uma pessoa com deficiência a andar novamente pode passar mui-

FIGURA 4.3 Engenheiros biomédicos buscam soluções para os mais variados problemas da biologia e da medicina, e sua equipe é formada por médicos, cientistas e profissionais da área da saúde e da biologia.
Fonte: AlexRaths/iStock/Thinkstock

tas horas em um hospital para determinar se o dispositivo está funcionando como planejado. Quando o engenheiro encontrar uma forma de melhorar o dispositivo, ele deverá retornar à fábrica para ajudar a alterar o projeto e o processo de manufatura, com objetivo de melhorar o produto.

Saúde e segurança

A segurança das atividades e aplicações dos dispositivos e técnicas da engenharia foi se tornando essencial com a massificação das utilidades práticas e ferramentas promovidas pelo acelerado desenvolvimento tecnológico desde a primeira revolução industrial. Essa necessidade deu origem a mais uma especialidade interdisciplinar. As carreiras de engenharia que têm como objetivo resolver problemas de segurança são as seguintes:

- Engenharia de segurança
- Engenharia de proteção e prevenção de incêndios
- Engenharia de segurança aeronáutica e aeroespacial
- Engenharia de segurança de produtos
- Engenharia de segurança de sistemas
- Engenharia de segurança do trabalho

Os engenheiros de saúde e segurança

Os engenheiros de saúde e segurança desenvolvem procedimentos e projetam sistemas que evitem que as pessoas ou animais fiquem doentes ou feridos e para preservar o patrimônio de máquinas e instalações. Eles combinam o conhecimento dos sistemas de engenharia, higiene, saúde e segurança para assegurar que os produtos químicos, máquinas, software, móveis e outros produtos de consumo não ocasionem danos às pessoas ou às instalações. Os engenheiros de saúde e segurança normalmente têm as seguintes atribuições:

- Revisar plantas e especificações de novas máquinas e equipamentos para assegurar que eles atendam às normas de segurança.
- Identificar e corrigir os perigos potenciais pela inspeção de fábricas, máquinas e equipamentos de segurança.
- Avaliar a eficácia dos vários sistemas de controle industrial.
- Assegurar que os edifícios ou produtos atendam às normas de segurança e saúde, especialmente após a inspeção das correções solicitadas.
- Instalar dispositivos de segurança em máquinas ou dirigir a instalação e os testes desses dispositivos.
- Revisar os programas de segurança do trabalho e recomendar melhorias.

- Manter e aplicar o conhecimento das leis e normas nos processos industriais.

Os engenheiros de saúde e segurança atuam nos campos da higiene industrial e na higiene ocupacional. Na higiene industrial eles se ocupam dos efeitos dos agentes físicos, químicos e biológicos. Eles reconhecem, avaliam e controlam esses agentes para evitar que as pessoas fiquem doentes ou feridas. Por exemplo, eles podem tentar antecipar que um determinado processo de manufatura produzirá uma substância química potencialmente perigosa e poderão recomendar mudanças no processo ou uma forma de conter e controlar a substância perigosa.

Na higiene ocupacional, os engenheiros de saúde e segurança investigam o ambiente no qual as pessoas trabalham e utilizam a ciência e a engenharia para recomendar mudanças que evitem que os trabalhadores sejam expostos a doenças ou ferimentos. Eles ajudam os empregadores e empregados a entender os riscos, melhorar as condições e práticas de trabalho. Por exemplo, eles podem observar que os níveis de ruído da fábrica podem ocasionar danos à audição dos trabalhadores e recomendar formas de reduzir o nível de ruído através de mudanças nas edificações ou máquinas, a diminuição do tempo de exposição ou sugerir que os trabalhadores utilizem uma proteção auditiva adequada.

A engenharia de saúde e segurança é uma grande área que abrange muitas atividades. Algumas especialidades desta área são comentadas a seguir.*

Os **engenheiros de segurança aeroespacial** trabalham com radares e satélites para assegurar que eles funcionem de acordo com o previsto.

Os **engenheiros de prevenção e proteção de incêndios** projetam sistemas de prevenção de incêndios para todos os tipos de prédios. Eles frequentemente trabalham com arquitetos e engenheiros civis durante a fase de projeto dos novos edifícios ou das reformas.

Os **engenheiros de segurança de produtos** investigam as causas de acidentes ou ferimentos que resultaram tanto do uso correto como equivocado de um produto. Eles propõem soluções para reduzir ou eliminar qualquer problema de segurança associado com tal produto. Eles também participam na fase de projeto de novos produtos para prevenir ferimentos, doenças ou danos à propriedade, que possam ocorrer com o uso do produto.

Os **engenheiros de segurança de sistemas** trabalham em várias áreas de conhecimento, incluindo o setor aeronáutico e aeroespacial, a segurança de software, a segurança hospitalar e a segurança do meio ambiente. Esses engenheiros utilizam a abordagem sistêmica para identificar perigos de forma a evitar acidentes ou ferimentos nas pessoas.

As indústrias que empregam engenheiros de saúde e segurança são as de serviços especializados de engenharia; construtoras industriais e residen-

---

*No Brasil, a denominação desta especialidade é engenharia de segurança do trabalho.

ciais; agências de governo; petroquímicas; siderúrgicas; empresas de armazenamento e distribuição de gás; portos e aeroportos; empresas de transporte de cargas perigosas; correios; alfândegas; distribuição de água e tratamento de esgoto; hospitais; indústrias de manufatura, dentre outras.

> **Dica**
>
> Inevitavelmente, os engenheiros de todas as especialidades trabalham em tempo integral e ocasionalmente podem ter que trabalhar em tempo extra para atender às necessidades da profissão. Quem deseja ser engenheiro deve, obrigatoriamente, dedicar seu tempo.

Aplicações militares

Depois de haver assegurado a alimentação e o teto, a segurança é a necessidade mais importante para o homem. É uma característica da nossa sociedade o uso da força quando esta aparenta ser superior à do adversário na disputa por algum recurso e quando outros interesses em questão são considerados importantes. Nos tempos de paz, o trabalho dos militares se resume ao controle das fronteiras. Para poder atacar e se defender de forma eficiente, os militares dependem de armas, sistemas de comunicação, sistemas de transporte, detecção, computação e logística adequada para atender às suas tropas. A carreira de engenharia que tem como objetivo resolver esses problemas é a engenharia militar. Algumas especialidades da engenharia militar são:

- Engenharia de combate
- Engenharia espacial
- Engenharia de mobilização
- Engenharia de defesa
- Engenharia de sensores, comunicações e guiados

Resumo

Neste capítulo conhecemos um pouco mais sobre cada uma das especialidades da engenharia. Vimos que são muitas as subdivisões, em resposta à crescente complexidade do mundo.

1. Conhecemos as primeiras escolas de engenharia e as primeiras especialidades.
2. Entendemos como estão divididos os diferentes ramos do curso e as diferentes especializações.
3. Aprofundamos o conhecimento sobre as atividades de cada uma dessas áreas, bem como sobre seu campo de atuação.

Atividades

1. Consulte dois engenheiros com especialidades diferentes sobre uma perspectiva de aumento de empregos na sua área de atuação e sobre o salário anual que ele recebe. Monte uma tabela comparativa.
2. Verifique na página web do CREA do seu estado quais são as atribuições dos engenheiros de cada especialidade.
3. Faça uma pesquisa na Internet para verificar qual é a proporção de profissionais de cada especialidade de engenharia no Brasil.

CAPÍTULO

5

O método para a solução dos problemas de engenharia

"A formulação de um problema é mais importante que sua solução."

Albert Einstein

Na engenharia, é crucial uma mente aberta para identificar necessidades da sociedade e, posteriormente, encontrar formas de organizar, planejar e executar as mudanças desejadas. Neste capítulo, vamos trabalhar com o propósito primordial da engenharia: a resolução de problemas. Resolver um problema é buscar a melhor solução dentre todas aquelas que satisfazem requisitos e fatores condicionantes. Os engenheiros têm uma metodologia específica para o tratamento dos problemas de engenharia. Você será treinado para evitar atalhos ou tendências que levem à perda de tempo.

Neste capítulo você estudará:

- A metodologia específica utilizada pelos engenheiros.
- Exemplos práticos e úteis de problemas e processos de soluções.
- As cinco fases da solução de problemas na engenharia.

Você já sabe que a engenharia é essencialmente o estudo de problemas e de suas soluções com o propósito de beneficiar a sociedade. Isso significa promover o bem-estar de todas as pessoas. Esse bem-estar é alcançado gradualmente pela mudança de algumas situações consideradas negativas, inconvenientes ou difíceis.

No âmbito da engenharia, os problemas a resolver são aqueles relacionados com as coisas materiais e as suas inter-relações. O surgimento de um "problema de engenharia" acontece quando há a necessidade de transformar a ordem dos elementos naturais ou artificiais de um estado ou fase para outro. Um problema de engenharia pode ser a transmissão de dados entre dois locais afastados, entre os quais há uma montanha de 2 mil metros de altura; assim como pode ser a construção de uma estrada que atravesse a Cordilheira dos Andes ou os Alpes. O problema pode envolver transformações reversíveis ou não, como é o caso do aquecimento da água do chá, que depois de aquecida pode novamente voltar ao seu estado inicial, diferente do carvão do braseiro, que uma vez queimado produz um estado irreversível de transformação em CO, CO_2 e outros compostos.

O primeiro passo para resolver um problema de engenharia é defini-lo claramente. Para isso, é necessário conhecer suas características, suas reações e seus comportamentos. O processo da solução inclui o estudo das tradições, opiniões, soluções anteriores e dos recursos disponíveis, entre outros aspectos. Tudo isso para tentar conhecer a verdadeira natureza do problema.

Definido o problema, começa a busca pelas possíveis soluções. Pesquisas, experiências profissionais, conversas com outros engenheiros e criatividade compõem um conjunto capaz de indicar caminhos para satisfazer a maioria dos critérios e dos fatores condicionantes.

A tomada de decisão, finalmente, leva à escolha de uma dentre as possibilidades de solução do problema. A Figura 5.1 detalha as etapas do processo de solução dos problemas em engenharia.

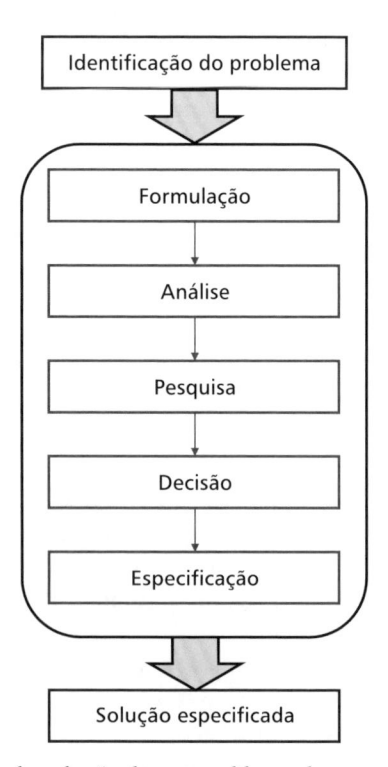

FIGURA 5.1 As fases da solução de um problema de engenharia.
Fonte: Krick (1970).

A fase da formulação do problema

Do processo de formulação participam três atores principais: o cliente, o usuário e o engenheiro. Todos têm interesses diferentes e visões particulares do problema. Cabe ao engenheiro detalhá-lo, de forma que as soluções possíveis sejam percebidas como satisfatórias, tanto pelo cliente quanto pelo usuário.

Exemplo de formulação – Uma fábrica de interruptores elétricos

A direção de uma empresa que produz interruptores elétricos precisa **reduzir os seus custos de produção, manipulação e armazenamento** e entregou essa tarefa a um dos seus engenheiros. A Figura 5.2 mostra o layout inicial do acondicionamento e armazenamento das matérias-primas e dos seus produtos.

É comum que, ao tentar resolver esse tipo de problema, se pense em aperfeiçoar a solução original, mudando as máquinas de local, abrindo novos portões, colocando novas esteiras, definindo formas diferentes de montagem, transporte, testes e empacotamento. Porém, é exatamente isso que não deve ser feito!

No início, deve-se evitar entrar em detalhes, buscando definir questões mais amplas e abrangentes como: existe algum problema? Qual é? Não se pode resolver um problema que ainda não foi bem definido.

O engenheiro deve definir o problema da forma geral, evitando considerar possíveis soluções durante essa fase. Algumas formulações para o problema podem ser:

1. Determinar a forma mais econômica de transportar, injetar, montar, testar e armazenar interruptores elétricos.

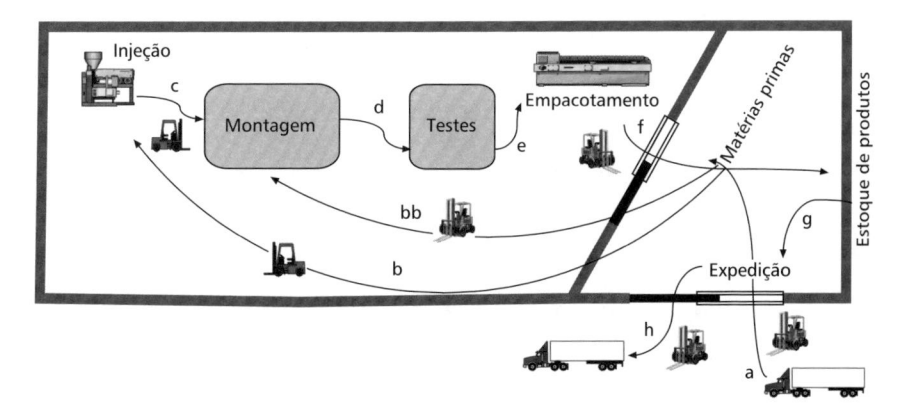

FIGURA 5.2 Layout de uma fábrica de interruptores elétricos.
Fonte: Krick (1970).

2. Determinar a forma mais econômica de levar interruptores elétricos da célula de montagem (EI) até o almoxarifado (EF).

3. Determinar a forma mais econômica de levar os interruptores elétricos da célula de montagem (EI) até o caminhão de entrega (EF).

4. Determinar a forma mais econômica de levar os interruptores elétricos da célula de montagem (EI) até o meio de entrega (EF).

5. Determinar a forma mais econômica de levar os interruptores elétricos da célula de montagem (EI) até os depósitos de distribuição (EF).

6. Determinar a forma mais econômica de levar interruptores elétricos desde os fornecedores de matéria-prima (EI) até os depósitos dos vendedores (EF).

7. Determinar a forma mais eficiente de fazer chegar interruptores elétricos do produtor para o consumidor.

A formulação **1** pode não ser muito adequada, pois não há identificação dos estados inicial e final, além de incluir detalhes condicionantes (transportar, injetar, montar...) do processo de fabricação, que nada mais fazem do que prejudicar a visão mais ampla do problema.

Um erro frequente na definição de um problema é a aceitação de aspectos da solução atual como inalteráveis e essenciais, impedindo a introdução de modificações potencialmente proveitosas. O engenheiro deve evitar esse tipo de abordagem.

Já as formulações **2** a **7** são aceitáveis porque identificam os estados EI e EF, sem mencionar fatores condicionantes e detalhes desnecessários. Entretanto, diferem entre si e podem levar a resultados muito diversos. As formulações **2** e **3,** por exemplo, parecem presumir que no estado EF os interruptores já estejam encaixotados. A formulação **3** especifica o caminhão, sem esclarecer se os interruptores estão encaixotados. A formulação **4** fala apenas em "meio de entrega", abrindo possibilidades para outros meios de transporte. A generalização do problema deve ficar cada vez mais aberta para os estados EI e EF até que sejam especificados somente o produtor e o consumidor, possibilitando uma grande variedade de alternativas de manipulação, formas de transporte, empacotamento, etc. A formulação **7** é a mais eficiente, pois permite como alternativa a simples importação, se isso for vantajoso para a companhia.

Quanto mais gerais as especificações para os estados EI e EF, mais alternativas de solução, mais possibilidades de ação e menos condicionantes indevidas.

A amplitude da formulação

A formulação de um problema nada mais é do que a sua descrição, do ponto de vista de quem o percebe. Quando essa descrição é compartilhada com outras pessoas, novas descrições poderão surgir, provenientes de outros pontos de vista. Quanto mais ampla for a formulação do problema, mais fácil será convergir os diferentes pontos de vista e maiores serão as alternativas de solução.

A busca por uma formulação ampla pode levar o engenheiro a confrontar decisões já tomadas pelo cliente e a "invadir" áreas de atribuição de outros membros da empresa. Nesses casos, o engenheiro terá que ser hábil para lidar com as pessoas, de forma que todos participem e se sintam responsáveis pela solução proposta. Caso contrário, alguém na empresa poderá se opor às soluções encontradas. Dependendo da autoridade do cargo do opositor, as alternativas poderão ficar mais restritas.

Suponha que um engenheiro tenha adotado a formulação **7**. Ao escolher a formulação mais ampla ("Determinar a forma mais eficiente de fazer chegar interruptores elétricos do produtor para o consumidor"), ele constatou que as células de injeção e montagem deveriam ser fechadas, pelo seu alto custo. Ele poderia, em vez disso, ter recomendado a importação dos produtos estrangeiros como alternativa mais econômica, o que resultaria em demissões e fechamento de postos de trabalho.

Diferentes alternativas para formular um problema

Os problemas de engenharia podem ser também representados por meio de "caixas pretas". Este tipo de representação é adequado quando o problema geral não está bem definido.

Vejamos um exemplo da área de processamento de informações. É o caso dos bancos, que oferecem aos clientes serviços de consultas (saldos e extratos), transferências, pagamento de contas, por meio de atendimento pessoal, internet, caixas eletrônicos, telefone celular, televisão interativa, correio, etc.

Quando o correntista precisar efetuar algum tipo de transação, ele deve fornecer informações, como número da agência e conta, além das senhas de segurança (veja Figura 5.3). As saídas do sistema são variadas, de saldos e extratos a dinheiro e talão de cheques.

Na fase da formulação, não interessa o que estiver dentro da caixa preta, e, sim, as variáveis de entrada e de saída desejadas (os estados inicial e final). A caixa preta é um método muito conveniente de discernir um problema, pois serve para esclarecer o que está errado e esconder as soluções

FIGURA 5.3 Representação de um problema com processamento de informações.
Fonte: O autor.

atuais e anteriores que podem inconscientemente limitar ou direcionar as alternativas. Apesar de parecer simples demais, esse método se mostra uma ferramenta muito eficiente para a formulação de problemas de engenharia.

Os riscos

O engenheiro deverá determinar quais serão os riscos envolvidos nas possíveis transformações desde o estado inicial. Frequentemente, a natureza de um problema envolve uma grande quantidade de dados irrelevantes, soluções atuais ineficazes, opiniões equivocadas e falta de discernimento.

Por questões didáticas, na grande maioria das escolas de engenharia os problemas são apresentados de forma simplista e pouco realista. Uma tendência dos engenheiros principiantes é tentar resolver problemas fictícios, ou seja, aqueles problemas que não são provenientes de necessidades reais. Outro risco é **confundir problema com solução**. A solução adotada para resolver um determinado problema não pode ser confundida com o problema em si. Esta afirmação parece muito óbvia? Isso acontece com frequência. Por exemplo, quando se diz que os presídios estão lotados, algumas pessoas acham que o problema é "a falta de investimento do governo local para a construção de mais presídios". Na realidade o presídio é uma solução de engenharia e não um problema. Ele foi construído para aumentar a segurança das pessoas. Se ele é uma solução, não pode, de repente, ser considerado um problema. Se não houver mais presidiários, não precisa haver mais presídios, certo? Então, é provável que o problema seja o aumento de presidiários, e isso é uma consequência de alguma outra causa. Se isso se resolver, não haverá por que fazer novos presídios.

A fase da análise do problema

Junto com a formulação, a fase da análise faz parte da **definição do problema**. Nesta fase, o problema começa a ser detalhado. Veja o caso de um fabricante de eletrodomésticos que se propõe a lançar no mercado uma máquina de lavar roupas com a função de secagem. Observe as outras características e condicionantes do produto:

- As dimensões da máquina não poderão exceder 75 cm de largura, 95 cm de altura e 75 cm de comprimento.
- A máquina deverá funcionar com rede de tensão elétrica alternada de 127 volts e 60 Hz.
- Deverão ser observadas as normas técnicas aplicáveis ao caso.
- O custo de produção não deverá exceder US$ 135.
- A máquina deverá lavar tecidos de qualquer tipo, naturais ou artificiais.
- A máquina deverá extrair 90% da umidade das roupas na função de secagem sem exceder os 40 minutos.

Depois de longas conversas com a direção da empresa e com especialistas em pesquisas de mercado, o engenheiro esquematizou o problema como mostra a Figura 5.4. A análise comentada a seguir representa a metodologia que se recomenda para resolver qualquer problema de engenharia.

Na formulação do problema, pode ser pertinente identificar o estado EI como sendo as roupas sujas e o EF, as roupas limpas. Para poder continuar com a análise, é necessário obter maior conhecimento desses dois estados, sendo esse o objetivo dessa fase; devem ser determinadas todas as características relevantes dos estados EI e EF de forma quantitativa e qualitativa.

A fase da análise envolve o estudo dos cinco tópicos que serão tratados a seguir:

A variedade de entradas e saídas

Como é comum nos problemas de engenharia, são poucas as características de entrada e saída que se manterão inalteráveis. A massa das roupas a serem lavadas pode variar de zero a oito quilos, com tecidos diversos e propensão à retenção de umidade diferente, além do grau de sujeira que varia por peça. Esse comportamento dinâmico dos estados EI e EF é similar ao problema de um veículo de passeio, em que o desempenho varia de acordo com a marcha, com o número de pessoas dentro do veículo, com a quantidade (que varia com o tempo) e até com a qualidade do combustível.

Assim, o engenheiro deverá coletar todas as informações possíveis sobre as variações esperadas (ou não) para as variáveis de entrada e definir as variações correspondentes esperadas nas variáveis de saída.

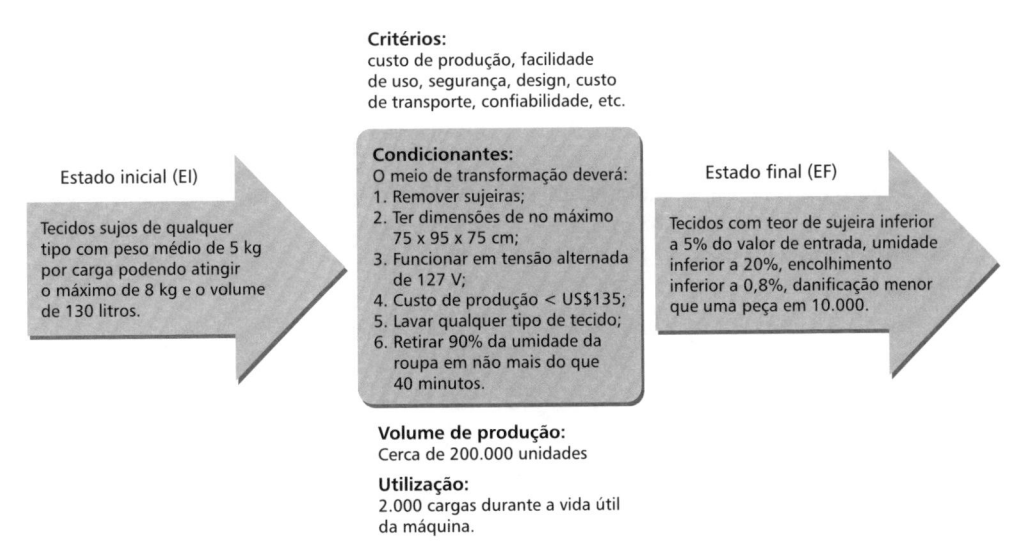

Critérios:
custo de produção, facilidade de uso, segurança, design, custo de transporte, confiabilidade, etc.

Estado inicial (EI)
Tecidos sujos de qualquer tipo com peso médio de 5 kg por carga podendo atingir o máximo de 8 kg e o volume de 130 litros.

Condicionantes:
O meio de transformação deverá:
1. Remover sujeiras;
2. Ter dimensões de no máximo 75 x 95 x 75 cm;
3. Funcionar em tensão alternada de 127 V;
4. Custo de produção < US$135;
5. Lavar qualquer tipo de tecido;
6. Retirar 90% da umidade da roupa em não mais do que 40 minutos.

Estado final (EF)
Tecidos com teor de sujeira inferior a 5% do valor de entrada, umidade inferior a 20%, encolhimento inferior a 0,8%, danificação menor que uma peça em 10.000.

Volume de produção:
Cerca de 200.000 unidades

Utilização:
2.000 cargas durante a vida útil da máquina.

FIGURA 5.4 Representação diagramática para analisar o problema da máquina de lavar roupas.
Fonte: O autor.

Os fatores condicionantes

A identificação dos fatores condicionantes impostos ao problema é também um dos objetivos da análise. Depois de determinados os estados inicial e final, identificados como roupas limpas e roupas sujas, respectivamente, fica definida a primeira condição a ser satisfeita por quaisquer soluções possíveis: remover sujeiras.

A região das soluções

As possíveis soluções diferem entre si em vários aspectos e formas, como dimensão, massa, cor, materiais utilizados, custo e forma de operação. São as chamadas **variáveis da solução,** e o valor de cada conjunto define uma das alternativas dessa solução. Pode-se definir uma região de variação do espaço N-dimensional para **N** variáveis. Escolhendo três dimensões, a representação gráfica desse espaço é relativamente simples. As representações gráficas com mais de três dimensões podem ser feitas em várias representações de três dimensões com a alteração de uma variável em cada gráfico.

Para visualizar o espaço permitido para os valores das variáveis da solução, podemos considerar três variáveis: altura, largura e profundidade, representadas pelas letras *x*, *y* e *z*, respectivamente. Os limites da variação dessas variáveis é um dos fatores condicionantes, representados pelos valores máximos pré-estabelecidos e indicados na Figura 5.5 pelas letras *a*, *b* e *c*. Esses limites máximos determinam a região das soluções que são aceitáveis. Os valores limites para essas variáveis são fatores condicionantes pré-estabelecidos, que não podem ser alterados pelo engenheiro, assim como o tipo de

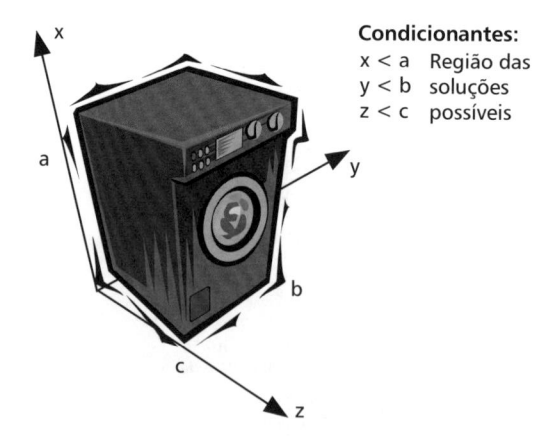

Condicionantes:
$x < a$ Região das
$y < b$ soluções
$z < c$ possíveis

FIGURA 5.5 Problema com três variáveis de solução, cada uma delas admitindo fatores condicionantes, representados no espaço tridimensional.
Fonte: O autor.

energia de alimentação elétrica (127 V_{CA}/60 Hz), a secagem em no máximo 40 minutos e o custo de produção menor que US$ 155.

Conflitos entre fatores condicionantes

Depois de estudar o assunto, o engenheiro pode concluir que lavar todos os tipos de tecidos levaria os custos de desenvolvimento e produção acima do valor pré-estabelecido. Lavar 80% dos tecidos mais comuns é uma alternativa muito mais econômica e resulta em uma melhor relação custo-benefício para o consumidor. Nestas circunstâncias, o engenheiro deverá tomar uma decisão: aceitar o fator condicionante, omiti-lo ou levar a informação à direção da empresa para que se reconsidere as definições iniciais.

Neste caso, se observa um conflito de fatores condicionantes entre a lavagem de 100% dos tipos de tecidos e o preço de produção inferior a US$ 155. Se não der para satisfazer ambos os fatores condicionantes, deve-se flexibilizar algum deles para alcançar uma solução satisfatória. É comum na engenharia que fatores condicionantes não possam ser atendidos por serem conflitantes. Alguns exemplos de fatores conflitantes: qualidade e custo; facilidade de uso e número de funções; potência e consumo; etc. Em geral, as soluções de engenharia não alcançam o grau máximo de otimização.

Além dos conflitos, outros fatores condicionantes podem ser: tempo escasso para a tomada de decisão; conhecimento limitado dos materiais e das técnicas; pouca experiência em determinado caso; interferência de pessoas; conflitos de interesses políticos, econômicos, sociais e religiosos.

O engenheiro deverá ser hábil em demonstrar aos seus clientes as vantagens e desvantagens da observação (ou não) de alguns fatores condicionantes pré-estabelecidos, para alterá-los ou eliminá-los. Não é aconselhável que o engenheiro aceite automaticamente como fatores condicionantes todas as decisões que lhe forem apresentadas, devendo haver sempre lugar para reflexões sobre as vantagens e desvantagens associadas.

Os fatores condicionantes fictícios

Um fator condicionante fictício é um condicionante criado por uma decisão implícita (geralmente irrefletida e automática), que pode dificultar uma solução eficiente.

Na formulação do problema da fábrica de interruptores, muitos pressupõem que esses produtos devem ser encaixotados, mesmo que ninguém tenha definido isso. Quando os fatores condicionantes fictícios forem de origem inconsciente, constituirão um grande risco para o sucesso de soluções inovadoras e eficientes. Quando alguns fatores condicionantes fictícios são formulados, fica evidente a sua natureza limitante. O engenheiro, para ser bem-sucedido, deve evitar essa tendência formulando e analisando cuidadosamente os problemas, eliminando as suposições e os preconceitos pessoais. Uma vez livre destes dois últimos, é aberto um vasto campo de alternativas para soluções realmente eficientes e eficazes.

Os critérios

A escolha da melhor solução está baseada nos critérios estabelecidos nesta fase. Por exemplo, se no exemplo da fábrica de interruptores uma das políticas da empresa for a manutenção e o aperfeiçoamento dos seus recursos humanos, a solução de terceirizar a montagem não seria a mais indicada. Entretanto, se a manutenção dos seus clientes e a expansão das vendas for o objetivo, a terceirização ou importação pode ser a melhor solução.

Um dos critérios mais utilizados é o da qualidade: *"A qualidade de um produto ou serviço é definida como uma propriedade, atributo ou condição capaz de distingui-las umas das outras e de lhes determinar a natureza"* (FERREIRA, *1999*). Você pode observar na definição que um produto de qualidade não identifica plenamente o seu valor, a sua confiabilidade ou a sua utilidade. Em suma, a qualidade está relacionada com **o que se espera** de um produto ou serviço (ou solução de engenharia).

Para definir a qualidade de um produto, é ainda necessário o uso de um adjetivo qualificativo para definir o tipo de qualidade: *excelente, boa, satisfatória, ruim ou muito ruim*. Para um produto ou serviço ter qualidade, precisa ter os seus resultados levemente repetitivos de forma que possam ser comparados a um padrão. Em geral, todos os processos de produção em série possuem qualidade. Definir um produto como de "qualidade" não garante que ele seja de "boa qualidade", mas somente que ele possui características que se repetem em um lote de produção.

Uma empresa pode ter como objetivo oferecer produtos e serviços de boa qualidade, ou pode optar por produtos e serviços de menor qualidade (mais barato) se assim o quiser. Quando o problema for de custo, geralmente os clientes preferem "qualidade menor", entretanto, quando o problema é a segurança das pessoas, prefere-se a "qualidade superior". Para cada nível de qualidade os custos crescem de forma proporcional. Por exemplo, a junta homocinética de um automóvel popular custa em torno de US$ 50; e o de um convencional em torno de US$ 200. O formato é o mesmo; então, qual a diferença? Resposta: o nível de qualidade. Enquanto que a mais barata se espera que resista por quatro anos, correndo alto risco de estragar antes de dois anos, a mais cara se espera que resista dez anos, sem risco de romper antes desse tempo.

Você conhece algum idoso que tenha quebrado a cabeça do fêmur na articulação da bacia? Pois bem, uma prótese de US$ 500 deve ser substituída em quatro anos (implicando em nova cirurgia). Uma prótese de qualidade "superior" custa US$ 2.000 e somente precisa ser substituída depois de quinze anos de uso.

Os tipos de soluções a serem selecionadas como alternativas dependem da importância que é dada a cada critério e, portanto, esses devem ficar totalmente definidos antes de passar à próxima fase.

A utilização da solução

Outros fatores importantes a serem considerados na fase de análise são: como, com que duração e quantas vezes a solução será utilizada. Um foguete para a propulsão de uma nave espacial lunar do tipo Saturno V serve para uma única utilização. Entretanto, os foguetes que impulsionam os ônibus espaciais são recicláveis e os ônibus espaciais em si são reutilizáveis. Obviamente, o tipo de utilização da solução define os critérios.

Se um grupo de dezenas de pessoas por dia precisar atravessar um rio, a solução que minimiza o custo total provavelmente será um serviço de lancha. Se essas pessoas precisarem atravessar com os seus carros e caminhões, provavelmente um serviço de balsa seria a solução adequada. Agora, no caso em que o fluxo envolva centenas ou milhares de pessoas, carros, trens e caminhões, a solução mais econômica provavelmente será uma ponte. O número de vezes em que a transformação dos estados inicial e final se repetirá é o fator mais importante quando a preocupação é o custo total.*

No caso de uma fábrica de interruptores elétricos, a solução seria bem diferente se eles não tivessem que atender a normas que obrigam a suportar milhares de operações e altas correntes sem apresentar falha. Por isso, o projetista desse tipo de solução deverá estudar profundamente os mecanismos físicos envolvidos nesse tipo de solução para alcançar a solução ótima (neste caso, o atendimento às normas).

Por esse motivo, é importante que a forma de utilizar a solução seja prevista com a maior exatidão possível durante a fase de análise do problema, pois essa informação ajuda o engenheiro a definir quais alternativas poderão ser as mais adequadas, permitindo tomar as decisões racionais no que se refere aos recursos mínimos necessários para encarar o problema.

A escala de produção

O último fator importante a ser levado em consideração na fase de análise é a escala de produção. Lembrando o problema da solução da máquina de lavar roupas, suponha que devam ser fabricadas somente quatro unidades. Nessas condições, não interessa muito ao engenheiro o método de fabricação. Não haverá muitos problemas no caso em que forem especificadas peças não padronizadas e caras, ou usados métodos manuais de fabricação e montagem individual, quando forem poucas unidades. Entretanto, a produção de 200 mil unidades é totalmente diferente, pois nesse caso o engenheiro estará profundamente preocupado em estudar de que forma os diferentes sistemas que implementam a solução final influenciarão no custo de cada unidade.

Para produções repetitivas em grande escala é preferível utilizar sistemas automáticos de produção, mesmo que isso represente um investimento inicial maior, porque esse custo é compensado pela maior eficiência. Cada elemento da solução de uma produção em escala possui as suas variações e tolerâncias que, com a operação e o tempo, resultam em variações nas saídas dos produtos. No exemplo do fabricante de máquinas de lavar roupas, os fatores condicionantes de 2 mil cargas sem falha em uma produção de 200 mil

---

*Isto é, o custo de encontrar a solução, mais o custo de materializá-la, mais o custo de utilizá-la, mais o custo de descartá-la após o final da sua vida útil.

unidades podem afetar decisivamente o tipo de solução que será ótima para resolver o problema. Quando o engenheiro prever a utilização da sua solução em sistemas de produção em grande escala, deve estabelecer estimativas de tendências, tolerâncias e outras variáveis pertinentes que possam desviar os resultados do desempenho previsto.

A fase da pesquisa por soluções alternativas

Depois de obter uma formulação adequada e definir os fatores condicionantes e os critérios, passa-se à próxima fase: a de **pesquisa de soluções**.

Essa fase dificilmente resulta no descobrimento de uma melhor solução, mas sim em um conjunto de soluções parciais relativas a uma ou mais partes da solução completa. No exemplo do fabricante de máquinas de lavar roupas, o engenheiro pode achar possíveis soluções para o subsistema de lavagem, e outras bem diferentes para o subsistema de secagem. As soluções possíveis para o subsistema de lavagem podem usar tambores rotatórios verticais ou horizontais, ultrassons, fricção linear, eletrólise, sabão líquido ou em pó, produtos químicos, água quente, vapor de água, etc. As soluções do subsistema de secagem podem incluir resistências elétricas, compressores de ar, ventiladores, coletores solares, aquecimento por vapor d'água e outros sistemas de aquecimento. As soluções para o chassi podem incluir o uso de materiais metálicos, plásticos, cerâmicos ou compósitos, e as geometrias podem ser na forma de paralelepípedos, cilíndricas e outras. Todas essas soluções são parciais, sendo que algumas podem ser convenientemente combinadas entre si e outras não.

O acúmulo de grande quantidade de informação técnica não é de muita ajuda para o engenheiro, a não ser que ele saiba usá-la de forma inteligente. O resultado inteligente é aquele que cria máquinas, estruturas, dispositivos, processos, sistemas e serviços para resolver as necessidades da sociedade. A engenharia é uma profissão basicamente criadora e, por isso, o engenheiro deve meditar e estudar sobre a inventividade e a criatividade, se esforçando para desenvolver soluções eficientes, eficazes e criativas.

O fator criativo e a inventividade

A inventividade é definida como a qualidade ou faculdade de inventar, de criar e de inovar. Os seres humanos são inventivos por natureza, e quanto mais eles praticam essa habilidade, mais a sua capacidade de resolver problemas se desenvolve. A inventividade do engenheiro é uma fonte vasta de ideias de boa qualidade para a solução de problemas. Alguns fatores que podem influenciar na inventividade são o conhecimento, a atitude, a aptidão e o método.

O conhecimento

As informações e as experiências permitem originar ideias. Uma ideia é formada por dois ou mais fragmentos de conhecimentos combinados de uma maneira nova. A mente deverá possuir aqueles conhecimentos fragmentados, pois uma ideia não pode surgir do nada. Quanto maior o acervo de conhecimentos e experiências, maior é a "matéria-prima" para originar soluções. O conhecimento é adquirido pela leitura, audição, escrita e por outras experiências práticas, e pelo processamento de informações anteriores.

A atitude

É a maneira de agir e reagir. Qualquer pessoa tem inventiva suficiente para se tornar um bom engenheiro. Há pessoas que parecem ter nascido com habilidades inventivas inatas. Isso, na realidade, não é bem assim. O que acontece é que algumas pessoas foram mais bem estimuladas quando pequenas do que as outras, ou, pelas próprias diferenças genéticas, eram auto estimuladas.

Qualquer pessoa pode ser excepcionalmente criadora simplesmente pela sua atitude: procurando por novas informações, aprendendo e aplicando métodos adequados e trabalhando arduamente.

A aptidão

São as qualidades de um ser humano que ajudam a criar e realizar. Elas podem ser inatas ou adquiridas. No caso da aptidão adquirida, quanto maior for a atividade mental de gerar ideias, maior será a capacidade de gerar soluções inovadoras e de tomar as decisões mais corretas.

O método

É o modo particular adotado para originar e organizar ideias. Por exemplo, o tipo de método de pesquisa, o processo seguido na solução dos problemas, etc.

A inventividade (criatividade) do engenheiro depende do conhecimento armazenado, da aptidão – inata ou adquirida – e do método utilizado. Assim, o engenheiro que tiver pouca aptidão criadora inata poderá compensar com esforços para obter novos conhecimentos e habilidades, assim como pela utilização de um bom método de trabalho.

As ideias são processos abstratos de informação que podem resultar em ações. Os engenheiros se servem da ajuda de gráficos e diagramas para discutir assuntos no campo das ideias, com o objetivo de detectar relações, conflitos, riscos e dificuldades na busca de soluções para problemas de engenharia.

Algumas dificuldades enfrentadas pelos engenheiros (COCIAN, 2009b) na busca de soluções são ilustradas pela Figura 5.8, que representa graficamente um campo de ideias para soluções, limitadas por fronteiras reais e fictícias.

Os pontos circulares pequenos são as ideias, e as distâncias entre elas representam a sua diversidade, isto é, quanto mais próximas, mais parecidas elas serão, e quanto mais afastadas, maior a diferença entre elas.

Observe que foram definidas três grandes áreas, que são as fronteiras das ideias limitadas por três tipos de fatores condicionantes: os fictícios, os reais e os do conhecimento pessoal. É dentro da sobreposição das três áreas que está a totalidade das soluções a serem conseguidas pelo engenheiro.

A fronteira dos conhecimentos pessoais pode ser ampliada pelo estudo. É possível ajustar a fronteira dos fatores condicionantes fictícios com a área dos fatores condicionantes reais mediante muita análise mental e "mente aberta".

Há a tendência natural de procurar uma solução anterior já conhecida que se "encaixe" no problema atual (ponto **SA** – Solução Atual) e/ou uma solução mais próxima possível que se encaixe dentro da área dos fatores condicionantes fictícios e do conhecimento pessoal. Como você pode perceber, a ideia de solução já começa "viciada", especialmente por aquelas soluções antigas às quais o engenheiro já está acostumado e que têm uma longa história de sucesso. Há uma resistência a começar a solução por outro caminho, longe da **SA**, e os pulos de diversidade de uma ideia para outra são, em geral, pequenos. É natural querer acertar a solução na primeira tentativa e, por isso, as soluções atuais têm grande poder de atração. Infelizmente, as ideias de solução subsequentes tendem a se concentrar em torno da solução

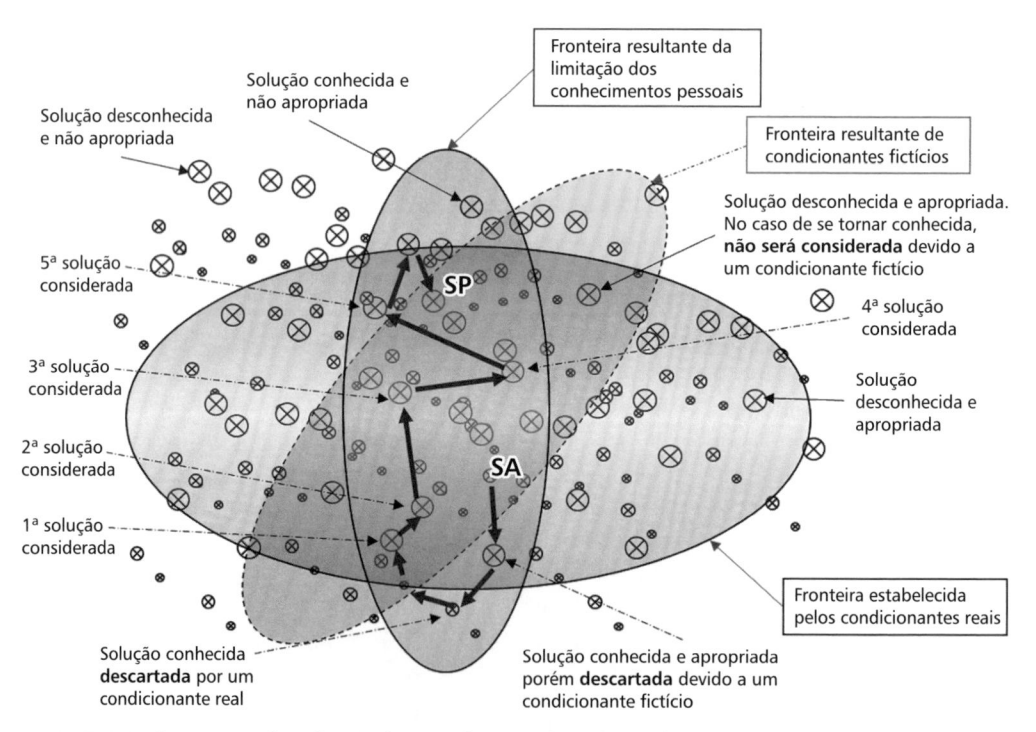

FIGURA 5.6 Espaço de solução ilustrando o modo pelo qual o engenheiro tende a proceder.*
Fonte: Adaptada de Krick (1970).

---

*SA: Solução Atual. SP: Solução Proposta.

conhecida, e às vezes acontece o pior: a adoção da solução atual maquiada! Esse procedimento de busca de soluções é ineficiente, regressivo e geralmente sem direção.

Um exemplo são os aviões. As primeiras tentativas de voar provinham do estudo do movimento das aves. A ideia era construir mecanismos que batessem as asas, pois era o mais próximo da solução atual do problema (**SA**). Com o tempo, o ser humano desistiu da solução equivocada que estava dificultando a busca de uma saída.

É importante ressaltar a diferença entre procurar pela melhor solução e procurar por melhorias na solução atual. A procura pela melhor solução não deve ter ponto de partida, e sim pontos esporádicos, de preferência, que sejam radicalmente diferentes.

Outro fator que tende à concentração de ideias em torno de soluções atuais é o excesso de conservadorismo combinado com a suposição de que grandes investimentos iniciais para a solução são indesejáveis e proibitivos (fatores condicionantes fictícios).

Mas, o que um engenheiro pode fazer para melhorar a inventividade na solução de um problema específico? Podem ser citadas duas linhas de ação: maximizar a variedade e o número de ideias alternativas e depois experimentar cada uma delas.

Para maximizar a variedade e o número de alternativas deve-se fazer um esforço mental para aumentar as fronteiras que restrinjam o número de ideias, tentando adaptar a fronteira dos fatores condicionantes fictícios com a fronteira dos fatores reais e aumentando os seus conhecimentos pessoais. É óbvio que o engenheiro deve dominar perfeitamente os princípios e as práticas da sua especialidade. Além desses fundamentos, porém, deverá adquirir novos conhecimentos relativos ao problema específico e aos relacionados a ele.

Depois de ter maximizado a área das ideias onde poderá obter soluções, o engenheiro deverá aproveitar plenamente todo o conjunto, ao invés de procurar soluções a partir de alguma outra conhecida. Ele deverá experimentar todas as alternativas com perspectivas de resultar em soluções ótimas. Nesse instante, deve-se ter o cuidado de que a procura não esteja sendo feita a esmo. Para reduzir o caráter aleatório que possa acontecer nessa busca, é preciso ter como base a utilização da solução, a escala da produção e a aplicação dos critérios escolhidos; deve-se sistematizar a pesquisa e usar procedimentos matemáticos e gráficos que facilitem a escolha da solução ótima.

A utilização da solução, o volume da produção e os critérios relativos servem para orientar o engenheiro na localização geral das regiões que possam conter a solução ótima, como no exemplo do rio, onde deve ser considerada a construção de uma ponte ou de um serviço de balsa. No caso da produção de automóveis, o critério pode ser o custo, a segurança ou a preservação ambiental.

Existem formas sistemáticas de tornar o processo menos aleatório, adotando medidas que organizem a busca. Isso se torna especialmente útil na hora de levar em consideração uma grande variedade de soluções diferentes. Por exemplo, no caso do problema da máquina de lavar roupas, o engenheiro pode subdividi-lo em processos necessários ou subproblemas, como por exemplo: processo de inserção da roupa; processo de inserção de aditivos de limpeza; processo de programação da operação; processo de lavagem; processo de secagem; processo de extração da roupa; processos de energização; processos de fixação e processos de segurança. A representação gráfica pode ser na forma de uma árvore de alternativas, como a mostrada na Figura 5.7.

O primeiro passo é preencher os ramos das árvores com o maior número de soluções possíveis. Alguns galhos poderão ser "podados" pelos requisitos dos fatores condicionantes. A partir da árvore de alternativas, o engenheiro pode escolher à vontade para montar a sua "salada" de soluções parciais e construir conjuntos de possíveis soluções completas para uma posterior avaliação mais detalhada e seleção.

--- **Dica** ---

Para não se perder com os numerosos passos do processo, o engenheiro precisa se acostumar a fazer esquemas e árvores com as soluções possíveis. Assim é possível visualizá-las integralmente.

Existem, obviamente, numerosas combinações de soluções possíveis e também novas variáveis a identificar, que devem ser inseridas na análise e na pesquisa à medida que forem aparecendo.

Outro meio de orientar a pesquisa no espaço de soluções é usar modelos matemáticos e computacionais que auxiliem a localizar as soluções ótimas de forma quantitativa. Esse tipo de procedimento é o mais praticado durante os cursos de engenharia, requerendo a aplicação da matemática e dos recursos computacionais. Nas seguintes seções será comentado com maiores detalhes o uso das ferramentas quantitativas mais utilizadas na engenharia.

Algumas das recomendações colocadas a seguir (COCIAN, 2009b) podem ser bastante úteis para se originarem novas ideias.

Faça todo o esforço necessário: Não se atinge o poder criador sem esforço mental. Não existem pessoas realmente criadoras que não sejam também trabalhadoras, ativas ou entusiásticas.

Não se emaranhe prematuramente nos detalhes: Quando isso acontece, torna-se difícil originar ideias radicalmente diferentes. Inicialmente é preciso pensar em termos amplos, concentrando-se em soluções gerais e deixando para mais tarde as particularidades.

Evite a satisfação prematura: Não ceda à tentação de ficar satisfeito com a primeira "boa" ideia, ou com a primeira que aparentar ser um aperfeiçoamento apreciável da solução existente, se ainda houver tempo para continuar pesquisando.

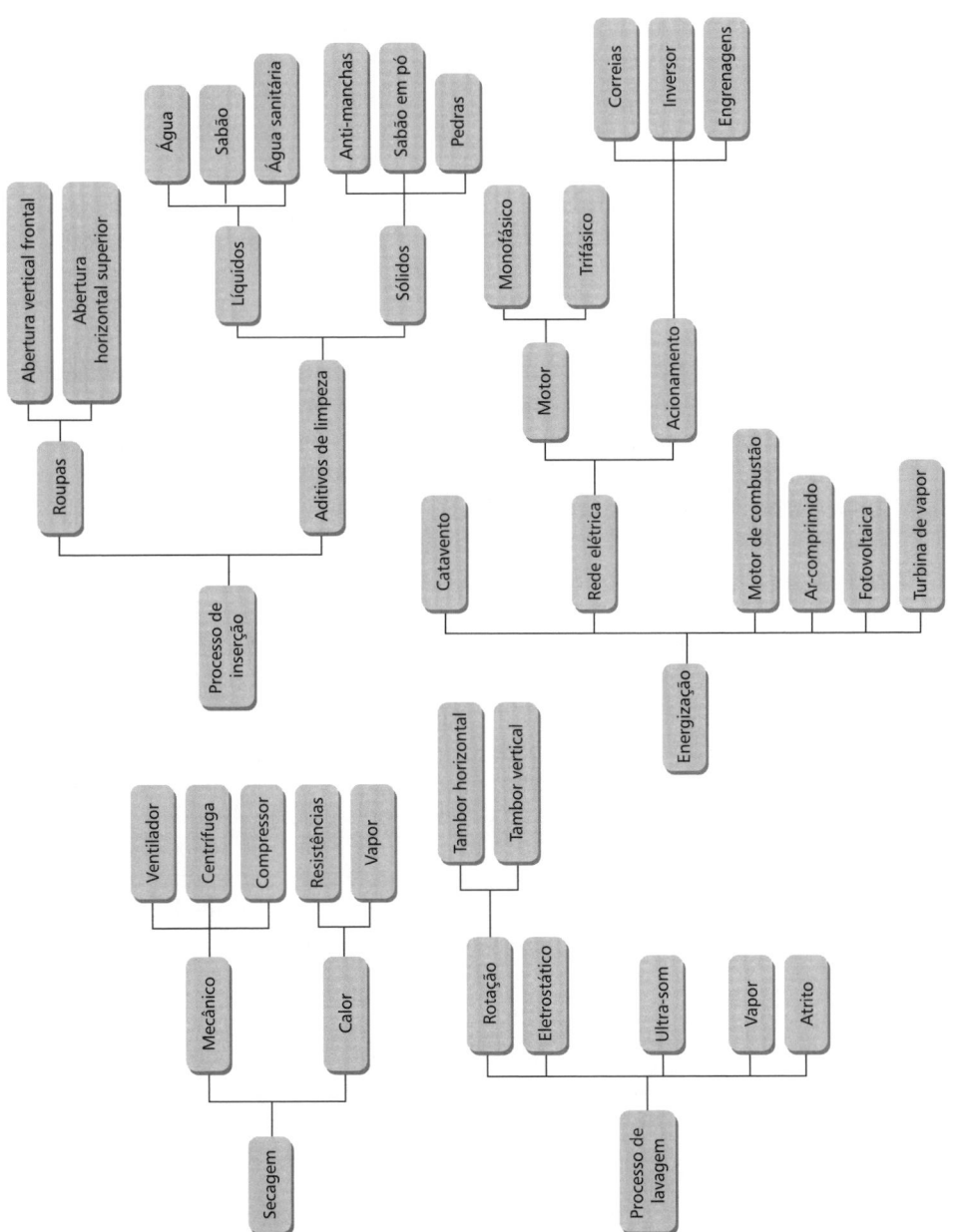

FIGURA 5.7 Organização de ideias na forma de árvore de alternativas.
Fonte: O autor.

Adote uma atitude inquisitiva: O uso insistente da simples e poderosa pergunta: *"por quê?"*, é particularmente útil. Invista na indagação dos objetivos básicos da solução para o problema, nas características das soluções existentes, nas propostas e nos fatos.

Procure alternativas: O objetivo inicial deverá reunir o maior número possível de alternativas de solução.

Evite ser conservador: Não fuja das ideias radicalmente diferentes. Quando se consegue dar um grande salto no espaço das ideias, a tendência é logo recuar temerosamente.

Evite a rejeição prematura: Não se apresse a rejeitar possibilidades. Algumas ideias podem parecer inúteis e até absurdas no início. É natural a tendência de desprezá-las imediatamente, o que pode resultar na perda de algumas possibilidades realmente valiosas.

Procure usar analogias: Tente raciocinar em termos de problemas análogos, sob situações muito diversas. Se o problema for relativo à propulsão de um navio na água, pode-se estudar o movimento dos peixes ou até das aves.

Consulte outras pessoas: Procure informações e sugestões de colegas engenheiros, vendedores, clientes, técnicos e outros.

Tente dissociar o pensamento da solução atual: Com um pouco de disciplina mental, é possível originar ideias diferentes e valiosas.

Mantenha-se consciente das suas limitações mentais: Esteja sempre alerta à tendência de impor condicionantes fictícios, efetuar comparações prematuras e exagerar no conservadorismo.

Existe também outra forma sistemática, porém mais aleatória, de geração de novas ideias que consiste em uma atividade participativa de quatro ou mais pessoas, com o fim específico de originar ideias sobre um problema durante o período de 30 minutos a uma hora. O procedimento é chamado de ***brainstorming***, tormenta ou tempestade de ideias. As ideias apresentadas são registradas em um quadro e mantidas à vista de todos. Estimula-se a apresentação do maior número possível de ideias, entretanto, procura-se neste período evitar a avaliação de seus méritos. Todas as ideias são aceitas, mesmo aquelas que no momento parecem ridículas.

A importância da simplicidade

Das várias soluções possíveis para qualquer problema de engenharia, algumas são relativamente complexas e outras são incrivelmente simples, mas nem por isso são menos eficazes. Como regra geral, as ideias simples possibilitam soluções mais econômicas, confiáveis, robustas e fáceis de usar. Por esses motivos, os bons engenheiros tentam simplificar ao máximo seus circuitos, mecanismos, processos e todos os aspectos das soluções que apresentam. A simplicidade de muitas dessas soluções, em geral, não representa os conhecimentos, as habilidades e os esforços que foram empregados na sua concepção.

Certamente, quando um engenheiro bem-sucedido encontra duas soluções com desempenho equivalentes, optará pela mais simples.

A fase da decisão

A fase da decisão é eminentemente seletiva. Nessa fase, as soluções alternativas raramente estão especificadas em detalhe. Isso fica para mais tarde, caso o seu mérito justifique o esforço. É na fase da decisão que o engenheiro irá comparar as alternativas, baseado nos **fatores condicionantes** e nos **critérios** definidos para cada combinação de possíveis soluções, eliminando as consideradas inferiores até sintetizar a solução completa que represente a combinação mais favorável de soluções parciais.

Após a eliminação das alternativas consideradas inferiores, começa o processo de detalhamento mais aprofundado das alternativas restantes, que deverão ser avaliadas por meios mais seletivos. Esse processo se desenvolve em vários estágios caracterizados pela gradual eliminação de alternativas e pelo detalhamento crescente sobre a natureza e desempenho das soluções restantes, até o surgimento da solução considerada como sendo mais adequada. A combinação e recombinação das soluções parciais são atividades inerentes a esta fase.

O procedimento geral da tomada de decisão

Assim como o seu futuro depende das decisões que você toma hoje, para resolver problemas, o sucesso das soluções de engenharia depende das decisões tomadas pelo engenheiro. Existe um procedimento comum aos mais variados tipos de problemas que pode ser seguido como um auxílio na tomada de decisões importantes, que inclui:

- Escolher critérios;
- Prever o desempenho das soluções selecionadas;
- Comparar as alternativas de acordo com o desempenho previsto;
- Escolher a solução.

Escolher critérios

Os critérios bem definidos, entendidos e aceitos pelos clientes e demais interessados constituem a base para efetuar a escolha da solução mais eficiente. Na maioria dos problemas de engenharia, os critérios predominantes são de ordem econômica: custos, retorno do investimento (taxa e tempo), relação custo-benefício, custos de operação e manutenção, custo de descarte, etc.

A relação custo-benefício (ou rendimento de capital) representa o benefício que se espera de uma solução, com relação ao custo estimado para implementá-la. Embutido nesse fator está o custo global, que pode definir se

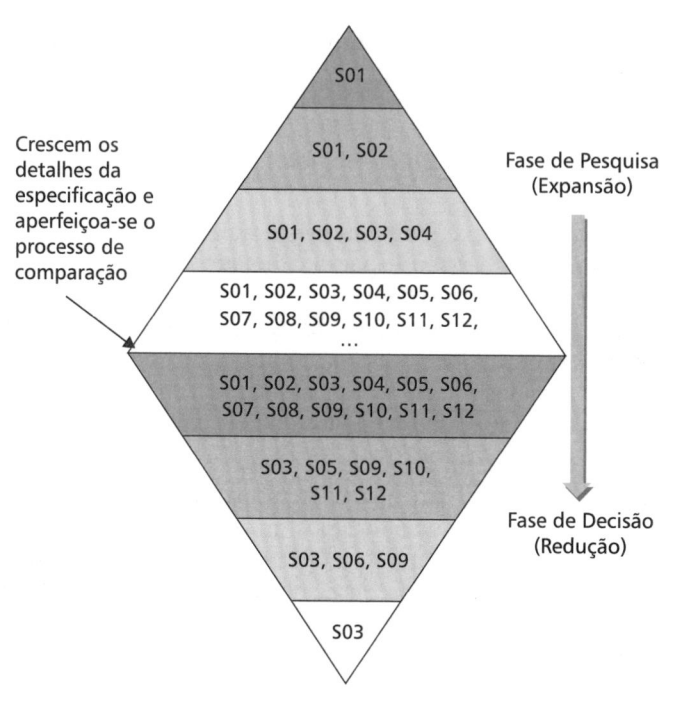

```
                            S01
         Crescem os      S01, S02              Fase de Pesquisa
         detalhes da                             (Expansão)
         especificação e
         aperfeiçoa-se o  S01, S02, S03, S04
         processo de
         comparação    S01, S02, S03, S04, S05, S06,
                       S07, S08, S09, S10, S11, S12,
                                   ...

                       S01, S02, S03, S04, S05, S06,
                       S07, S08, S09, S10, S11, S12

                         S03, S05, S09, S10,
                             S11, S12             Fase de Decisão
                                                    (Redução)
                           S03, S06, S09

                                S03
```

FIGURA 5.8 Pesquisa e decisão na escolha de uma solução para um problema de engenharia.
Fonte: Krick (1970).

a solução é economicamente viável ou não. Uma indústria de celulose pode ter uma relação custo-benefício bastante vantajosa; porém, pelo alto investimento inicial (em torno de US$ 1 bi), pode ser inviável para uma pequena empresa, por ela não poder apresentar garantias suficientes aos bancos financiadores.

O engenheiro raramente descreve os benefícios de uma solução proposta sem deixar explícito o seu custo. A Figura 5.9 mostra alguns subcritérios que normalmente são levados em consideração na hora de escolher soluções.

Veja na Tabela 5.1 uma parte do relatório apresentado por um engenheiro à direção de uma indústria fabril referente à atualização de uma máquina de produção existente juntamente com o projeto de uma nova máquina. O objetivo era convencer e demonstrar que, embora a transformação da máquina antiga custasse a metade do valor de uma nova, esta última seria a alternativa mais vantajosa para a empresa.

Observe que a relação custo-benefício da máquina nova tem quase 10% de custo-eficiente melhor que a da transformada, significando que para cada R$ 1,00 investido retornará R$ 3,05 em até quatro anos. O valor poupado esperado no custo de operação da máquina nova é 2,21 vezes maior que na máquina transformada.

Tabela 5.1 Relatório de comparação de critérios para tomada de decisão entre duas possíveis soluções

Critérios/Máquina (US$ * 1000)		Nova	Atualização	Atual
Investimento	Custos de desenvolvimento, instalação e testes	80	40	0
Gastos de operação nos próximos 4 anos	Operários	40	80	80
	Manutenção	20	80	140
	Reparos	10	30	70
	Energia consumida	6	20	30
	Subtotal Operação	76	210	320
	Total de custos tangíveis	156	250	320
Intangíveis	Melhoria da confiabilidade	👍👍👍	👎	–
	Melhoria da segurança	👍👍👍	👍👍👍	–
	Flexibilidade de operação	👍👍	👍	–
	Permite expansão	👍👍👍	👎	–
	Permite aumento da velocidade de produção	👍👍👍	👍👍	–
	Total de benefícios intangíveis	14	4	–
Relação custo-benefício	$\dfrac{VI}{COA-CON}$	$\dfrac{80}{320-76}=0.328$	$\dfrac{40}{320-210}=0.364$	
Relação benefício-custo	$\dfrac{COA-CON}{VI}$	3,05	2,75	
Previsão de valores poupados em relação ao custo atual de operação	Não inclui correção monetária nem custo de capital	244	110	

LEGENDA: **COA**: Custos de Operação Atual. **CON**: Custos de Operação Nova. **VI**: Valor do Investimento.
Custos: em milhares de R$.
Fonte: O autor.

Normalmente são poucos os critérios que podem ser quantificados com facilidade e exatidão, e existem muitos que não são possíveis quantificar. Observe no exemplo que os critérios de custos foram quantificados em R$, entretanto, quantificar os critérios de segurança e confiabilidade seria uma tarefa muito onerosa e demorada, o que não é prático para a tomada de

Subcritérios

- Custos dependem de:
  - Custos de produção (equipamentos, mão de obra, matérias primas, instalações, etc.)
  - Armazenamento e distribuição
  - Manutenção, reparações e substituição
  - Custo do capital

Critério geral
- Retorno do investimento

- Resultados dependem de:
  - Desempenho
  - Custo de operação
  - Facilidade de utilização
  - Segurança
  - Manutenção
  - Estética (Design)
  - Confiabilidade

Subcritérios

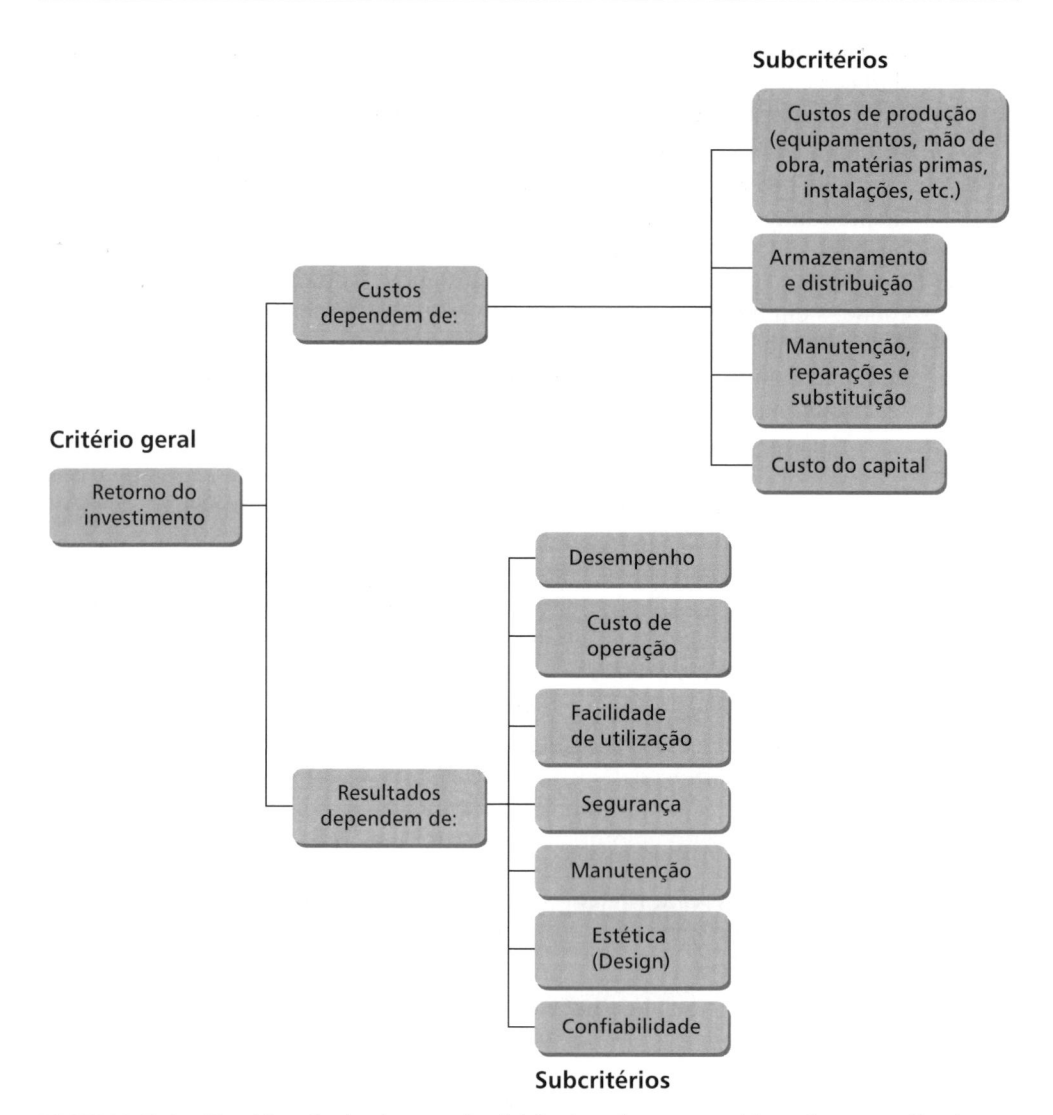

FIGURA 5.9 Classificação de alguns subcritérios levados em consideração na escolha de soluções.
Fonte: O autor.

decisão. Mesmo assim, o engenheiro avaliou esses critérios de forma qualitativa, chegando a conclusões que reforçavam o argumento do projeto e construção de uma nova máquina.

Prever o desempenho

É muito importante que o engenheiro preveja adequadamente o comportamento das soluções com relação aos critérios estabelecidos. Por exemplo, em uma aplicação de telefonia celular, quais as vantagens e desvantagens de uso de baterias feitas de LiOn, NiMH ou NiCd? O que deseja o consumidor, maior duração das baterias ou diminuição do custo final? Qual é o tempo de vida dos componentes eletrônicos das placas de circuito presentes no aparelho celular?

Um exemplo é o caso em que você tem que decidir entre comprar um automóvel com motor a álcool, gasolina ou diesel. Não é de grande valia somente conhecer o preço inicial do veículo e o valor atual de cada tipo de combustível. Para saber qual é a melhor alternativa, você deverá também definir por quanto tempo quer ficar com o automóvel, quantos quilômetros serão rodados em média por ano, quais são os custos anuais de manutenção para cada modelo, qual é a variabilidade dos preços para os tipos de combustível ao longo do ano, etc. Nesse tipo de problema, pode ser conveniente o uso de termos monetários.

Imagine que você tem que decidir pela compra de uma camionete e está prestes a optar por uma com motor a diesel (US$ 50.000) ou a gasolina (US$ 45.000). Se o seu único critério fosse o custo inicial do veículo, você decidiria imediatamente pela camionete com motor a gasolina. Outro critério poderia ser o preço do combustível. Imagine que o preço por litro da gasolina é US$ 3,00 e o do óleo diesel é US$ 2,00. Caso o valor do combustível fosse o único critério, você decidiria por um motor a diesel. Os dois critérios mencionados são antagonistas e o problema surge na hora de compará-los. Você pode perceber que a resposta está na relação custo-benefício.

Para tentar saber qual a alternativa mais econômica haverá que estabelecer algumas definições, por exemplo: quanto tempo você ficará com o veículo e quantos quilômetros você espera andar por ano? Caso você defina que ficará com o veículo pelo prazo de quatro anos rodando aproximadamente 10.000 km/ano, pode-se fazer uma estimativa de custo de combustível nos próximos quatro anos. Como misturar critérios medidos em km, litros e anos com critérios medidos em termos monetários? Resposta: com um pouco de matemática simples, como ilustra a Tabela 5.2.

Na análise mais detalhada de critérios desse exemplo, você pode observar que a opção de motor a gasolina seria a mais econômica para os critérios previstos. Outros critérios que poderiam ser considerados para se ter uma visão mais exata das previsões poderiam ser: os valores dos impostos (no veículo e nos combustíveis), o valor do seguro, o consumo de óleo de motor, etc. Você pode observar que fazer um maior investimento no veículo com motor a diesel, neste caso fictício, não compensaria pelo preço inferior do tipo de combustível (pelo menos no intervalo de tempo especificado de quatro anos) e nem para os quilômetros por ano estabelecidos. Sempre que for possível, as previsões devem ser feitas em valores monetários equivalentes, pois facilita a comparação.

Comparar alternativas

O engenheiro tem que justificar as suas decisões pelo registro da análise dos fatores que influenciam no seu trabalho. O desempenho das alternativas de solução deverá ser comparado usando os critérios adotados.

Tabela 5. 2 Critérios para a decisão de compra de um veículo de acordo com o tipo de combustível

Critérios 4 anos @ 10.000 km/ano = 40.000 km – valor presente		Diesel	Gasolina
Custo inicial do veículo – CV		50 000	45 000
Custo total do combustível CC	US$/litro	2,00	3,00
	km/litro	8	11
	Total de Litros	5.000 litros	3.636 litros
	Subtotal	R$ 10.000	R$ 10.908
Custo médio de manutenção CM		8.000	6.000
Custo total aproximado CV + CC + CM		68.000	62.000

Fonte: O autor.

No caso de critérios mais subjetivos, que são de difícil conversão em unidades monetárias, deve-se consultar o maior número de pessoas possível para poder avaliar o "peso" de cada característica ou alternativa.

Decidir a melhor solução

A busca pela solução ótima começa na fase da pesquisa e se estende até a fase da decisão. A otimização se dá em duas fases separadas A primeira se concentra na pesquisa de possíveis soluções, seguida pela fase de comparação e redução, ilustrada na Figura 6.9.

Essa divisão é particularmente útil quando o engenheiro depende muito da sua imaginação para inventar soluções, ou quando a comparação e seleção dessas exija muito tempo e recursos. Se o engenheiro começasse a especificar em detalhe cada ideia de solução que aparecesse para poder melhor avaliá-la, prejudicaria o seu processo criativo. Além disso, não há motivo válido para fazer isso, já que muitas dessas ideias serão inferiores, não valendo o esforço. No entanto, quando não se depende muito da criatividade para gerar soluções alternativas, essas poderão ser avaliadas de forma rápida e simples, sem ter que separar a otimização das fases de pesquisa e decisão.

A Figura 5.11 ilustra a influência da velocidade relativa de rotação e do torque relativo (a um ajuste predeterminado) no desempenho de um motor de combustão. Existem combinações de ajuste da velocidade e do torque que maximizam o desempenho, e outras que o minimizam. Pode-se observar também a existência de pontos de operação subótimos.

A representação gráfica do desempenho com relação aos ajustes das variáveis facilita a compreensão pelo engenheiro da influência das variáveis

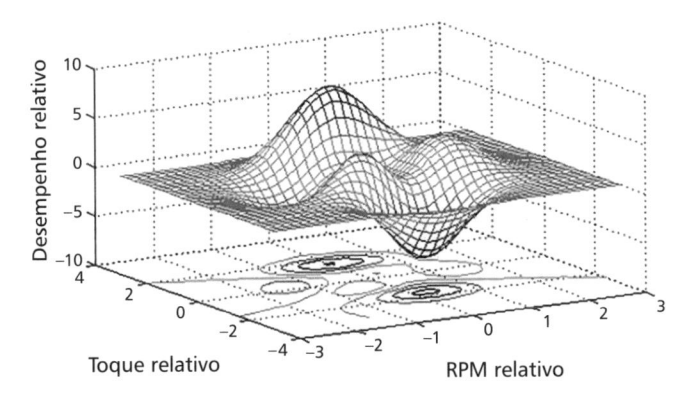

FIGURA 5.10 Influência de dois fatores no ponto ótimo de operação para um motor de combustão.
Fonte: O autor.

do sistema. No caso de haver três variáveis de controle, a representação começa a ficar complexa e deverá ser feita usando mais gráficos. Um sistema computacional pode calcular e avaliar os valores ótimos para os pontos de operação das variáveis envolvidas, por isso, os engenheiros devem conhecer os modelos matemáticos e ter bom conhecimento na utilização e programação de computadores.

▪ A especificação da solução final

As características mecânicas, elétricas, químicas, etc., assim como procedimentos de construção, operação, manutenção, orçamentos, cronogramas e padrões de desempenho desejados devem ficar explicitamente identificados para que o cliente aprove ou não a implementação da solução escolhida.

Caso a proposta de solução seja aceita, então essas especificações servirão de guia para o pessoal da construção, operação e manutenção. De fato, como regra geral, não é o engenheiro projetista quem constrói, monta, opera ou mantém as suas soluções, e, por isso, é particularmente importante que ele mantenha uma documentação cuidadosa e detalhada da solução que propõe.

Um dos meios usados pelos engenheiros para comunicar as suas especificações são os desenhos dos dispositivos, das estruturas, dos circuitos ou dos processos, além dos memoriais descritivos dos seus cálculos. Cada desenho é cuidadosamente preparado e dimensionado seguindo normas específicas, de forma que possa ser entendido sem ambiguidades pelos demais membros da equipe, tornando-se o principal elemento de documentação e comunicação da solução dos problemas de engenharia. Essas plantas vêm sempre acompanhadas de relatórios técnicos que descrevem os problemas a serem resolvidos, a solução proposta, as justificativas, os custos e os prazos previstos.

Em muitas áreas, a especificação da solução inclui a construção de um protótipo, que pode ser um dispositivo totalmente funcional ou uma maquete em escala geométrica. Esse tipo de comunicação é muito útil, pois oferece uma pequena amostra do que se espera como solução final, sendo construído como um meio de facilitar o aceite da proposta pelos clientes ou usuários.

— **Importante** —

Fazer engenharia compreende estabelecer uma atitude analítica de raciocínio lógico, evitando sempre os preconceitos que limitam a sua capacidade criadora. Durante o processo, novos entendimentos, informações e fatos aparecem de forma inesperada. Algumas consequências e implicações ignoradas ou esquecidas inicialmente começam a surgir durante o processo, provocando interrupções em seu fluxo e o retorno às fases anteriores, como ilustra a Figura 5.12.

O processo solucionador

As fases do processo estão intimamente relacionadas por informações que são inicialmente reunidas e analisadas durante a fase da definição do problema. A fase de pesquisa coleta novas informações baseadas naquelas já existentes, e as fases que se seguem envolvem também a coleta, análise, seleção, avaliação e transmissão de informações. Grande parte desse processo se desenvolve na mente das pessoas, tornando o processo eminentemente abstrato, característico do tipo de trabalho dos engenheiros.

O tamanho dos detalhes

Na maioria dos casos, o processo da solução deve tratar apenas das características mais genéricas do problema, ignorando de forma proposital os seus elementos componentes. A ideia é óbvia: simplificar sempre que possível até o detalhe necessário para estabelecer a viabilidade técnica e econômica da solução. A definição dos detalhes deve acontecer numa etapa posterior, depois de efetuar uma previsão satisfatória sobre os recursos necessários para o desenvolvimento, produção e aceitação dos clientes e consumidores.

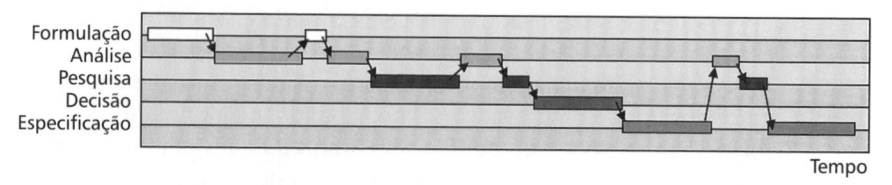

FIGURA 5.11 Representação gráfica da distribuição das fases no tempo com exemplos de recorrência.
Fonte: O autor.

Veja, por exemplo, o caso do projeto de um prédio de apartamentos. Primeiro se estabelece um orçamento baseado nas exigências dos possíveis clientes, no número de andares e os tipos de instalações. Os projetos detalhados da estrutura, dos sistemas de distribuição de água, eletricidade e comunicação serão feitos posteriormente após o "aceite" por parte do cliente.

No início, deve-se ter uma visão global mais correta possível da solução a ser implementada. Num determinado momento, o sistema previsto deverá ser dividido nos seus subsistemas componentes; entretanto, esse é um processo gradual. As funções e interações entre os subsistemas componentes estão definidas pelo comportamento global, todavia as características particulares de cada um destes subsistemas terão influência no resultado final.

Resumo

Ao encarar um problema, o engenheiro deve formulá-lo cuidadosamente para ter certeza de que o problema vale a pena ser resolvido e de que a sua perspectiva é suficientemente ampla, evitando emaranhar-se prematuramente com os detalhes e confundir-se com as soluções que apareçam de forma instantânea.

A análise dos problemas implica a coleta e o processamento de grande quantidade de informação.

O exame da solução atual se justifica somente para efeitos de comparação com as novas propostas. Ao concluir a fase da análise, o problema deverá estar claramente definido. A fase da pesquisa é eminentemente criadora, e é onde o engenheiro se abastece de informações específicas que possam ser úteis nos mais variados aspectos da solução.

É na fase da decisão que o engenheiro terá que escolher qual é o caminho que leva à especificação da solução. Muitos fatores influenciam diretamente o resultado final, tornando bastante difícil alcançar a solução ótima. Entretanto, esse desafio é o que torna o trabalho dos engenheiros tão interessante.

Atividades

1. Identificar os estados EI e EF para as soluções de engenharia listadas abaixo.
    a. Um amplificador de som para automóveis.
    b. Um liquidificador.
    c. Um aparelho de ar-condicionado
    d. Um sistema de telecomunicações residenciais.
    e. Um gasoduto internacional.
    f. Uma instalação de engarrafamento de bebidas.

g. Um aeroporto.

h. Uma refinaria de petróleo.

i. Um trem suburbano.

2. Formular problemas para os quais cada um dos itens listados na questão anterior seja uma solução.

3. Uma ferragem tem em estoque 200.000 lâmpadas fluorescentes. O nome do produto, a marca e o preço já estão marcados no vidro de fábrica. Depois de adquirir o atual estoque, a ferragem decidiu elevar o preço. Para isso, aquele preço marcado nos vidros deverá ser lixado antes da marcação do novo, de modo que não haja possibilidade de os clientes verificarem tal alteração. Exercite as cinco fases da busca de soluções para esse problema.

4. Para as seguintes soluções, indique qual é o problema principal que elas resolvem. Indique também soluções alternativas para esses problemas.

    a. Uma instalação de embalagem de carnes.

    b. Uma estrutura para a travessia do Estreito de Gibraltar.

    c. Um satélite de comunicações.

    d. Uma usina eólica de geração de energia elétrica.

    e. Uma usina de geração de energia elétrica para aproveitamento solar.

    f. Uma fábrica de produção de papel.

    g. Uma cidade no meio do oceano Atlântico através da construção de uma ilha artificial.

    h. Um sistema de irrigação para as regiões desérticas.

5. Precisa-se achar a solução para cozinhar alimentos para um restaurante. Formule e analise o problema. Se necessário, estabeleça hipóteses razoáveis. Apresente a resposta sob a forma de esquema ou diagrama.

6. Um engenheiro consultor foi contratado pela prefeitura de uma grande cidade para apresentar especificações gerais para um novo sistema de tráfego de alta velocidade e grande capacidade, destinado a ligar a área suburbana ao centro da cidade. Utilizando as cinco fases tratadas neste capítulo, elabore a especificação de uma solução.

7. Um hospital veterinário oferece serviços de tratamento cirúrgico em cavalos, vacas e touros. Como se pode imaginar, colocar animais de grande porte em posição correta na mesa de operação não será uma tarefa fácil. Especifique as características do problema e procure a solução que consista em um sistema que auxilie na colocação dos animais em posição correta sobre a mesa de operação.

CAPÍTULO

6

Modelos e modelagem na engenharia

O ser humano possui uma habilidade incrível para a criação de ferramentas que lhe permitem alterar a ordem das coisas para controlar o meio ambiente. Essa capacidade o distingue dos outros animais. Na engenharia, existem diversas ferramentas que permitem modelar a representação de sistemas físicos reais, seja na forma dimensional, operacional ou matemática. Neste capítulo, serão apresentadas ferramentas criadas para controlar e predizer o funcionamento desses sistemas.

Neste capítulo você estudará:

- O significado e os tipos de modelos usados na engenharia.
- As formas de utilização de modelos e suas classificações.
- A importância da representação de sistemas físicos.

Os engenheiros criam ferramentas especiais para análise e preparação dos seus projetos. Essas ferramentas podem ser objetivas, por exemplo: máquinas e ferramentas, máquinas de solda, calculadoras, computadores, software, veículos de transporte, guindastes, maquetes, etc., assim como subjetivas, como metodologias de planejamento, técnicas de marketing, psicologia, abstrações matemáticas, diagramas e outros.

Uma forma de predizer o comportamento dos sistemas físicos é trabalhar com representações que correspondam à aparência ou a um comportamento real. Trabalhar com representações no lugar de trabalhar com os próprios sistemas permite reduzir os custos iniciais dos projetos, o tempo de realização, a probabilidade de obter resultados indesejados e facilitar a otimização.

As representações dos sistemas físicos

As formas de representação no projeto são diversas e o engenheiro recorrerá a uma dessas formas para cada aspecto que queira representar[1], desenvolver ou analisar. Assim, se for necessário indicar as formas e dimensões físicas do sistema, ele recorrerá a uma representação gráfica em escala e às suas projeções. Se o que se propõe é observar a forma operacional do sistema sem interessar o seu aspecto físico ou geométrico, ele recorrerá à representação na forma de diagramas de operação.

Se, conhecendo todos os dados relevantes do problema, for necessário dimensionar ou verificar o possível comportamento das variáveis físicas do sistema, ele recorrerá à sua representação matemática. Essa representação estará acompanhada de esquemas esclarecedores para facilitar a compreensão. Entretanto, se o que se pretende é representar a relação entre duas ou mais variáveis que intervêm no problema, ele poderá fazer uso de gráficos.

Os modelos

Os modelos e brinquedos têm muito em comum. Os modelos são anteriores à história e possivelmente à pintura. Na civilização egípcia, os mortos nas suas tumbas eram acompanhados por barcos diminutos destinados a transportar as suas almas pelas águas do reino das sombras.

James Watt utilizou modelos para aferir a construção da primeira máquina de vapor prática, resultando num procedimento de experimentação menos custoso. Por sua vez, William Murdock, sócio de Watt, construiu, em

FIGURA 6.1 Modelo em escala reduzida criado por James Watt para testar o funcionamento do seu projeto da máquina de vapor.
Fonte: Photos.com/PHOTOS.com>>/Thinkstock.

1786, provavelmente o primeiro modelo de locomotiva, onde os cilindros da máquina alcançavam um comprimento de 20 mm de diâmetro .

Os engenheiros dedicam grande atenção às suas maquetes de maquinário e projetos de plantas de energia, terminais de embarque, instalações hidráulicas e outros modelos usados amplamente na engenharia. Os dados obtidos do funcionamento de ensaios realizados em escala reduzida poupam muito tempo e dinheiro e servem para melhorar consideravelmente o projeto original, já que com eles podem se construir verdadeiras "plantas piloto" de uso muito frequente na indústria.

Os modelos em miniatura são utilizados na construção de cascos de barcos e hidroaviões para aperfeiçoá-los com testes na água. Também se usam extensivamente os modelos de aviões para testá-los em túneis aerodinâmicos, de onde são retiradas informações importantes, como as pressões exercidas na fuselagem para várias velocidades e direções de vento. As figuras tridimensionais oferecem resultados muito mais convincentes que os desenhos e as fotografias. Com a matemática também pode se representar fielmente o comportamento desses sistemas.

De forma resumida, podemos dizer que os modelos de engenharia são **representações de sistemas físicos**, da sua forma, do seu comportamento ou da sua funcionalidade. Nos projetos de engenharia, os modelos podem incluir um conjunto de símbolos que representam um sistema físico, isto é, que tem a mesma estrutura ou forma lógica. Podemos dizer que para cada relação existente entre os elementos de um sistema, deve existir uma relação correspondente entre os elementos respectivos do modelo.

FIGURA 6.2 Modelo em escala reduzida criado para efetuar testes da aerodinâmica de torres de resfriamento.
Fonte: Pininfarina Italian Design and Engineering (2004).

Alguns modelos servem somente para representar o dispositivo ou sistema a ser implementado, outros servem para antecipar o comportamento do tamanho real; outros modelos permitem a simulação prévia, através de sistemas físicos apropriados, e alguns permitem a sua simulação computacional e até a criação de realidades virtuais.

A modelagem na solução de problemas de engenharia

Um modelo pode ser muito útil na engenharia, desde que seja simples, pequeno, barato ou mais fácil de manipular do que o fenômeno, dispositivo ou sistema real que se representa. Os modelos de engenharia vão desde uma simples expressão matemática que relaciona a força com o deslocamento ou deformação de uma mola até a complexa representação de um sistema urbano de transporte. O principal requisito é que o modelo retenha as características consideradas essenciais do objeto real.

De particular importância para os engenheiros são os modelos matemáticos computacionais, que, gerados num computador, podem simular sistemas físicos, como, por exemplo, circuitos elétricos, movimento de fluidos, transporte de massa, solidificação, etc.

A classificação dos modelos

Os modelos podem ser classificados segundo o seu uso, suas características construtivas e segundo a sua resposta.

Classificação dos modelos segundo seu propósito

Os **modelos descritivos** são usados para representar ou descrever relações, ordem e sequência dos elementos componentes. São chamados também de explicativos e utilizados, em geral, para descrever a forma como um evento ou função acontece.

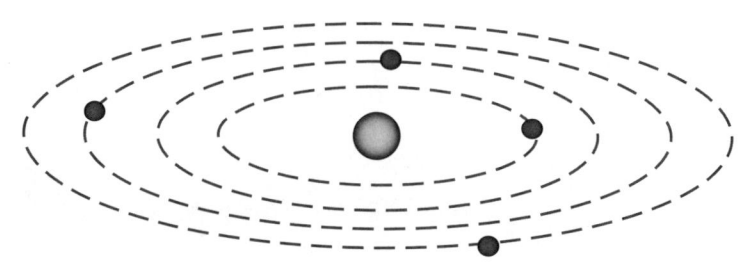

FIGURA 6.3 Modelo atômico de Bohr.
Fonte: O autor.

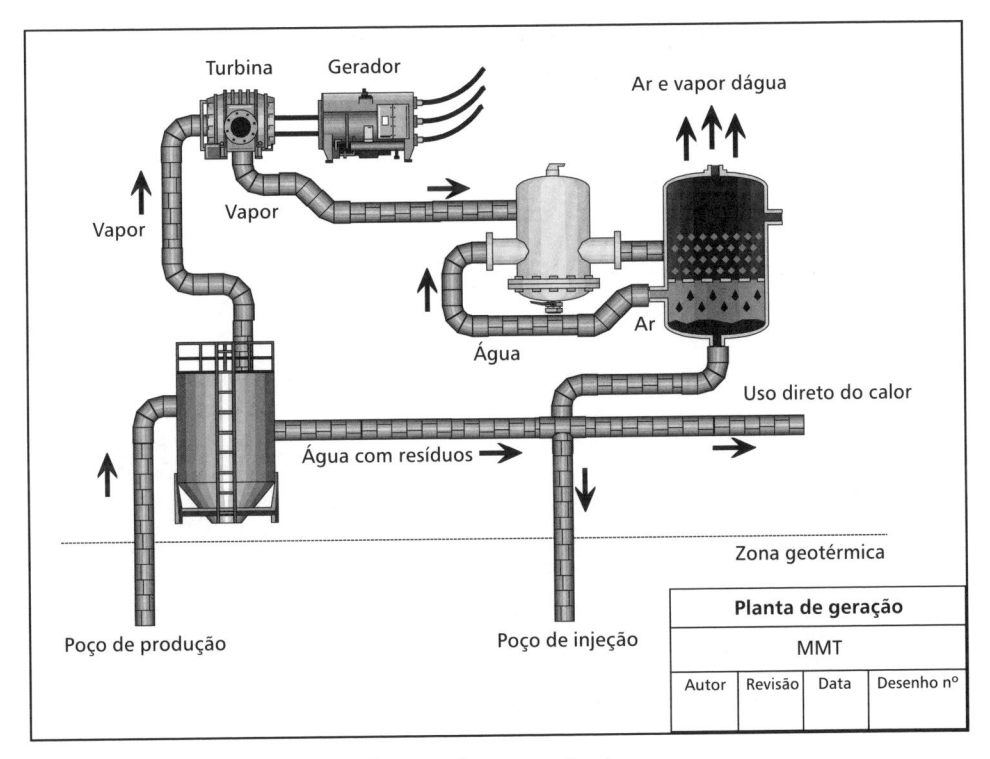

FIGURA 6.4 Modelo descritivo de uma planta geotérmica.
Fonte: SmartDraw (c2015).

Os **modelos de comportamento ou de resposta** são usados para representar as respostas do sistema real ou de uma parte dele a partir de uma perturbação.

Nos projetos de engenharia, portanto, são usados para projetar componentes que devem produzir uma determinada resposta desejada, ou, também, para determinar a resposta do sistema ante uma ação, dadas as propriedades dos componentes e da estrutura do sistema.

Os **modelos de decisão** são utilizados para a escolha da solução mais favorável entre as alternativas existentes, de acordo com as especificações estabelecidas.

$$\frac{Y}{X} = \frac{1}{-\left(\frac{\omega}{\omega_n}\right)^2 + j \cdot 2 \cdot \xi \cdot \frac{\omega}{\omega_n} + 1}$$

FIGURA 6.5 Modelo matemático de resposta para o sistema da Figura 6.6.
Fonte: O autor.

Classificação dos modelos segundo suas características construtivas

Os **modelos iconográficos** são também denominados geométricos, concretos, físicos ou de imagens, podendo ou não ser virtuais. Para entender essa classe de modelos, lembre-se dos seguintes objetos: mapas, fotografias, globos terrestres, estatuetas do Cristo Redentor, maquetes de prédios, aviões de montar, estruturas de DNA e carrinhos de brinquedo. Todos esses exemplos são representações bidimensionais ou tridimensionais de uma realidade física. As representações feitas por computador também se encaixam nesse tipo de modelo, uma vez que o nosso cérebro os interpreta como modelos reais tridimensionais vistos por meio de uma janela sólida transparente que não nos permite tocá-los.

O modelo tridimensional em escala de um avião de passageiros é construído a partir de plantas bidimensionais que constituem meios muito úteis para a comunicação e armazenamento de informações. Esse tipo de modelo é bem comum nos projetos de engenharia. Um exemplo clássico constitui o modelo de um avião para o ensaio em um túnel de vento, que é utilizado para simular o comportamento aerodinâmico de um avião real em voo. Efetuando ensaios do modelo do avião em uma determinada faixa de condições aerodinâmicas, o engenheiro projetista consegue interpretar os resultados dos ensaios e obter uma boa visão do desempenho do seu desenho.

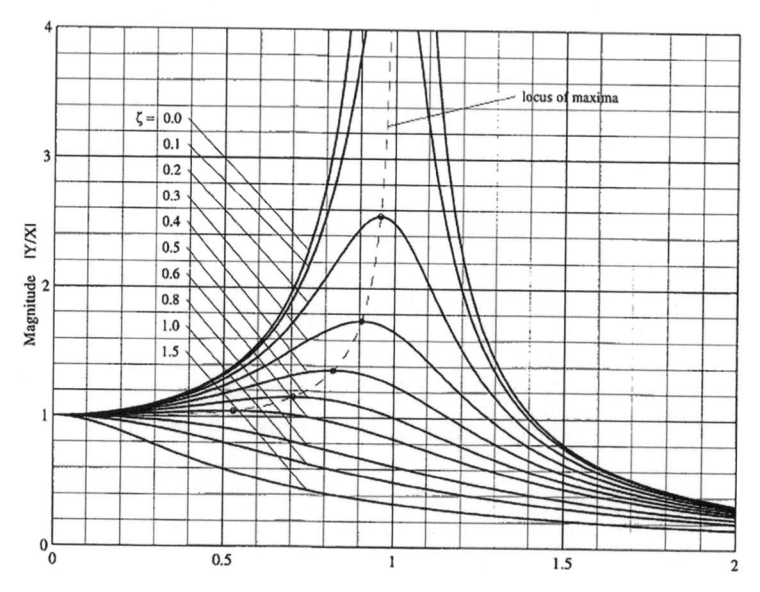

FIGURA 6.6 Modelo gráfico de resposta para o sistema da Figura 6.5 que serve para tomar uma decisão sobre o valor adequado de ξ.
Fonte: O autor.

FIGURA 6.7 Representação de um gerador de energia elétrica impulsionado por uma turbina (Cortesia de Scale Models Unlimited [7]).
Fonte: Scale Model Unlimited (2015).

A representação tridimensional é especialmente indicada quando se trata de representação em escala de plantas de processos químicos, por exemplo, para visualizar e corrigir o projeto das tubulações, quando essas são bastante complexas. Essa aplicação na atualidade está sendo substituída pela representação bidimensional em computadores, pelo uso de programas que permitem girar a imagem representada na tela, colocá-la em qualquer posição e observá-la de qualquer ângulo. Outros programas permitem, ao mesmo tempo, a otimização do projeto das tubulações. Um caso particular são as plantas piloto. Pela sua elevada complexidade entre as relações das variáveis envolvidas e o seu elevado número, torna-se técnica e economicamente inviável projetar uma planta de processos físico-químicos a partir de experiências realizadas em laboratório. Assim, procede-se à construção de uma planta piloto onde se procura repetir em volume industrial a obtenção de produtos gerados em tubos de ensaio ou equipamentos de laboratório e introduzir as modificações ao processo para conseguir a sua otimização. Da planta piloto surgem as especificações para a realização de um projeto definitivo que ofereça maior certeza da sua correta operação.

No projeto de grandes estruturas de engenharia, como arranha-céus, pontes, e barragens, é comum o uso de modelos arquitetônicos tridimensionais em escala reduzida, para oferecer uma visão real do projeto. Esses modelos são muito utilizados para representar o projeto aos interessados e observar o seu grau de aceitação ou impacto social.

A representação bidimensional é a mais utilizada nos projetos, especialmente nos desenhos em escala da representação ortogonal e dos chamados desenhos geométricos, ortográficos ou comumente "plantas". Eles permitem visualizar o objeto ou sistema que se representa geralmente em três planos de projeção e seções apropriadas, dando uma ideia racional do mesmo, de forma que não haja dificuldades para a sua visualização e interpretação. Na representação bidimensional incluem-se os desenhos em perspectivas nas suas modalidades isométrica e real. Incluem-se também as fotográficas e os mapas.

Os esquemas são também representações bidimensionais. Representam elementos constitutivos ou isolados ou, ainda, o conjunto de elementos relacionados entre si, assim como nos planos ou desenhos ortográficos, mas, ao contrário desses, representam de forma bastante simples, suprimindo detalhes e geralmente não respeitando as escalas, mas guardando as proporções para dar uma ideia do seu funcionamento e da sua estrutura.

Quando se trata de modelos para testes, eles devem ser equivalentes não somente nas suas dimensões geométricas em escala, mas também no seu comportamento físico (em escala adequada), por exemplo: corrente elétrica, número de Reynolds, vazão, velocidade, força, etc. Os modelos físicos são muito importantes para estudar sistemas onde a inter-relação dos componentes não é bem conhecida, de forma que a complexidade inerente inviabiliza o uso de modelos matemáticos. Assim, pela construção de uma réplica, o sistema é testado sob determinadas condições, permitindo a dedução das variáveis e leis que interagem no seu comportamento. Nesses casos, nem sempre se mantém a semelhança geométrica com o sistema geral, preterida para alcançar a semelhança no comportamento de acordo com uma teoria especial chamada Teoria dos Modelos.

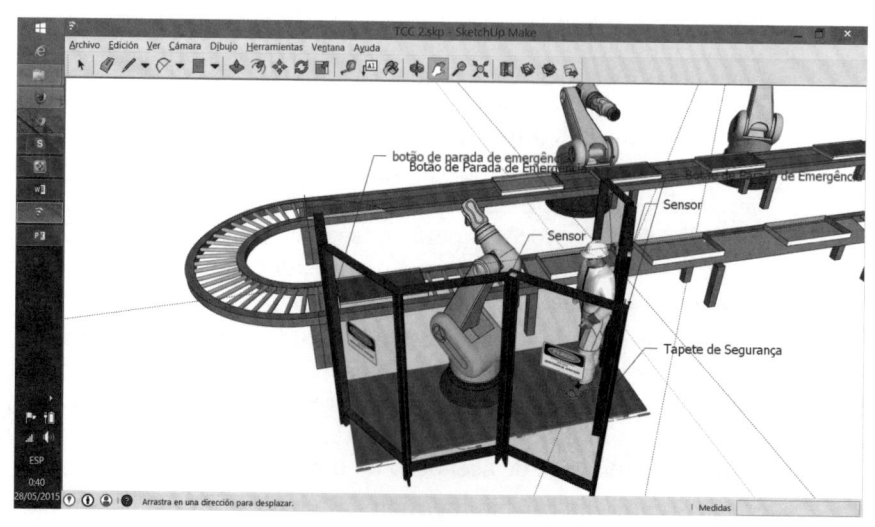

FIGURA 6.8 Representação tridimensional de um sistema de segurança para células robotizadas.
Fonte: O autor.

Curiosidade

Hoje as maquetes não são feitas apenas manualmente, também existem máquinas a laser que as confeccionam; porém, a maior parte do trabalho é feito pelos grandes artistas maqueteiros e/ou paisagistas de maquetes.

Os **modelos analógicos** são também chamados abstratos. São modelos que aproveitam as analogias existentes entre os vários fenômenos físicos. Esses modelos se abstraem da forma real ou imitativa, alcançando grande generalidade. Na maioria dos casos, não mantêm nenhuma semelhança física com o sistema real. Utilizam-se, preferencialmente, dispositivos elétricos e eletrônicos para a sua materialização. Usando sinais elétricos de entrada que simulam variáveis independentes reais do sistema, se obterá uma saída ou resposta que, se corretamente interpretada, prediz a resposta do sistema real.

Ferramentas típicas para esses modelos eram os antigos computadores analógicos. A simulação analógica permite utilizar um meio que se comporta de forma análoga ao comportamento do sistema real. O meio pode ser o mais conveniente usando-se, por exemplo, água para representar aço em estado líquido, resistências, capacitâncias e indutâncias elétricas para representar sistemas térmicos, mecânicos e químicos.

Os **modelos diagramáticos** são também chamados de explicativos ou gráficos. Esse tipo de representação é geralmente bidimensional. Mediante linhas e símbolos se representa a relação entre duas ou mais variáveis que podem ser de natureza diversa. Esse tipo de representação serve para mostrar relações quantitativas e qualitativas entre variáveis de um sistema, assim como podem mostrar o fluxo de materiais e informações. Essa classe de modelo pode ser subdividida em **gráficos** e **diagramas**.

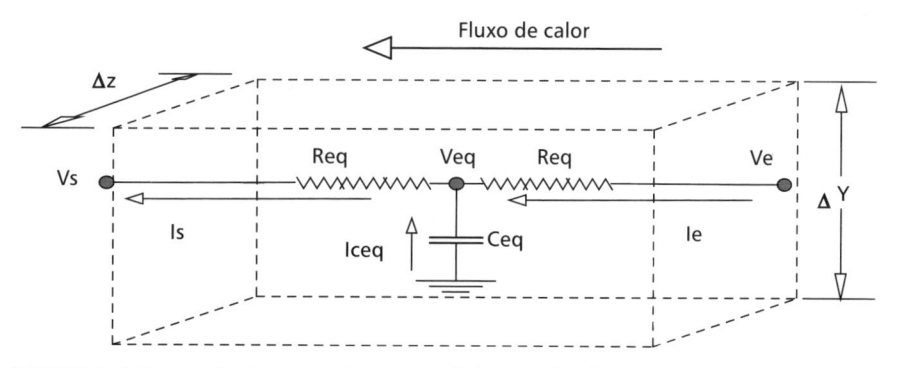

FIGURA 6.9 Analogia entre sistemas elétricos e térmicos usados em modelos computacionais.
Fonte: O autor.

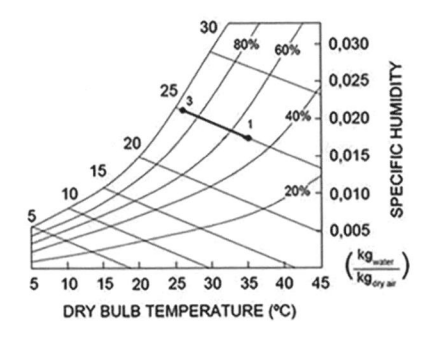

FIGURA 6.10 Carta psicrométrica – Mostra a umidade relativa para uma determinada pressão atmosférica.
Fonte: O autor.

Os **gráficos** de engenharia normalmente apresentam um sistema de eixos coordenados com escalas que indicam relações entre as variáveis do sistema, que podem ser: magnitudes físicas, padrões de medição e outras informações. As informações a serem representadas podem ser da forma quantitativa (mais comum) ou qualitativa.

Às vezes, na forma bidimensional se apresenta um sistema de eixos X, Y e Z, e a representação de uma superfície mostra a relação entre as três variáveis. Em casos mais complexos, é necessário chegar a uma representação tridimensional. Outras vezes, a representação permite dar uma relação de três ou mais variáveis num sistema bidimensional de eixos X, Y, utilizando uma família de curvas. Um exemplo típico constitui o gráfico psicrométrico do ar úmido, que é mostrado na Figura 6.10.

Usando essas representações gráficas, os engenheiros podem interpolar ou extrapolar valores sem a necessidade de alcançar certos valores por cálculo ou medição. Outras vezes, os gráficos podem ser usados para representar valores relativos. Nesse caso, cada valor pode ser representado por colunas, barras, setores, etc. Um exemplo é a representação gráfica dos custos de produção mensal de um determinado produto, para a análise comparativa nos meses subsequentes.

Os **diagramas** são usados para mostrar a relação entre os distintos componentes de um sistema para quando for preciso analisar a sua estrutura e funcionamento, sem a necessidade de mostrar a conformação geométrica. Usualmente se apresenta o dispositivo ou sistema físico por meio de linhas e símbolos convencionais. Nesse tipo de representação, não interessa a forma geométrica do conjunto ou sistema, nem a de cada componente, sendo esses representados de forma simbólica convencional. Também não interessa o lugar relativo que ocupam no espaço, o que geralmente se modifica com o objetivo de que as linhas que representam os vínculos ou fluxos resultem na representação mais simples e com o menor número de cruzamentos.

Essa representação é muito vantajosa na representação de sistemas onde deve se observar o seu comportamento, funcionamento ou o víncu-

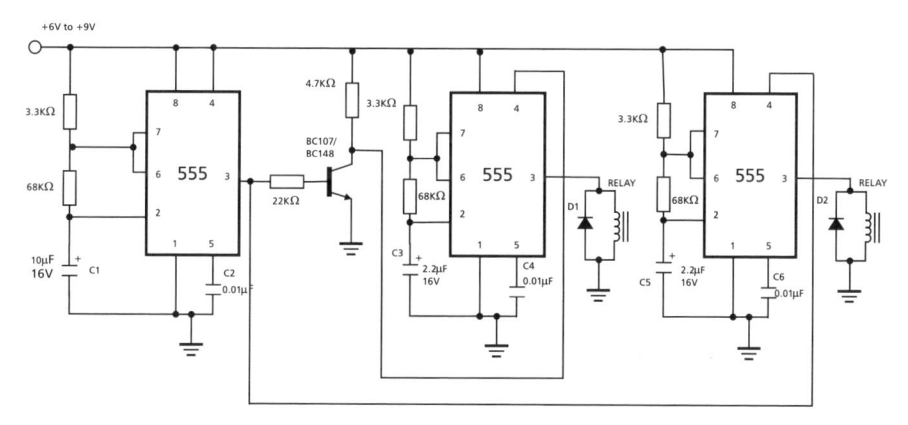

FIGURA 6.11 Diagrama de um circuito eletrônico.
Fonte: O autor.

lo entre os componentes. Muitos sistemas de engenharia são formados por um número de componentes inter-relacionados na forma de malha ou redes, como os sistemas de transporte e de deságue de uma cidade, sistemas telefônicos, circuitos elétricos, eletrônicos, hidráulicos e pneumáticos, etc., que podem ser modelados por meio de diagramas e estudados juntamente ao comportamento do sistema real.

Outro exemplo é ilustrado na Figura 6.11, em que um conjunto de linhas e símbolos representa de certa maneira a estrutura ou o comportamento de uma realidade. O engenheiro utiliza-se muito de métodos diagramáticos para a visualização e para a comunicação dos processos e sistemas.

Os **modelos analíticos** ou matemáticos podem ser considerados como uma simbolização dos modelos concretos. Um modelo físico se transforma em matemático quando se substituem os elementos geométricos, e outras grandezas físicas, por relações algébricas. É possível a obtenção de um modelo matemático de um sistema a ser analisado se as características dos seus componentes, a sua estrutura e as suas interações puderem ser matematicamente definidas.

Os modelos matemáticos dos fenômenos físicos surgem da experimentação e, portanto, são aproximações que permitem quantificar as mais diversas variáveis relacionadas incluídas no modelo.

Mediante a aplicação de símbolos representativos de fenômenos e de magnitudes físicas, e aplicando as leis formais da matemática, podem obter-se expressões que, convenientemente transformadas, permitem fazer predições sobre o que pode acontecer, sob condições pré-estabelecidas, em um sistema ou elemento componente.

Os modelos matemáticos são mais simples e as conclusões derivadas desses podem ser as mais exatas, constituindo-se na mais poderosa ferramenta para a simulação do sistema real, quando aplicados em softwares de análise numérica em computadores.

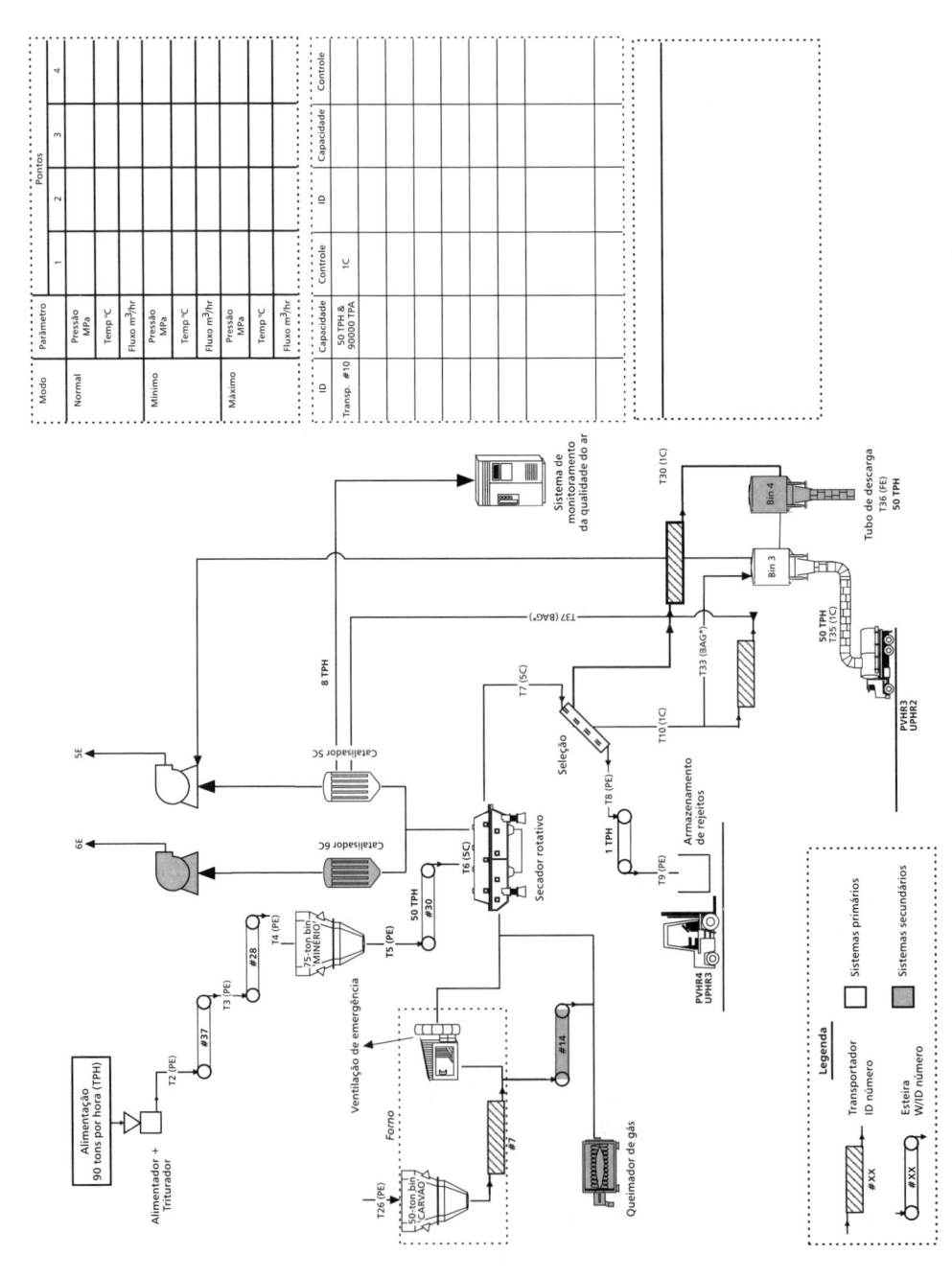

FIGURA 6.12 Representação diagramática de uma fábrica de beneficiamento de carvão mineral.
Fonte: SmartDraw (c2015).

A matemática é um método de representação muito importante, fundamentalmente útil para a comunicação por ser universalmente compreensível. A representação matemática proporciona além da possibilidade de predizer, um instrumento de raciocínio lógico incomparável.

— Importante

Os modelos matemáticos permitem fazer predições de acontecimentos e, quando aplicados em softwares de análise numérica, simular o sistema real.

A representação de um sistema ou objeto de um projeto, apresentada com o seu modelo matemático, contém informação específica do objeto que representa, entretanto, para a sua interpretação, é requerido o conhecimento de regras pré-determinadas. O meio para a representação é o simbolismo matemático, obrigatório ao conhecimento e à interpretação dessa ciência.

Geralmente a representação matemática requer o auxílio de representações esquemáticas para definir com clareza o sistema e ajudar na interpretação dos símbolos e variáveis utilizados. Um exemplo desse tipo de representação é mostrado na Figura 6.13.

Além de ser uma poderosa ferramenta de quantificação, a matemática é importante para o estudante de engenharia, pois permite desenvolver consideravelmente a sua capacidade de pensar de forma lógica e exercitar o raciocínio abstrato. O conhecimento profundo dessa ciência permite deduzir e utilizar modelos matemáticos que permitirão ao engenheiro representar as muitas situações especiais que encontrará na prática e das quais ainda há modelos prontos.

Os modelos matemáticos inibem a utilização do método empírico e da tentativa e erro, diferenciando o trabalho dos engenheiros ao de profissionais amadores, reduzindo incertezas (e custos) nos seus mais variados projetos e assegurando qualidade e segurança nos seus produtos. A enorme utilidade da matemática como ferramenta de previsão, comunicação e raciocínio jus-

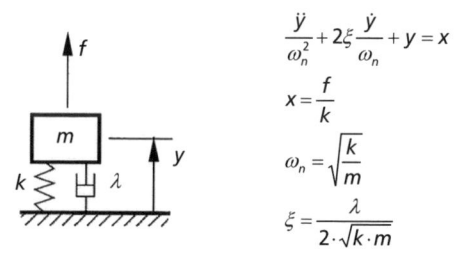

$$\frac{\ddot{y}}{\omega_n^2} + 2\xi\frac{\dot{y}}{\omega_n} + y = x$$

$$x = \frac{f}{k}$$

$$\omega_n = \sqrt{\frac{k}{m}}$$

$$\xi = \frac{\lambda}{2\cdot\sqrt{k\cdot m}}$$

FIGURA 6.13 Representação matemática e diagramática de um sistema de suspensão de automóvel.
Fonte: O autor.

tifica o grande destaque que essa ciência possui nos currículos dos cursos de engenharia.

Todos os projetos de engenharia devem documentar as decisões técnicas baseadas em modelos matemáticos. Mesmo se existirem modelos análogos para a análise desses problemas, não se justifica a omissão do seu uso em troca do conhecimento empírico. Não existe engenharia sem modelos matemáticos, atualmente.

Os cálculos matemáticos podem ser discretizados e implementados nos computadores usando regras específicas aproximadas chamadas de métodos numéricos. Com programas que implementam os métodos numéricos nos modelos matemáticos, os engenheiros podem simular e analisar os seus projetos sem que eles tenham sido concretizados. É importante que o engenheiro tenha conhecimento sobre os métodos numéricos e a forma de implementá-los através das linguagens de programação mais usadas na engenharia (C e C++); que saiba utilizar programas genéricos de cálculo (Excel®, MatLab®, MathCad®, Matemática®, Mapple®, Microsoft Mathematics, etc.) e, ainda, programas específicos de desenho e simulação (Ex. Ansys, FEMM, Mefisto, ComSol, FluidSim, etc.).

Classificação dos modelos segundo as características de resposta

Um modelo, assim como o sistema que ele representa ante a ação de um estímulo externo, pode permanecer inalterável ou modificar o seu estado. Sob esse aspecto, os modelos, assim como os sistemas que eles representam, podem ser classificados em estáticos e dinâmicos.

Os **modelos estáticos** são aqueles que ante uma perturbação externa momentânea e após um determinado período de tempo apresentam uma resposta estacionária, ou seja, que não mais se modifica. A perturbação pode provocar respostas transitórias, como pequenas deformações elásticas em sistemas mecânicos, que desaparecem ao cessá-la quando são estáveis, ou conduzir à ruptura do modelo quando são instáveis. Esse tipo de modelo é útil quando não se deseja analisar a variação da resposta a diversos estímulos. A Figura 6.13 mostra o modelo estático de um resistor elétrico.

Os **modelos dinâmicos** são modelos que representam, como o nome diz, o comportamento de sistemas dinâmicos, que modificam o seu estado ante a ações de perturbações externas, seguindo certas leis próprias. Esses modelos são **estáveis** quando, em resposta a uma ação externa, chegam a um estado permanente estacionário (se estabilizam) através de um regime transitório amortecido; **instáveis** quando não existe regime transitório e a resposta varia continuamente com o tempo, como é o caso das oscilações "permanentes", em que a amplitude das oscilações é mantida indefinidamente; ou **explosivos**, quando a amplitude da resposta à perturbação é crescente no tempo até a sua destruição. A Figura 6.14 mostra um modelo dinâmico de um resistor elétrico.

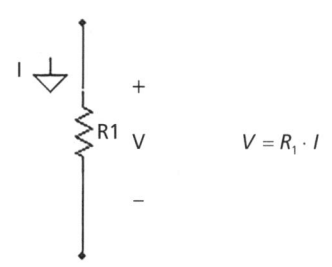

FIGURA 6.14 Modelo estático de um resistor elétrico.
Fonte: O autor.

■— O uso dos modelos

Um modelo nada mais é do que uma simples hipótese (COCIAN, 2009b). Uma vez ensaiado, se os resultados são satisfatórios e as suas respostas coincidem com o comportamento do sistema real que se pretende representar, então o modelo poderá servir de representação.

Se ele é simplificado, será uma quase representação do sistema real. Quando o modelo é uma construção matemática simplificada do sistema real e se mostra pouco complicado, a sua simulação se torna simples, rápida, econômica e as suas repostas conduzem aos melhores resultados.

No caso de sistemas complexos, nem sempre é trivial uma representação matemática que permita resolver completamente os problemas apresentados nos numerosos subsistemas. Nesses casos, é necessária a utilização de um elevado número de modelos e, ainda assim, alguns deles se mostram complicados pela difusa relação entre as suas numerosas variáveis. Nesse caso, é possível aplicar aproximações numéricas em computadores e métodos estatísticos. Esses métodos conduzem a cálculos muito complexos e utilizam muitos recursos dos computadores.

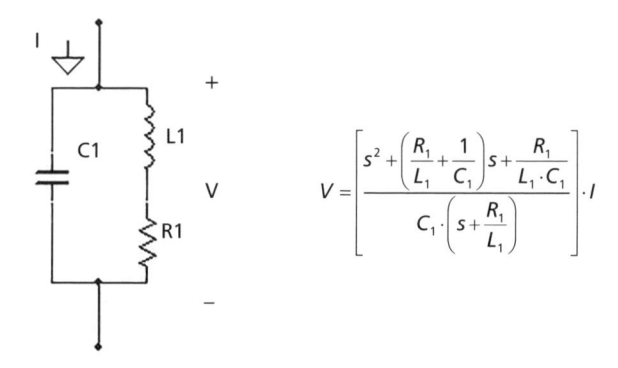

$$V = \left[\frac{s^2 + \left(\frac{R_1}{L_1} + \frac{1}{C_1}\right)s + \frac{R_1}{L_1 \cdot C_1}}{C_1 \cdot \left(s + \frac{R_1}{L_1}\right)} \right] \cdot I$$

FIGURA 6.15 Modelo dinâmico de um resistor elétrico em alta frequência.
Fonte: O autor.

Na modelagem e simulação de um sistema complexo, em geral, se recorrerá a todos os tipos de modelagem para conseguir a melhor representação do sistema total.

A validade dos modelos

O desenvolvimento de um modelo requer um alto grau de habilidade criativa, conhecimento científico e tecnológico e um claro entendimento das limitações e valores a utilizar. Quando o sistema de engenharia é muito complexo, o número de fatores e variáveis intervenientes é tão grande que se torna necessário fazer simplificações. Outras vezes, as simplificações ocorrem como consequência da limitação dos recursos e do tempo reservados ao projeto.

Um sistema pode ser representado através de dois ou mais modelos, de acordo com as características que se deseja analisar. Eles não serão modelos contraditórios nem excludentes, e sim complementares. A validade de um modelo deve provar-se na confrontação com os fatos experimentais. Somente serão considerados válidos os modelos verificados na prática. Um modelo bem definido não será verdadeiro nem falso, e sim útil ou inútil, sempre dependendo da aplicação. Será considerado aceitável quando dele puderem ser obtidos resultados ou conclusões válidas e úteis.

O maior risco que os modelos apresentam é que eles constituem uma representação simplificada do sistema real. Não se deve confundir a precisão de um modelo com a realidade, por mais complexa que se pretenda representar. O modelo não é uma realidade embora possa ser considerado assim. Deve-se ter sempre em mente que ele se parece com o sistema real somente na sua estrutura e que todas as características alheias ao sistema são também alheias ao modelo.

Por exemplo, observe o modelo matemático da Figura 6.14, que é conhecido como Lei de Ohm. Esse modelo matemático relaciona corrente, tensão e resistência elétrica. Não há menção de outras variáveis que possam degradar a exatidão da relação, como temperatura, pressão, umidade, etc. No caso em que estas últimas grandezas possam alterar o comportamento do modelo simplificado, deverão ser incluídas alterações no modelo original, às vezes, por meio de muita experimentação e pesquisa.

O modelo matemático do comportamento dos gases

$$V = \frac{m \cdot R \cdot T}{p \cdot M}$$

conhecido como a equação dos gases perfeitos, foi estabelecido obedecendo a certas hipóteses baseadas num comportamento de moléculas que se admite não ser totalmente verdadeiro. No entanto, as previsões fornecidas por esse modelo são bastante aproximadas para tê-lo como modelo adequado para praticamente todos os gases leves.

Todos os modelos supõem certas hipóteses que os mantêm simples, permitindo previsões aproximadas. Sem essas hipóteses simplificadoras, poderia ser impossível a construção e utilização de um modelo matemático. Nas aplicações práticas, a aplicação de certas hipóteses simplificadoras, que deixam de lado características consideradas como irrelevantes para o fenômeno que se deseja analisar ou testar, usualmente não representam um erro que chegue a invalidar o modelo.

Na elaboração dos modelos, é sempre vantajosa a sua simplificação pela deliberada omissão de certas variáveis, desde que não se prejudique a sua utilidade. Veja por exemplo o modelo conhecido como lei de Ohm que é representado pela seguinte equação:

$$i = \frac{V}{R}$$

onde i é a corrente elétrica que depende proporcionalmente da tensão elétrica aplicada V e da resistência R do material à passagem de cargas elétricas. Esse modelo omite a **pressão** que pode estar sendo exercida em cima do componente, como é o caso de aplicações em robôs de prospecção submarina onde o resistor pode alterar o seu valor nominal devido à pressão hidrostática, inutilizando a validade do modelo. Entretanto, esse modelo simplificado pode ser usado na maioria das aplicações onde a pressão atmosférica determina as condições de operação.

As propriedades de um modelo que praticamente não afetam o comportamento de um sistema devem ser deixadas de lado, pois não representam um ganho apreciável nas aproximações e deixam os modelos mais custosos, complicados e demorados.

Veja o exemplo do teste aerodinâmico de aviões feito por simulação em computador, onde se aplicam massas de ar com velocidades variáveis e se calculam as forças de fricção e pressão. Usualmente, os modelos só incluem variáveis, como massas, geometrias, coeficientes de atrito e coeficientes de deformação. Nesses casos, não se justifica incluir modelos matemáticos das poltronas, dos maleiros e dos banheiros, pois, embora eles façam parte do avião real, eles não são necessários para efetuar as estimativas de resistência ao avanço.

A omissão de grandezas ou características importantes, por outro lado, pode resultar em erros graves de previsão. O engenheiro deve ter grande cuidado ao estabelecer as suas hipóteses de forma a prever sempre o pior caso. É sempre desejável que o engenheiro discuta as suas hipóteses simplificadoras com outros colegas para analisar outros pontos de vista.

O significado dos modelos

Mesmo com todas as descrições anteriores, a amplitude do conceito do modelo pode não ficar evidente ao estudante iniciante de engenharia. O seu significado e a sua natureza simplificadora e unificadora provavelmente se tornam mais claros com o tempo e a experiência. Na formação dos engenheiros, as disciplinas iniciais de desenho técnico e geometria descritiva têm como objetivo preparar os futuros profissionais na implementação e interpretação de modelos iconográficos, diagramáticos e gráficos. As disciplinas de geometria analítica, álgebra linear, cálculo diferencial e integral, matemática aplicada, modelagem de sistemas dinâmicos, estatística e métodos numéricos têm como objetivo preparar os futuros profissionais na interpretação, manipulação e construção de modelos matemáticos. Nas disciplinas de química e física, estudam-se os modelos básicos que representam os fenômenos físicos e químicos da natureza e do comportamento dos materiais.

Nos cursos de engenharia, são aprendidos e utilizados muitos outros tipos de modelos que são aplicados na solução de problemas. A seguir, são comentadas algumas aplicações de modelos na prática profissional da engenharia e a potencialidade dessas ferramentas.

Os modelos como ferramentas para auxiliar no discernimento

Os modelos facilitam a visualização dos fenômenos naturais, como geometrias e comportamento a estímulos pré-determinados. Sem eles, a percepção e quantificação seriam bastante difíceis apenas pelo esforço mental da imaginação.

Nos problemas de engenharia, há sistemas tão complexos que sem a ajuda dos modelos seria impossível resolvê-los. É o caso dos microcircuitos digitais, com suas dezenas de milhões de transistores interconectados nas mais variadas formas, e dos enormes sistemas de produção industrial, imensas estruturas, maquinários gigantes, entre outros. Os modelos diagramáticos, gráficos e iconográficos são especialmente importantes para uma visão simplificada do conjunto de elementos que compõem o sistema.

Os modelos servem para melhorar a eficiência das soluções. Assim, os engenheiros costumam fazer representações simples, rápidas e isentas de complicações irrelevantes. Por exemplo, um engenheiro eletricista, num determinado nível de abstração, pode imaginar a tensão e a corrente elétrica sobre uma carga como um sinal senoidal, em lugar de imaginar o movimento de elétrons e a distribuição das cargas dentro dos condutores (veja a Figura 6.15).

Os modelos como ferramentas para a comunicação

Os modelos também podem servir para descrever a natureza e o funcionamento dos dispositivos que os engenheiros projetam, especialmente para quem irá aprovar, construir, operar ou manter o dispositivo gerado pelo projeto. Os modelos em si carregam informações relevantes sobre os projetos e são utilizados como ferramenta de comunicação.

Os modelos como ferramentas de previsão

Os modelos que ajudam na previsão do comportamento de um dispositivo são de especial importância na engenharia, pois eles permitem testes com parâmetros de entrada variáveis em que podem ser determinados os índices de desempenho úteis na comparação com outras alternativas de solução.

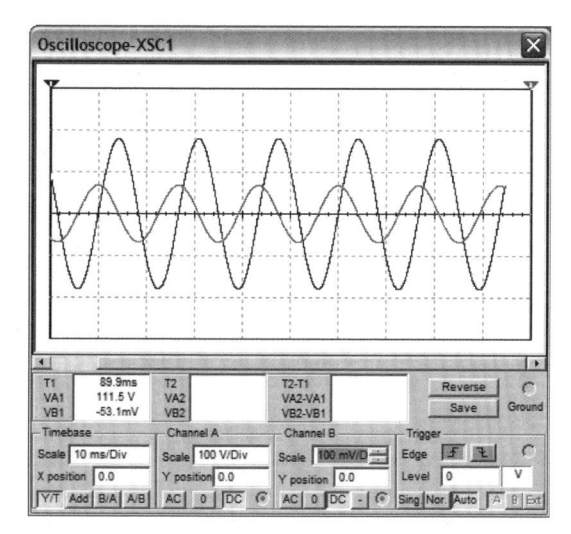

FIGURA 6.16 Abstração da tensão e corrente elétrica num motor de indução.
Fonte: O autor.

Os modelos matemáticos são especialmente úteis, pois permitem ao engenheiro efetuar vários testes e decisões sem a necessidade de construir a solução. Eles permitem implementar simulações através de métodos numéricos que são gerados por programas de computador, resultando em testes rápidos, econômicos e objetivos das várias alternativas de solução.

Imagine o projeto de levar homens até o planeta Marte. Não há condições econômicas de enviar uma espaçonave não tripulada para testar se ela vai funcionar ou não. Nesse tipo de projeto, o próprio modelo é o protótipo, e também o dispositivo final. Nesses casos, as simulações computacionais são cruciais. Os modelos matemáticos e computacionais são úteis quando não se pode confiar no julgamento pessoal, quando não há condições técnicas, de segurança ou econômicas para elaborar protótipos adequados.

Os modelos como ferramentas para o controle automático

Existem casos onde o objetivo do modelo é servir de forma ou padrão, como é o caso das plantas de edifícios e circuitos esquemáticos. Nesse caso, o produto a ser construído deve seguir as instruções estabelecidas no modelo.

Os ônibus de passageiros têm horários estabelecidos para efetuar o seu recorrido; entretanto, o número de paradas e o tempo destas são variáveis e podem afetar o desempenho final e atrasar o tempo previsto. Para poder cumprir os horários estabelecidos, isto é, seguir o modelo estabelecido, os motoristas devem aumentar ou diminuir a sua velocidade nos trajetos entre as paradas para compensar eventuais atrasos ou adiantamentos. Isso normalmente é feito automaticamente por um computador de controle de tráfego nos trens e metrôs das grandes cidades.

Outro exemplo é a fabricação do aço nas máquinas de lingotamento contínuo, em que para maximizar a qualidade e quantidade da produção devem ser mantidas certas condições de resfriamento e de velocidade dentro de determinados limites. Essas grandezas devem ser modificadas à medida que mudam as composições físico-químicas das ligas envolvidas.

Para manter os valores dessas grandezas dentro dos limites, sensores especiais detectam as variações e se comunicam com um computador onde um modelo matemático calcula e toma as decisões de aumentar ou diminuir a velocidade e controla os sistemas de resfriamento para manter a produção dentro dos fatores pré-estabelecidos. Assim, esse sistema de controle tentará controlar a realidade de acordo com o comportamento desejado definido no modelo.

Os modelos como ferramentas de treinamento

Os modelos servem como ferramentas de análise e comunicação. Os diagramas, gráficos, modelos em escala e outros tipos de representações podem e são usados na educação e instrução de pessoas.

Existem máquinas que simulam o comportamento real de automóveis, aviões e barcos, servindo de base de treinamento para os pilotos sem ter que realmente decolar até estarem prontos para tamanha responsabilidade. Essas máquinas podem implementar de forma bastante realista o funcionamento de veículos por meio de modelos computacionais.

FIGURA 6.17   Simulador para treinamento de pilotos de aviação.
Fonte: Baltic Aviation Academy (2012).

▸ Resumo

Neste capítulo, vimos que os modelos são usados na engenharia como ferramentas de representação de sistemas físicos reais, da sua forma, do seu comportamento ou da sua funcionalidade. Vimos as ferramentas usadas para controlar o funcionamento desses sistemas, suas classificações, formas de utilização e importância.

Os modelos também foram classificados segundo seu propósito e características de resposta. Exemplos de sua ampla utilização foram apresentados.

Atividades

1. Escolha a partir das suas disciplinas do curso três exemplos de cada tipo de modelo citado neste capítulo. Apresente uma breve descrição da ilustração identificando o local onde foi encontrado cada exemplo.

2. Uma das leis de Newton relaciona a força com a massa e a aceleração, igualando a primeira grandeza com o produto das duas últimas. No caso de um avião que se desloca queimando combustível, descreva a limitação do modelo para a utilização do cálculo de força de propulsão dos motores com relação à aceleração que deve ser alcançada de zero a 300 km/h em 2 km de extensão de pista para poder obter sustentação e decolar.

3. Um automóvel se desloca a 80 km/h com massa de 1200 kg, carregando uma pessoa de 100 kg, e queimando 1 litro de combustível a cada 10 km durante sete horas. Estabeleça um modelo de previsão para estimar o consumo de combustível para a viagem de volta com a mesma velocidade e tempo, porém com mais 4 pessoas com 60 kg cada. Estabeleça as suposições que considerar adequadas.

4. A ponte do rio Tacoma nos EUA entrou em colapso pouco tempo após a sua inauguração pelo uso de modelos simplificados. Faça uma pesquisa sobre o assunto e relacione-a com o tema deste capítulo.

CAPÍTULO

7

A busca da solução ótima

A simplicidade não faz parte do dia a dia dos engenheiros. Eles são contratados para buscar a melhor forma de satisfazer necessidades com soluções ideais para cada público ou sistema. Para isso, a otimização é fundamental nos processos de fabricação, minimizando ou maximizando o funcionamento de um produto, dependendo do seu critério. Neste capítulo, serão apresentados os detalhes da definição de critérios para ajuste de valores que levam à solução ótima.

Neste capítulo você estudará:

- A definição de ponto ótimo e valor ótimo.
- As variáveis que determinam os critérios.
- O conceito de otimização na engenharia.

Ao regular o volume de água de um chuveiro elétrico para manter a vazão de água suficiente para uma temperatura agradável, estamos fazendo o que se chama de otimização. A temperatura da água depende da potência da resistência elétrica e da vazão de água. Essa última é controlada pela abertura ou fechamento da torneira até alcançar uma temperatura agradável. Nesse, e em muitos outros casos semelhantes, existe um critério que é influenciado por uma variável que pode ser manipulada. Essa variável pode apresentar um valor para o qual o critério resulta em seu valor máximo (ou mínimo), e esse valor máximo (ou mínimo) é conhecido como **valor ótimo**. A Figura 7.1 ilustra a solução ótima para o banho com água na temperatura agradável.

Os critérios que se deseja maximizar (ou minimizar) são variáveis dependentes de uma ou mais variáveis independentes. As variáveis independentes são objetos da seleção por parte do engenheiro para tentar alcançar os valores ótimos. Se as variáveis independentes não puderem ser manipuladas, elas se convertem em condicionantes da solução. A Tabela 7.1 mostra alguns exemplos de variáveis independentes e dependentes na otimização de sistemas.

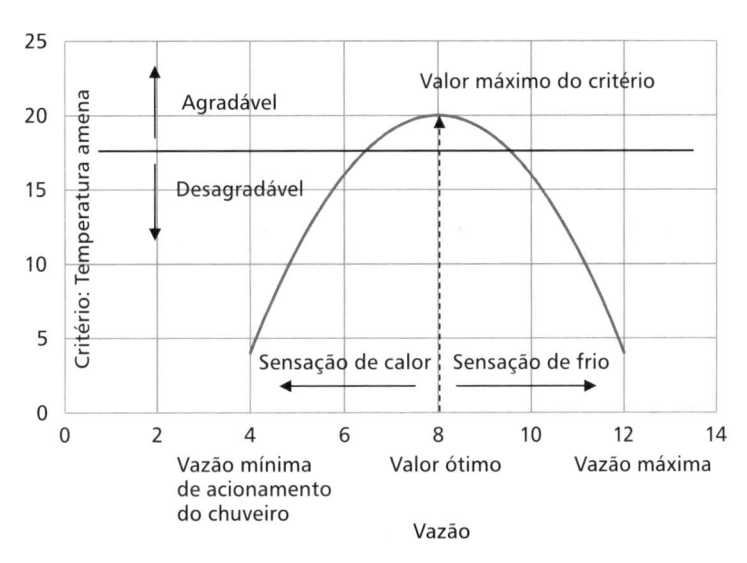

FIGURA 7.1 Conceito ilustrativo do valor ótimo.
Fonte: O autor.

Como comentado anteriormente, o ponto ótimo pode ser um máximo ou um mínimo, tendo que ser considerado o que é o melhor para um determinado critério. Por exemplo, se o critério for o custo, então o melhor será a obtenção do valor mínimo; se for o desempenho de um motor, o melhor critério será a obtenção do valor máximo de uma relação de dois critérios.

A otimização é o processo de procurar a melhor solução de acordo com um ou mais critérios pré-determinados. Em termos mais específicos, a otimização é um processo de pesquisa que envolve a busca de soluções alternativas e a sua avaliação para escolher a melhor dentre elas. Assim, nas fases de **pesquisa** e **decisão**, o engenheiro estará realizando a tarefa da otimização.

Veja o exemplo de um projetor multimídia em que a imagem será mais nítida, dependendo da distância dele até a superfície de apresentação. O tama-

Tabela 7.1 Variáveis controláveis e dependentes

Variável independente (controlável)	Variável dependente (critério)
Vazão da água e potência da resistência elétrica nos chuveiros elétricos	Conforto
Potência no chuveiro elétrico	Custo de consumo de energia elétrica
Ponto de injeção de combustível num veículo de passeio	Desempenho do motor
Tamanho e peso das baterias de um telefone celular	Tempo de duração entre recargas

Fonte: O autor.

nho da imagem a ser projetada varia de acordo com essa distância. Quanto mais longe, maior a imagem e menor a nitidez. Nesse caso os critérios podem ser: a nitidez da imagem e o seu tamanho, sendo a focalização ótima aquela que maximiza a nitidez e mantém um tamanho que possa ser visualizado pelas pessoas mais afastadas. A Figura 7.2 mostra graficamente a nitidez relativa da imagem de um projetor conforme o ajuste do foco e da distância do aparelho até a tela. A focalização ótima acontece no pico da curva, e o ponto de ajuste deve ser manipulado caso o aparelho seja deslocado da sua posição original.

A Figura 7.3 mostra a curva que representa a nitidez da imagem projetada pelo **valor do ajuste** do foco para uma distância fixa do equipamento até a superfície de projeção.

Esse tipo de curva se aplica em muitas situações conhecidas na prática da engenharia. Ela mostra que há um determinado valor do ajuste do foco para o qual a nitidez será máxima e que será o ponto ótimo de ajuste se o critério for a nitidez.

A mesma relação representada pelo exemplo anterior existe entre a rapidez da execução de uma tarefa e o trabalho total realizado; entre a vazão de um chuveiro elétrico e a temperatura da água; entre o preço de um produto e a quantidade de produtos vendidos. Podem ser citadas muitas outras situações análogas do cotidiano, sendo que em cada caso existe um valor ótimo para as variáveis independentes, como a rapidez de execução de uma

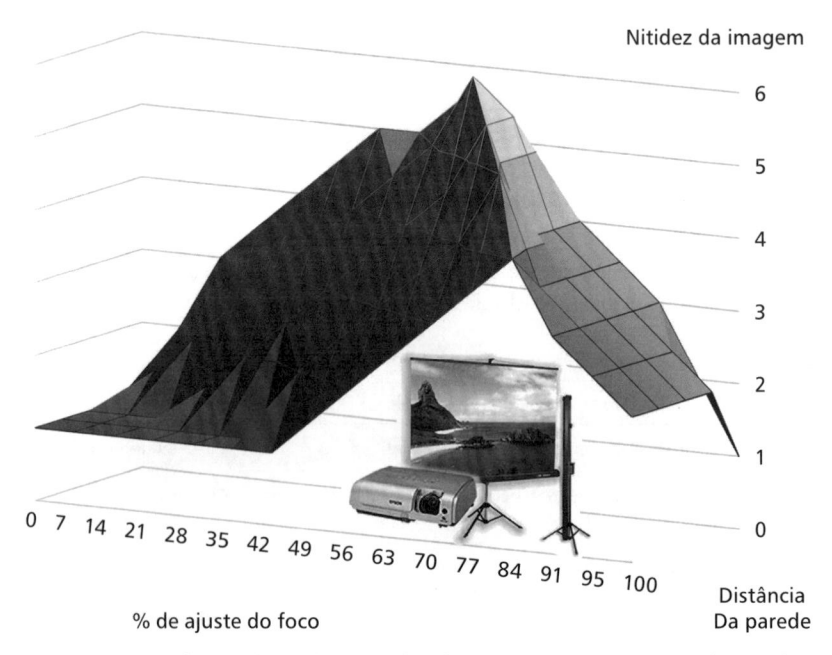

FIGURA 7.2 Ponto ótimo do critério nitidez de imagem para ajuste do foco e da distância.
Fonte: O autor.

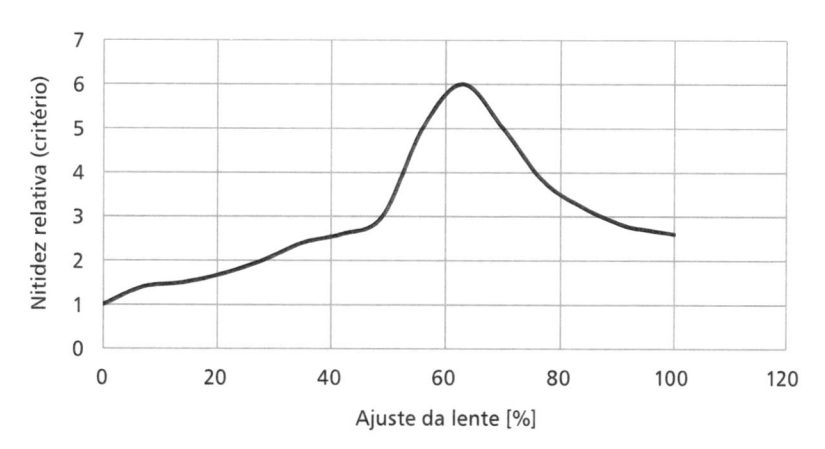

FIGURA 7.3 Curva da nitidez *versus* ajuste da lente para uma distância de 3 m.
Fonte: O autor.

tarefa, a vazão da água no chuveiro elétrico e o preço de um produto, relacionadas com as variáveis dependentes que constituem os critérios.

O conceito do ótimo é de extrema importância na prática da engenharia, pois sempre haverá uma solução ótima para os problemas. Por exemplo, existe uma taxa ótima de injeção de combustível com relação ao desempenho de um motor de combustão; um valor de resistência mecânica ótimo para os botões do controle remoto da TV; uma altura ótima para as cadeiras; um número ótimo de dentes nos garfos usados no dia a dia; um volume ótimo de som do aparelho de rádio.

O conceito do ótimo se aplica tanto às soluções que o engenheiro apresenta quanto à sua metodologia de solução. Por exemplo, existe um prazo ótimo a dedicar a um problema, assim como há um grau ótimo para a exatidão de um modelo. No caso do aperfeiçoamento dos modelos, à medida que se fazem maiores esforços para melhorar a correlação entre os resultados previstos e os reais, os aperfeiçoamentos ficam cada vez mais difíceis de obter.

As curvas da Figura 7.4 mostram a relação entre a exatidão que um modelo representa e o custo de atingir esse grau de correlação. Melhorar a correlação aumenta o custo de desenvolvimento (curva CDA) e diminui o custo relativo aos consequentes erros na sua aplicação (CE). Correlações tanto acima quanto abaixo do ponto ótimo aumentam os custos totais.

Imagine, por exemplo, que os engenheiros de uma usina hidrelétrica se baseiam em modelos analógicos para definir previsões da capacidade de geração para cada mês do ano. Se depois da criação do modelo da usina aparecerem pequenas diferenças entre o desempenho previsto e o desempenho demonstrado, não haverá maiores consequências práticas, sendo que as pequenas perdas ou ganhos serão considerados inevitáveis. Isso corresponde à região à direita do ponto ótimo da curva CE na Figura 7.4.

Quanto maiores forem as divergências entre as previsões fornecidas pelo modelo e as obtidas depois da implementação, maiores as necessidades

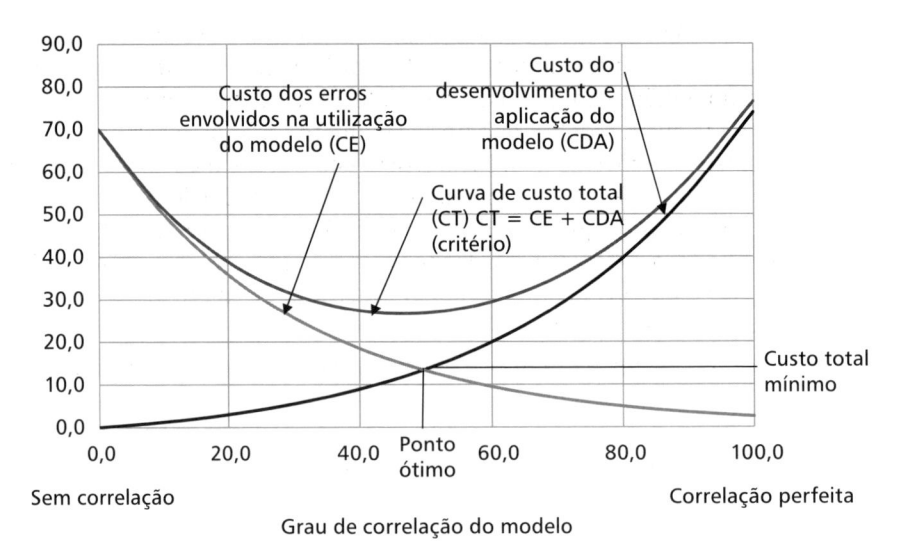

FIGURA 7.4 Custos da correlação dos modelos.
Fonte: O autor.

de modificação nas instalações depois da construção do sistema real. Isso corresponde à região mais à esquerda do ponto ótimo da curva CE da Figura 7.4. Quanto maior a divergência entre os valores fornecidos pelo modelo e os que se espera que aconteça na realidade, maiores os riscos econômicos e de segurança para a usina. Um modelo sem correlação de custo extremamente baixo pode levar à ruptura da barragem (extremidade esquerda da curva CE).

A Figura 7.4 mostra o comportamento geral dos modelos, de forma que aumentando as diferenças entre os resultados previstos e os reais o custo dos erros decorrentes da aplicação a curva CDA terá o crescimento mostrado no gráfico.

Para fazer a escolha do grau máximo de correlação devem ser considerados os dois tipos de custos mencionados anteriormente. O critério básico para condicionar a seleção é o custo total, que é a soma do custo do desenvolvimento mais o custo dos erros inerentes a sua aplicação. Dessa forma, o grau ótimo de correlação entre o modelo e a realidade é o menor ponto da curva CT da Figura 7.4.

— **Dica**

Valores ótimos são obtidos quando o grau de correlação do modelo apresenta diferenças mínimas, ou seja, relacionam-se ao grau de aperfeiçoamento.

Uma situação parecida ocorre no desenvolvimento e na especificação dos instrumentos de medição. Se você precisa de um termômetro que forneça medidas com precisão de 1% (erro máximo esperado) poderá observar que ele custa o dobro que um termômetro com precisão de 2%, mesmo que apresente a mesma aparência física. Isto porque o custo de desenvolvimento (e tempo) se eleva exponencialmente com a redução nos índices de erro ou incerteza. Se o que você deseja medir for a temperatura dentro de um forno de indução para fundição de metais, com temperaturas acima de 1.000 graus Celsius, provavelmente você não precisaria de um instrumento com incertezas menores do que 3%.

Os custos (de tempo e energia) crescentes e os ganhos decrescentes da tarefa do aperfeiçoamento, para qualquer meio de resolver um problema, mostram que existe um ponto ótimo para o aperfeiçoamento (ou seleção) de um instrumento ou processo. Desta forma, o conceito de ótimo está presente no dia-a-dia das atividades do engenheiro, orientando-o nas suas ações e decisões. O ponto ótimo se constitui em um objetivo para o engenheiro tanto nas soluções que ele cria quanto na forma como chega a essas soluções.

Como exemplo para analisar a otimização das soluções de engenharia, trataremos do MiniCAT, um veículo de passeio construído pelo MDI Group (2015) que funciona com ar comprimido, ilustrado na Figura 7.5. Um informativo da empresa, na época do primeiro modelo comercial, comentava o seguinte:

> *[...] depois de doze anos de estudos, o seu fundador Guy Negre conseguiu desenvolver um motor que pode ser convertido em um dos maiores avanços tecnológicos deste século. Sua aplicação nos veículos CATs, faz com que estes adquiram grandes vantagens tanto em seu custo econômico como no meio ambiente. Com a incorporação da bienergia (ar comprimido e combustível) os veículos CATs aumentaram a sua autonomia para perto dos 200 km, com uma contaminação nula em cidades e muito reduzida fora da área urbana. Por sua vez, as aplicações do motor MDI a outras áreas fora do setor automobilístico abrem múltiplas possibilidades, como nos campos de náutico, geradores, motores auxiliares, grupos elétricos, etc. O ar comprimido é um novo setor energético que permite, de forma viável, a acumulação e o transporte de energia.*

A Figura 7.6 mostra a autonomia e a potência de um motor a ar comprimido hipotético para diferentes velocidades. Pode-se observar que quanto menor a velocidade maior a autonomia, e quanto maior a velocidade maior a potência que deve ser desenvolvida pelo motor, consequentemente, maior consumo. Qual é a velocidade ótima de funcionamento? A que maximiza a autonomia (consumo reduzido) ou a que desenvolve maior potência? Você já deve ter percebido que a solução ótima depende dos critérios adotados. No caso de veículos de transporte para os praticantes de golfe, pode-se preferir a autonomia como critério principal, desenvolvendo velocidades reduzidas ao mínimo aceitável. No caso de aplicações em competições de corrida, devem

FIGURA 7.5 Veículo com motor de ar comprimido.
Fonte: Flickr (2007).

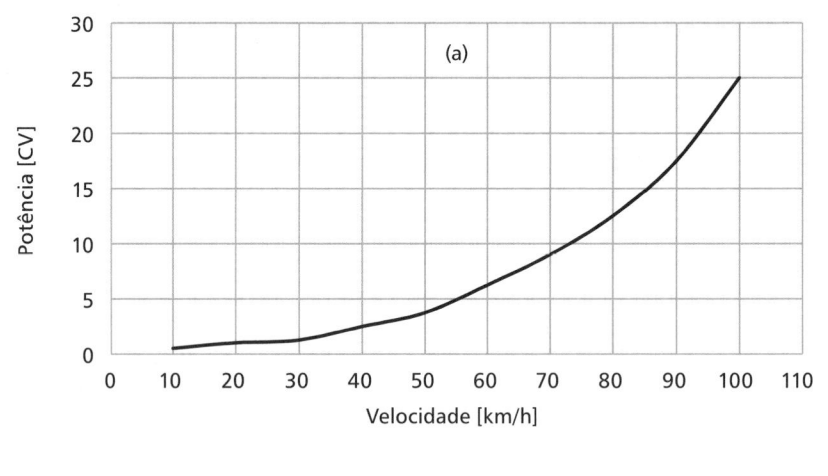

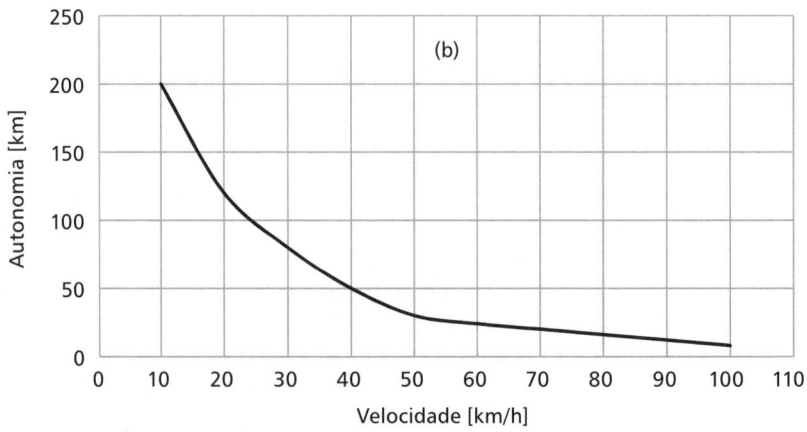

FIGURA 7.6 Autonomia e potência do motor MDI *versus* velocidade.
Fonte: O autor.

se desenvolver as máximas potências. Mas, nesse exemplo, a velocidade é um fator que condiciona a autonomia e o consumo do veículo de forma contraditória. O engenheiro deve decidir nos seus projetos como tratar esses critérios contraditórios para obter o ponto ótimo, o que nem sempre envolve fatores objetivos.

A Figura 7.7 mostra o comportamento do conjugado e da potência de um motor hipotético de ar comprimido para vários valores de velocidade de rotação. Pode-se observar que o conjugado permanece máximo e constante para velocidades de rotação entre 1.000 e 2.500 RPM enquanto que a potência máxima acontece depois das 3.000 RPM, não podendo ser aproveitadas em aumento de conjugado.

Em suma, chama-se de otimização o processo pelo qual se procura determinar a solução ótima. Na maioria dos problemas da engenharia, o processo

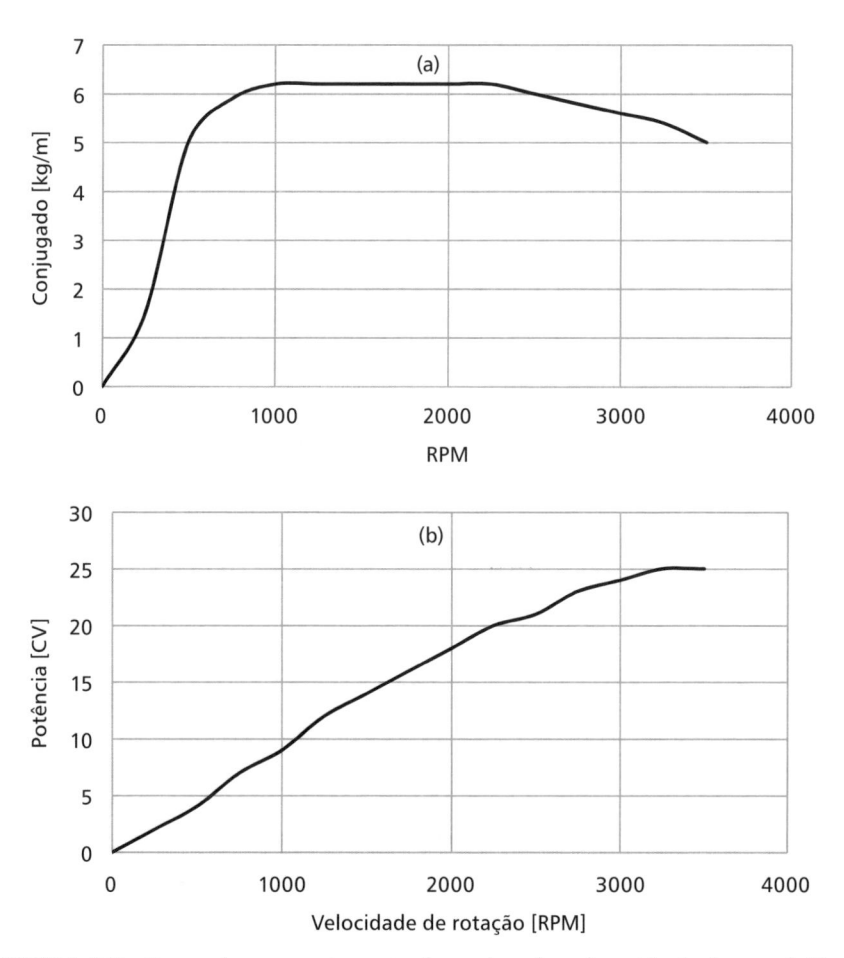

FIGURA 7.7 Curva do comportamento do conjugado e da potência desenvolvidos pelo motor MDI *versus* rotações por minuto.
Fonte: O autor.

da otimização é muito mais complexo que os exemplos mostrados nesta seção. Existe uma dificuldade de definição do ponto ótimo devido aos critérios contraditórios – nem sempre objetivos – que surgem na hora de implementar ou escolher os modelos.

A natureza é um exemplo vivo de processos de otimização de acordo com algum critério natural. A Figura 7.8 mostra a resposta visual do olho humano ao comprimento de onda refletido pelos objetos e de acordo com o período do dia.

O olho humano adapta a sua resposta do dia para a noite de forma a obter a máxima acuidade visual possível. Podemos observar que no período do dia o sistema se adapta para perceber melhor as cores que tendem aos comprimentos de onda mais altos e que, durante a noite, a visão é melhor nos comprimentos de onda menores. A natureza age sempre no ponto ótimo, com as melhores respostas relativas a critérios lógicos que geram o menor consumo energético. Você já se perguntou por que a cor da maioria dos vegetais é verde? Porque não azul, preto ou branco? Por que as flores e as frutas têm cores vivas? Pode ter certeza de que há algum tipo de otimização envolvida nessa seleção natural.

▀━ Quando os critérios são contraditórios

Lamentavelmente, na maioria dos problemas de engenharia o processo de otimização é bastante complexo em razão de critérios conflitantes. O ditado que diz que o cliente sempre quer "o melhor e mais barato" engloba pelo me-

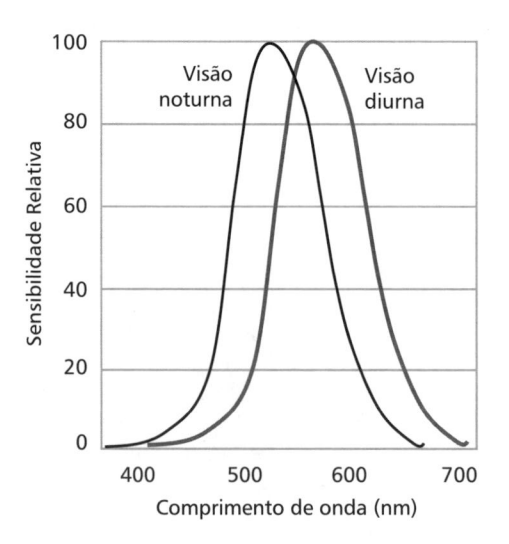

FIGURA 7.8 Resposta visual do olho humano.
Fonte: O autor.

nos dois critérios conflitantes. Em geral, na prática da engenharia, quando os processos já estão otimizados, melhorar a qualidade resulta em maiores custos, e reduzir custos pode resultar em redução da qualidade. A melhoria da qualidade de um produto ou sistema pode ser a melhoria da sua confiabilidade, vida útil, robustez, operacionalidade, produtividade ou aparência.

— Para refletir

Você já deve ter frequentado determinados restaurantes em que o prato é barato, mas o ambiente não oferece tanto conforto. Então, no dia em que a gerência resolve fazer uma bela reforma, a qualidade ou a quantidade da refeição fica reduzida. Esse é um conflito clássico!

Exemplo de análise para otimização

Imagine que você é engenheiro de uma empresa que fabrica latas de alumínio e deve projetar latas cilíndricas para bebidas com capacidade de 500 cm^3 (½ litro). A tampa e o fundo serão fabricados com uma liga especial que custa R$ 0,05 por cm^2. Os lados da lata serão de outra liga que custa R$ 0,02 por cm^2. Uma pesquisa feita com os consumidores sobre o diâmetro ideal para a manipulação das latas resultou no gráfico mostrado na Figura 7.9.

Dependendo do valor do raio escolhido haverá variação do custo (da área), pois o material da tampa e do fundo tem custo diferente ao dos lados. Calculando a curva de custos em função do raio, chega-se ao gráfico da Figura 7.10.

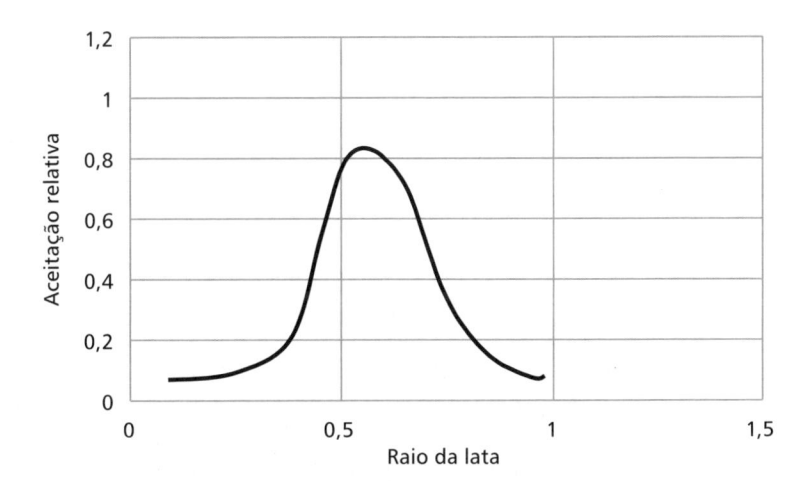

FIGURA 7.9 Níveis de aceitação do raio da lata pelos consumidores.
Fonte: O autor.

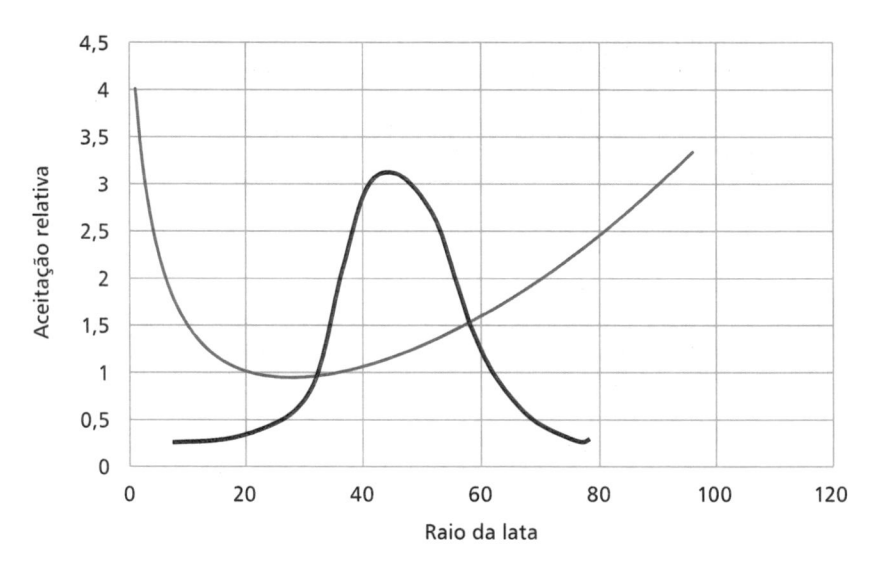

FIGURA 7.10 Gráfico do custo × raio da lata sobreposto à curva de aceitação relativa.
Fonte: O autor.

O ideal seria que existisse uma coincidência do valor do raio entre o ponto máximo da aceitação e o ponto mínimo do custo da lata, porém essa situação raramente acontece nos problemas de engenharia. Pode-se observar que existe um compromisso entre o valor ótimo de aceitação dos usuários e o valor ótimo do custo. Para escolher qual é o ponto "ótimo", o engenheiro deverá estabelecer o critério predominante em função do usuário e das condições do mercado competitivo.

A necessidade de conciliar critérios contraditórios é comum nos problemas de engenharia. Imagine o caso do sistema de produção de um produto manufaturado onde o engenheiro projetista deve considerar: a velocidade de produção, a segurança do operador, a qualidade final do produto, os custos de operação do investimento e da manutenção, entre outros.

No caso de se desejar aumentar a velocidade da produção, poderá haver redução do grau de qualidade e do nível de segurança, além de aumentar os custos e tempos de pausa para a manutenção.

Quando o objetivo final for a maximização dos lucros, o engenheiro deverá considerar os efeitos recorrentes das inter-relações entre os critérios. Isso exige um complexo processo de avaliação.

Suponha, por exemplo, que é preciso encontrar a melhor solução entre a velocidade de produção e o número de produtos defeituosos. Para isso, é necessário encontrar a relação que existe entre esses dois critérios. Em geral, o número de produtos defeituosos aumenta com a velocidade de produção. Pode-se montar um gráfico com dados experimentais que servirá de modelo para prever a redução de produtos defeituosos que será alcançada para um determinado sacrifício da velocidade de produção, ou então, quanto custará um aumento da velocidade em termos de número de produtos defeituosos.

Assim, é preciso determinar o quanto se reduzirá a velocidade de produção para reduzir os prejuízos e chegar a fatores que conciliem os dois critérios, como se fosse um processo de negociação.

O valor relativo

Os engenheiros não conseguirão determinar o valor ótimo de critérios diversos sem ter um bom conhecimento das relações entre eles. As relações somente terão alguma utilidade quando o engenheiro souber a importância relativa da solução para os usuários, entre a velocidade da produção e o nível de qualidade, por exemplo. Em alguns casos, pode-se optar pelo aumento da velocidade em detrimento do grau de qualidade. Com essa informação, o engenheiro estará apto a definir o melhor ponto de equilíbrio para os diversos critérios de forma a otimizar a solução final.

Uma técnica de ponderação dos critérios pode ser feita atribuindo pesos relativos aos critérios contraditórios. Veja que para uma montadora de automóveis populares a velocidade de produção e o custo final podem ter maior peso que o grau de segurança. Por outro lado, uma montadora que fabrica automóveis de luxo pode dar mais importância à segurança do produto do que à necessidade de reduzir custos e de aumentar a velocidade. Na engenharia, essas decisões são bastante difíceis porque há de se prever qual é o valor que os **clientes** darão para o peso de cada critério.

Dica

Determinar o valor ótimo de critérios diversos é como determinar um ponto de equilíbrio.

No caso das montadoras de automóveis, são feitas pesquisas de mercado para saber se os futuros usuários estariam dispostos a pagar US$ 2.000 a mais para adquirir um veículo com *airbag*, o que o tornaria mais seguro no caso de um acidente.

As ponderações das decisões são muito difíceis quando se trata da vida humana, como é o caso do projeto de uma autoestrada. Você deve conhecer estradas interestaduais que possuem somente uma pista de rolamento em cada sentido sem divisória física. Qualquer um pode perceber que elas não foram feitas para impedir um altíssimo potencial de acidentes por choques frontais. Entretanto, alguém decidiu que a segurança das pessoas não é tão importante quanto o custo. O custo da autoestrada e a segurança são critérios contraditórios. Outros critérios que devem ser levados em conta são a capacidade de tráfego, a durabilidade e o custo de manutenção.

A construção de uma barreira física entre as pistas poderá acarretar um aumento no custo da construção de aproximadamente US$ 50.000 por quilômetro com a redução de 60% do número de acidentes fatais. A pergunta é se o aumento da segurança compensa o aumento do custo? Ao pensar na própria vida, qualquer um diria que aprovaria pagar mais impostos. Agora, se for a vida dos outros que estiver em jogo, pode ser que ninguém queira pagar a mais.

O processo de otimização

Infelizmente, não existe um método único, simples e eficaz para alcançar a solução ótima dos problemas de engenharia. Quase sempre é necessário combinar vários métodos, dependendo da situação específica. Existem várias teorias e métodos com vários níveis de formalismos matemáticos.

Podemos informalmente definir "otimizar" como tratar de fazer alguma coisa da melhor forma possível e a "otimização" como a arte de consegui-lo. É possível determinar soluções ótimas de problemas com métodos matemáticos, ou seja, usando modelos matemáticos de apoio à decisão.

Existe a ideia de que se a relação entre o modelo e a realidade for suficientemente aproximado, também será assim a solução encontrada. Porém, quanto melhor for essa relação, mais difícil será encontrar a solução ótima do modelo. A essas dificuldades pode se agregar que muitas vezes é difícil determinar qual é realmente o problema. A otimização matemática se adapta melhor a problemas bem definidos.

Suponha, por exemplo, que se deseja encontrar a forma ótima para uma lata de conservas cilíndrica, sendo **h** a altura e **r** o diâmetro da base, como ilustrado na Figura 7. 11.

FIGURA 7.11 Exemplo de um processo de otimização usando matemática.
Fonte: O autor.

Suponha que se precisa minimizar o gasto com material, em outras palavras, minimizar a área da lata. A área diminui à medida que a lata "encolhe". Deve-se, portanto, fixar o volume em 1 dm^3, por exemplo.

Considerando a altura h e o raio r, o volume da lata é: $V = \pi \cdot h \cdot r^2$ e a área é $A = 2 \cdot \pi \cdot r^2 + 2 \cdot \pi \cdot r \cdot h$. Podemos agora formular o problema da lata em linguagem matemática como:

Minimizar: $A = 2 \cdot \pi \cdot r^2 + 2 \cdot \pi \cdot r \cdot h$

Sujeito a: $V = \pi \cdot h \cdot r^2 = 1\ dm^3$

Condições ou restrições: $r > 0, h > 0$

O problema é então encontrar os valores de **r** e **h** que satisfaçam $\pi \cdot h \cdot r^2 = 1\ dm^3$ e que, ao mesmo tempo, entreguem os menores valores possíveis de $2 \cdot \pi \cdot r^2 + 2 \cdot \pi \cdot r \cdot h$, e as condições práticas $r > 0, h > 0$.

Nesse problema, **r** e **h** são as variáveis de decisão. O que se requer minimizar (ou maximizar), neste caso a área **A**, se denomina função objetivo. A exigência é: $\pi \cdot h \cdot r^2 = 1\ dm^3$; $r > 0, h > 0$ são as restrições que devem cumprir as variáveis de decisão. Essa é uma versão parcialmente abstrata do problema original. O nome e significado das variáveis são agora a única relação do modelo matemático abstrato com o problema que envolve as dimensões físicas do objeto lata.

Os problemas de otimização na engenharia podem ser mais abstratos ainda. Em geral, as variáveis são chamadas $x_1, x_2, ...,$ etc. As funções são chamadas $g_1, g_2,$ etc. Assim, o problema pode ser descrito de forma genérica da seguinte forma:

Minimizar: $f(x_1, x_2) = 2 \cdot \pi \cdot x_1^2 + 2 \cdot \pi \cdot x_1 \cdot x_2 = 1\ dm^3$

Sujeito a: $g(x_1, x_2) = \pi \cdot x_2 \cdot x_1^2 = 1\ dm^3$

Restrito a: $x_1 > 0, x_2 > 0$

Descrito dessa forma, o problema original pode ser de qualquer tipo, como um problema elétrico, onde devem ser adequadas a função objetivo, as restrições e o significado das variáveis de decisão.

Esse problema em particular pode ser resolvido de forma analítica, transformando-o em um problema de uma variável e derivando em uma dimensão. O valor da segunda variável será calculada a partir do valor da primeira.

Curiosidade

Dentre diversas facilidades, a Harley Davidson oferece uma otimização personalizada aos seus clientes, isto é, se o comprador solicitar modificações na estrutura, pintura, pedais, etc., basta esperar aproximadamente um mês que sua Harley será modificada e entregue totalmente customizada. Assim, o próprio cliente define qual é o valor ótimo do seu produto! Saiba mais no site: http://www.harley--davidson.com/content/h-d/pt_BR/home/hd1-customization.html

Exemplo de otimização da produção

Uma empresa produz dois produtos, um *standard* e outro *superior*. Uma unidade *standard* contribui a um lucro de US$ 10 enquanto que uma unidade *superior* a US$ 15.

Para produzir esses dois produtos, a empresa conta com dois processos: um processo de montagem e outro de polimento. A capacidade de montagem é de 80 horas semanais e a de polimento é de 60 horas semanais. Os tempos de montagem e polimento para cada tipo de produto estão na tabela que segue.

Tabela 7.2 Processo de montagem e polimento

Processo	Standard (horas)	Superior (horas)
Montagem	4	2
Polimento	2	5

Cada unidade de produto usa 4 kg de matéria-prima. A empresa possui 75 kg de matéria disponíveis por semana. O problema será formulado de forma a maximizar os lucros da companhia.

Modelo: Define-se as variáveis de decisão x_1 e x_2 como a quantidade de produto *standard* e *superior*, respectivamente, a serem produzidos.

Restrições do problema: cada produto usa 4 kg de matéria-prima e a companhia dispõe de 75 kg por semana. Isso gera a seguinte restrição:

$4 \cdot x_1 + 4 \cdot x_2 \leq 75$

A capacidade de montagem da companhia é de 80 horas e a de polimento é de 60 horas. Por outro lado, os tempos de montagem são de 4 horas para o produto *standard* e 2 horas para o produto *superior*. Os tempos de polimento são de 2 e 5 horas, respectivamente. Isso gera as seguintes restrições:

$4 \cdot x_1 + 2 \cdot x_2 \leq 80$ (Montagem)

$2 \cdot x_1 + 5 \cdot x_2 \leq 60$ (Polimento)

Função objetivo: Finalmente, temos a função objetivo da companhia, que é maximizar os lucros. Os produtos *standard* e *superior* contribuem com 10 e 15 dólares no lucro, respectivamente, portanto a função objetivo é:

Maximizar: $10 \cdot x_1 + 15 \cdot x_2$

O problema: Em resumo, se tem o seguinte problema a resolver:

Maximizar: $10 \cdot x_1 + 15 \cdot x_2$

Sujeito a:

$4 \cdot x_1 + 4 \cdot x_2 \leq 75$ (Disponibilidade)

$4 \cdot x_1 + 2 \cdot x_2 \leq 80$ (Montagem)

$2 \cdot x_1 + 5 \cdot x_2 \leq 60$ (Polimento)

Os métodos de solução desse tipo de problema exigem um conhecimento mínimo de álgebra linear, e como esse não é o objetivo da nossa discussão, iremos parar por aqui. Existem ferramentas computacionais que resolvem rapidamente esse tipo de problema (método Simplex, Branch & Bound e GAMS), como o MatLab, MathCad, Mapple e outros sistemas dedicados.

▪— Resumo

O ótimo é um objetivo fundamental e de extrema influência para orientar todos os trabalhos de engenharia. Raramente é alcançado, pois os problemas do mundo real são demasiadamente complexos. Muitas vezes, o tempo necessário para alcançar essa solução é maior que o próprio problema em si.

Os engenheiros tratam de muitos problemas ao mesmo tempo e não é eficiente perder a maior parte dele tentando alcançar o ótimo para somente um problema. Na prática, o processo mais eficiente é alcançar soluções ótimas tão próximas que possam ser consideradas satisfatórias.

Atividades

1. Escolha dois dos seguintes dispositivos, estruturas ou processos e descreva os critérios mais importantes considerados pelos projetistas. Identifique aqueles critérios que pareceram contraditórios e que conciliações foram necessárias:

    a. Uma interseção de duas autoestradas.

    b. Um enorme transatlântico de luxo.

    c. Uma mão artificial controlada pelos nervos do braço.

    d. Um automóvel.

    e. Uma grande máquina para fabricar lâmpadas fluorescentes.

    f. Uma fábrica de refrigeradores domésticos.

2. Cite dez situações conhecidas nas quais se evidencie um valor ótimo para alguma variável em relação a um critério especificado. Por exemplo, há um valor ótimo para a velocidade de leitura em relação ao total dos conhecimentos assimilados; há um número ótimo de operários a empregar na manutenção de uma refinaria de petróleo em relação aos salários ou ao custo da produção perdida em função da deficiência de manutenção.

3. Os automóveis convencionais com motor de combustão possuem um orifício para o abastecimento de combustível. Alguns fabricantes de automóveis projetaram esse acesso na parte traseira direita ou esquerda; outros, na parte dianteira, direita ou esquerda. Qual é a posição ótima?

4. Os talheres são ferramentas muito úteis para alimentação. Existem garfos com dois, três, quatro e cinco dentes. Quais podem ter sido os critérios para cada um desses tipos?

5. As latas convencionais para armazenamento de bebidas, como sucos, refrigerantes e cervejas, possuem o mesmo formato e tamanho. Qual é o critério de otimização que leva a isso? A maioria dessas latas são produzidas em alumínio? Por quê?

6. Qual é o número ótimo de rodas para o projeto de um automóvel? Três, quatro, cinco, seis? Quais podem ser os critérios levados em conta pelos engenheiros projetistas?

7. Os fabricantes de telefones celulares oferecem dezenas de modelos dos seus produtos ao público consumidor. Escolha o catálogo de um fabricante e compare cinco dos seus modelos tentando identificar os critérios que foram levados em conta para diferenciá-los.

CAPÍTULO 8

A análise de engenharia

A análise é uma das fases do método de procura por soluções na engenharia. A própria palavra análise, que deriva do grego *análysis* (ἀνάλυσις), está associada à ideia de exame de parte ou do todo para conhecer sua natureza, seus princípios ou elementos.

Neste capítulo você estudará:

- O conceito de análise.
- O uso das ferramentas científicas e analíticas.
- As matérias focadas em análise.
- O método de análise da engenharia.

No escopo da engenharia pode-se definir análise como:

> *O conjunto de atividades que permitem conhecer as variáveis dos sistemas e as suas inter-relações, de forma detalhada e quantitativa, usando a matemática e os princípios da ciência e da engenharia apropriados para estabelecer previsões do desempenho das soluções aos problemas de engenharia. (COCIAN, 2009a, p. 108).*

A análise de engenharia está fundamentada na matemática básica, incluindo: aritmética, álgebra, geometria, trigonometria, estatística e cálculo diferencial e integral. Em geral, envolve também a matemática avançada: álgebra linear, equações diferenciais, cálculo vetorial e de funções e variáveis complexas, além de métodos numéricos e programação. Os "ingredientes" principais da análise são as leis e princípios da física e da química.

A análise de engenharia requer:

- pensamento lógico e sistemático sobre o problema;
- entendimento do comportamento físico do sistema sob análise e reconhecimento dos princípios científicos a serem aplicados;

- reconhecimento das ferramentas matemáticas a serem usadas e de sua implementação;
- capacidade de gerar uma solução consistente com a formulação do problema e com qualquer simplificação assumida.

Suponha que um engenheiro civil precisa conhecer a tensão mecânica de tração que sofre um cabo de aço numa ponte suspensa que está sendo projetada. A ponte existe somente no papel, portanto nenhuma medição pode ainda ser feita. Para contornar essa limitação, pode ser construído um modelo em escala da ponte para, então, medir a tensão de tração.

Entretanto, modelos em escala são caros e demandam tempo. Um método mais eficiente pode ser um modelo analítico da ponte ou de uma parte dela, onde estão os cabos. Com o modelo analítico estabelecido, a tensão de tração no cabo poderá ser calculada.

As matérias da engenharia que estão focadas na análise, entre elas estática, dinâmica, resistência dos materiais, termodinâmica, circuitos elétricos e fenômenos de transporte, são consideradas centrais no currículo dos cursos. Como estudante de engenharia, é vital que você saiba efetuar uma análise adequada.

A análise e o projeto de engenharia

O projeto de engenharia é um processo para a criação de um dispositivo, sistema ou operação que satisfaça uma necessidade específica. A palavra chave dessa definição é **processo**. O processo de projeto é semelhante a um mapa rodoviário que guia o projetista desde o reconhecimento do problema até a sua solução. Durante os projetos, os engenheiros tomam decisões baseadas na compreensão dos fundamentos da engenharia, condicionantes de projeto, custos, confiabilidade, processos de manufatura e fatores humanos. Para tornar-se um bom engenheiro projetista você deve **praticar** o projeto. Engenheiros projetistas são parecidos com artistas e arquitetos, que utilizam o seu potencial criativo e as suas habilidades para produzir esculturas e edifícios.

A análise de engenharia busca a solução para um problema de engenharia, enquanto o projeto é um processo que vai desde a análise até a construção, tendo a atividade de análise como um dos seus principais componentes.

Muitos podem ter a falsa ideia de que esse curso é simplesmente a atividade de física e matemática aplicadas. Essa falsa ideia pode levar o estudante a acreditar que o projeto de engenharia é o equivalente à descrição dos problemas listados nos livros de cálculo e física. Você acha que o projeto de engenharia é um projeto matemático descrito em palavras, certo? Não, errado! Diferente dos problemas de matemática, os problemas de projeto são "abertos", isto é, os problemas de projeto não têm uma única solução "correta"; eles têm muitas soluções possíveis, dependendo das decisões feitas pelo engenheiro durante os projetos.

O objetivo principal do projeto de engenharia é o de obter a melhor ou ótima solução, dentro das especificações e condicionantes do problema.

Um dos passos do processo de projeto é a obtenção dos conceitos preliminares do dispositivo ou sistema. Nesse ponto, o engenheiro começa a pesquisar as alternativas de projeto. Elas podem ser métodos diferentes ou opções que o engenheiro projetista considera ser viável no estágio conceptual do projeto, por exemplo:

- Usar um sensor mecânico ou um eletrônico?
- Construir a caixa em madeira, plástico ou metal?
- Instalar um alarme visível ou sonoro?

A análise é uma ferramenta para tomada de decisão que serve para avaliar um conjunto de alternativas de projeto. Pela análise de desempenho, o engenheiro projetista direciona o processo que leva à solução ótima, enquanto elimina as alternativas que violam os condicionantes ou que levam a soluções inferiores.

Exemplo de análise para o projeto de um componente mecânico

O projeto de máquinas e mecanismos é a tarefa principal dos engenheiros mecânicos. As máquinas podem ser sistemas complexos, consistindo de numerosas partes móveis. Para que cada peça possa funcionar adequadamente, elas devem ser projetadas de forma que trabalhem harmonicamente umas com as outras. Devem resistir a forças específicas, vibrações, temperaturas, corrosão e outros fatores mecânicos e ambientais. Um aspecto importante do projeto de máquinas é a determinação das dimensões dos componentes mecânicos.

Considere uma barra cilíndrica de 30 cm de comprimento. Assim que a máquina entrar em operação, a barra será submetida a 200 kN de força de tração. Um dos condicionantes do projeto é que a deformação axial da barra não exceda 0,6 mm se ela estiver convenientemente fixada ao componente

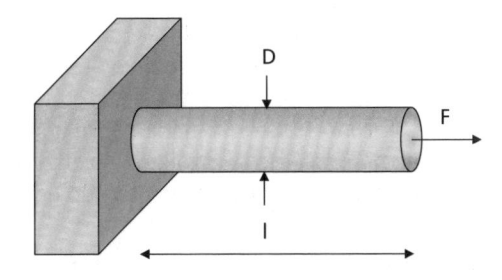

FIGURA 8.1 Barra engastada.
Fonte: O autor.

vizinho. Tendo como referência o valor da força e do comprimento, qual é o diâmetro mínimo requerido para a barra?

Para resolver o problema devemos pesquisar qual é a relação entre as variáveis (força, diâmetro, comprimento, material, temperatura, etc.). No início da análise qualquer simplificação é bem-vinda, porém, se forem feitas, devem ser explicitamente registradas. Das relações da mecânica dos sólidos tem-se que:

$$\delta = \frac{F \cdot \ell}{A \cdot E}$$

Onde F é a força axial; ℓ é o comprimento da barra; A é a área da seção reta do cilindro; E é um coeficiente que depende do material e é a deformação.

Assume-se nessa equação que o material se comporta elasticamente, isto é, não se deforma permanentemente quando o esforço cessa. Também não se leva em consideração a variação de temperatura, além ou aquém da temperatura ambiente padronizada, que faz aumentar ou diminuir as suas dimensões físicas.

$$\delta = \frac{F \cdot \ell}{A \cdot E} = \frac{F \cdot \ell}{\frac{\pi \cdot D^2}{4} \cdot E} = \frac{4 \cdot F \cdot \ell}{\pi \cdot D^2 \cdot E}$$

$$D^2 = \frac{4 \cdot F \cdot \ell}{\pi \cdot \delta \cdot E} \rightarrow D = \sqrt{\frac{4 \cdot F \cdot \ell}{\pi \cdot \delta \cdot E}}$$

Assim, F = 200 kN; ℓ = 3,3 m; δ = 0,0006 m; e E dependerá do material escolhido.

Para um alumínio 7075-T6, E = 70 GPa e tem-se: D ≥ 42,6 mm.

Para um aço estrutural com E = 200 GPa e tem-se: D ≥ 25,2 mm.

Da análise, pode-se observar que o diâmetro mínimo depende do material escolhido. Qualquer um dos materiais pode ser escolhido, porém há que se considerar também outros fatores, como peso (massa), resistência mecânica, corrosão, desgaste, custo e outros que forem considerados relevantes.

A análise é uma parte crucial de praticamente todas as fases do projeto de engenharia porque ela guia o engenheiro através de uma sequência de decisões que o levará ao projeto ótimo. É importante ressaltar que o trabalho de projeto não é simplesmente produzir o desenho de um componente ou sistema. O desenho em si pode revelar as características visuais e dimensionais de um sistema, porém, pouco ou nada sobre a sua funcionalidade. A análise deve ser incluída no processo de projeto, e o engenheiro tem que prever o funcionamento do dispositivo ou sistema quando esse for colocado em serviço.

Importante

A análise permite ao engenheiro prever se um dispositivo ou sistema será funcional.

▶ A análise e as falhas de engenharia

Gostemos ou não, a falha é parte da engenharia. Ela é uma parte do processo do projeto. Quando os engenheiros projetam uma nova solução, ela raramente funciona como o esperado na primeira vez. Os componentes mecânicos podem não encaixar de forma correta, os componentes elétricos podem não estar corretamente conectados, podem acontecer erros de software ou pode haver incompatibilidade de materiais.

Pela complexidade das soluções de engenharia, a lista de erros potenciais é grande. As falhas sempre farão parte da engenharia, pois os engenheiros não podem antecipar todas as possibilidades. Com sorte, a falha vai acontecer durante a fase de projeto e poderá ser evitada antes da solução final entrar em serviço.

A análise tem dois papéis. O primeiro, que acabamos de ver, ajuda a estabelecer a funcionalidade do projeto e pode ser uma ferramenta para a prevenção de falhas.

O segundo papel da análise de engenharia é posterior ao projeto, quando aparecem eventuais falhas no produto. Então a análise é utilizada para responder a questões como: por que ocorreu a falha? Como pode ser evitada no futuro? Esse tipo de trabalho de detetive na engenharia é às vezes chamado de "engenharia forense". Nas investigações de falhas, a análise é usada como ferramenta de diagnóstico, reavaliação e reconstrução.

Metodologia da análise de engenharia

A análise de engenharia é a busca de solução de um problema específico de engenharia pelo uso da matemática e dos princípios da ciência. Devido à estreita relação entre a análise e o projeto, a primeira se torna uma das principais fases do último.

O método de engenharia para conduzir uma análise é um procedimento lógico e sistemático, caracterizado por um formato bem definido. Esse procedimento, quando aplicado de forma correta e consistente, leva a uma solução bem-sucedida de um problema analítico de engenharia.

Dessa forma é imperativo que o estudante de engenharia aprenda a metodologia tão cedo quanto for possível. A melhor forma de fazer isso é praticando a solução de problemas analíticos. À medida que você avançar no seu curso de engenharia, surgirão muitas oportunidades para aplicar a metodologia de análise proposta neste capítulo. Estatística, dinâmica, resistência dos materiais, termodinâmica, dinâmica dos fluidos, fenômenos de transporte, circuitos elétricos e engenharia econômica são matérias de análise intensiva. Essas matérias, e outras não mencionadas, são frequentemente focadas em resolver problemas de engenharia que são analíticos por natureza.

A metodologia de análise a ser apresentada a seguir é um procedimento geral que pode ser usado para resolver problemas de qualquer natureza. Obviamente, a análise de engenharia envolve o uso intensivo de cálculos matemáticos.

O cálculo de grandezas numéricas

Pela sua natureza, a engenharia é baseada em informações específicas, quantitativas e profundamente objetivas. Essas informações devem ser "universais", ou seja, independentes da pessoa que as interpreta. Os cálculos numéricos são operações matemáticas com números que representam quantidades ou grandezas físicas, como temperaturas, tensão, massa, vazão, etc.

As aproximações

É bastante útil calcular uma resposta aproximada para um dado problema, especialmente nos estágios iniciais do projeto, quando grande parte da informação está indisponível ou é incerta. Uma aproximação pode ser usada para estabelecer os aspectos gerais do projeto e para determinar se é necessário um cálculo mais preciso.

As aproximações são baseadas em pressupostos, que podem ser modificados ou até eliminados durante as últimas fases do projeto. As aproximações de engenharia são chamadas, às vezes, de "estimativa da ordem de grandeza" ou simplesmente de "cálculo aproximado".

Os engenheiros frequentemente fazem os cálculos da "ordem de grandeza" para ter certeza de que os seus projetos são viáveis. Os cálculos de ordem de grandeza são geralmente feitos em potências de 10 (10^1 em diante) e, por isso, podem ser feitos mentalmente sem precisar de uma calculadora.

Por exemplo, um depósito de material químico com dimensões aproximadas de 40 m x 36 m x 7 m é ventilado por 16 grandes ventiladores industriais. Para manter a qualidade do ar dentro do depósito, os ventiladores devem ser capazes de trocar todo o ar interno por ar fresco duas vezes por hora. Usando a análise de ordem de grandeza, calcule a vazão de ar (fluxo volumétrico) que cada ventilador deverá provocar considerando que todos os ventiladores são iguais. Solução: considerando que a vazão total é Q_t, a vazão por ventilador (Q) pode ser calculada como segue:

$$Q_t \sim 10^1 \, [m] \times 10^1 [m] \times 10^1 [m] \times 2 \, [trocas \, de \, ar \, /h] = 2000 \cdot \left[\frac{m^3}{h}\right]$$

$$Q \sim 2000 \cdot \left[\frac{m^3}{h}\right] \cdot \frac{1}{N} [1/ventilador] = 2000 \cdot \frac{1}{10^1} = 200 \left[\frac{m^3}{h \cdot ventilador}\right]$$

A vazão estimada neste caso será de 200 a 2000 m^3/h para cada ventilador.

O cálculo exato:

$$Q_t = 40\,[m] \times 36\,[m] \times 7\,[m] \times 2\,[trocas\ de\ ar\,/h] = 20160 \cdot \left[\frac{m^3}{h}\right]$$

$$Q = \frac{20160}{16} = 1260 \cdot \left[\frac{m^3}{h \cdot ventilador}\right]$$

Embora possa parecer uma diferença numérica muito grande, o valor 1260 fica entre os valores estimados de 200 a 2000, o que não excede uma ordem de grandeza (x10).

Dígitos significativos

Depois de fazer os cálculos de ordem de grandeza, os engenheiros executam os cálculos de precisão para refinar os seus projetos ou para caracterizar totalmente uma situação de falha.

Os parâmetros finais do projeto devem ser determinados com a precisão necessária para alcançar o ponto ótimo. Os engenheiros devem determinar quantos dígitos são significativos para os seus cálculos. Um dígito significativo em um número é definido como um dígito que é considerado confiável como resultado de uma medição ou cálculo.

O número de dígitos significativos na resposta dos cálculos corresponde ao número de dígitos que podem ser usados com confiança, garantindo a exatidão da resposta.

Nenhuma quantidade física pode ser especificada com precisão infinita porque nenhuma quantidade é **conhecida** com essa precisão. Mesmo as constantes da natureza, como a velocidade da luz no vácuo e a constante gravitacional são conhecidas somente com a precisão com que podem ser medidas em um laboratório. Da mesma forma, as propriedades dos materiais de engenharia, como densidade, módulo de elasticidade e calor específico, são conhecidas com a precisão com que podem ser medidas num laboratório.

Um erro comum é o uso de mais dígitos significativos que os justificáveis, dando a impressão de que a resposta é mais exata do que os números usados para gerá-la. Mas como determinar quantos dígitos significativos tem um número? Para responder a essa pergunta foi determinado o conjunto de regras abaixo.

- Todos os dígitos diferentes de zero são significativos. Por exemplo: 7,354; 526,3; 0,263.
- Todos os zeros entre dígitos significativos são significativos. Por exemplo: 12,07; 6,002003.
- Para números inteiros maiores que 1, todos os zeros colocados depois dos dígitos significativos não são significativos. Por exemplo: 3600; 960000 devem ser escritos em notação científica ou de engenharia como 3,61 x 10^3; 9,6 x 10^5.

- Se a vírgula decimal é usada depois de um número inteiro, ele estabelece a **precisão** do número. Por exemplo: 6600,; 100,000.
- Os zeros colocados depois de uma vírgula decimal, mesmo parecendo não necessários, são **significativos**, pois servem para indicar a **precisão** do número. Por exemplo: 642,10; 200,250.
- Nos números menores que 1, todos os zeros colocados antes dos dígitos significativos não são significativos. Esses zeros somente servem para estabelecer a posição do ponto decimal. Por exemplo: 0,0843; 0,00000234. Esses números devem ser escritos preferencialmente em notação de engenharia ou em notação científica como: 8,43 x 10^{-2}; 2,34 x 10^{-6}.

Não se deve confundir o número de dígitos significativos com o número de casas decimais de um número.

O número de dígitos significativos numa quantidade é definido pela precisão com que a medição de uma quantidade pode ser feita. As principais exceções são os números "π" e "e" que são derivados de relações matemáticas. Esses números são exatos para um número infinito de dígitos significativos.

Regras para a multiplicação e divisão

Exemplo 1: Calcular o peso de um objeto com massa igual a 26 kg usando a 2ª Lei de Newton ($P = m \cdot g$, onde g = 9,81 m/s²), assim como o número apropriado de dígitos significativos.

Solução: a regra para multiplicação e divisão é que o produto ou quociente deve ter o mesmo número de dígitos significativos que o valor com **menor número de dígitos significativos**.

m = 26 kg → 2 dígitos significativos

g = 9,81 m/s² → 3 dígitos significativos

$P = m \cdot g = 26 \cdot 9,81 = 255,06$ [N] → Essa seria a resposta dada pela calculadora. Justificável? Não.

A resposta correta deverá ter 2 dígitos significativos, então (arredondando para cima):

$P = 2,6 \times 10^{-2}$ [N] em notação científica, ou;

$P = 0,26 \times 10^{-3}$ [N] em unidades de engenharia.

Regras para a soma e subtração

Exemplo 2: Duas forças colineares (que atuam na mesma direção e sentido) de 623,8 N e 7,938 N atuam sobre um corpo. Some as duas forças expressando o resultado com o número apropriado de dígitos significativos.

Solução: A regra para soma e subtração é que a resposta deve ter o mesmo número de dígitos significativos que o valor com **menor precisão**.

F_1 = 623,8 [N] 4 dígitos significativos (Menor precisão – 1 casa decimal)

$F_2 = 7{,}938$ [N] 4 dígitos significativos (Maior precisão – 3 casas decimais)

$F_T = F_1 + F_2 = 631{,}738$ [N] → 6 dígitos significativos. Justificável? Não.

A resposta correta deverá apresentar tão somente quatro dígitos significativos:

FT = 631,7N

Regras para operações combinadas

Nas operações combinadas (de multiplicações, divisões, somas e subtrações), inicialmente devem ser feitas as multiplicações e as divisões, estabelecendo os dígitos significativos justificáveis nos resultados intermediários e depois efetuando as somas e as subtrações. Esses procedimentos são válidos somente para cálculos feitos à mão. Os computadores e calculadoras efetuam as operações da forma mais correta possível. Usando a calculadora, coloque a operação por inteiro e deixe o software dela decidir qual é a melhor forma de operação, e depois defina diretamente na resposta o número de dígitos significativos.

É comum na engenharia o uso de três, ou, às vezes, quatro dígitos significativos, pois em geral os valores das geometrias, propriedades dos materiais e outras quantidades são registrados normalmente com essa precisão.

--- **Importante** ---

As regras das operações são condições que tornam um número significativo justificável.

Uso da calculadora

Como estudante de engenharia, a sua melhor amiga será uma calculadora. Se você ainda não adquiriu uma, faça isso o mais rápido possível porque, sem ela, você terá muitas dificuldades. Não se detenha no preço, você irá precisar de uma única calculadora na sua vida acadêmica, então, compre a que tenha o maior número de funções e interfaces. Uma calculadora científica possui milhares de funções incorporadas, capacidade de desenhar gráficos de alta resolução e de se comunicar com outros dispositivos eletrônicos, além de serem totalmente programáveis. Você deve saber usá-la e, para isso, precisará de tempo e dedicação. O tempo de aprendizagem gasto no uso de uma calculadora pode ser tão importante quanto o tempo de estudo das matérias, o tempo de aulas ou de atividades de laboratório.

▬ Procedimento geral de análise de engenharia

Os engenheiros são solucionadores de problemas. Para poder resolver um problema de análise de engenharia de forma apropriada e exata, eles utilizam um método de solução que é sistemático, lógico e ordenado. Esse método, quando aplicado de forma correta e consistente, leva a uma solução bem-sucedida para o problema em questão.

O procedimento geral de análise consiste nos seguintes sete passos:

1. Descrever o problema
2. Desenhar os diagramas
3. Estabelecer as suposições
4. Escrever as equações
5. Efetuar os cálculos
6. Verificar as soluções
7. Discutir os resultados

Descreva o problema

A descrição do problema é a definição por escrito do problema analítico a ser resolvido. Ela deve ser escrita de forma clara, concisa e lógica. Nos livros de engenharia a descrição dos problemas é colocada no final de cada capítulo, como questões de exercício.

Seu professor também pode fornecer descrições de problemas provenientes de outras fontes ou da sua própria experiência. Em ambos os casos, a definição do problema deve conter toda a informação de entrada necessária, estabelecendo claramente o que deve ser determinado pela análise e o que é conhecido e desconhecido no problema.

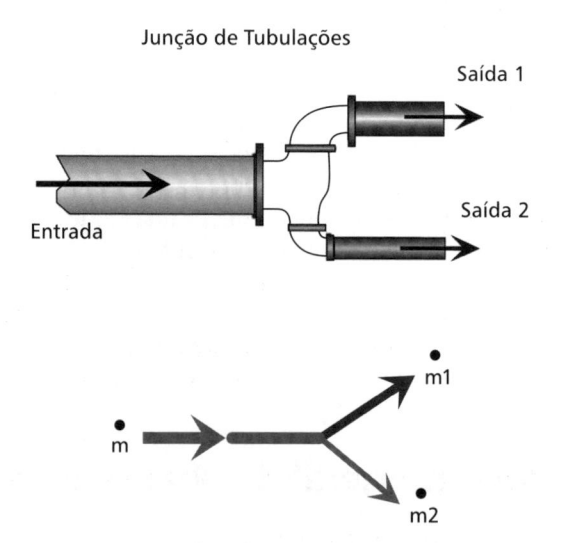

FIGURA 8.2 Junção de tubulações e o seu diagrama.
Fonte: Hagen (2005).

Desenhe os diagramas

O diagrama é o desenho, esboço ou esquema do sistema em análise. O diagrama deve mostrar toda a informação contida na descrição do problema, como geometrias, forças aplicadas, fluxo de massa, fluxo de energia, correntes elétricas, temperaturas e outras quantidades físicas necessárias.

A obtenção de um diagrama completo do sistema é fundamental. Um bom diagrama ajuda a visualizar o processo físico e as características do sistema. Ele ajuda também a identificar suposições e a estabelecer os modelos matemáticos apropriados.

Estabeleça as suposições

A análise de engenharia sempre envolve algum tipo de pressuposto ou suposição. As suposições são afirmações especiais sobre as características físicas do problema para simplificar ou refinar a análise. Um problema analítico muito complexo pode ser difícil ou até impossível de resolver sem fazer algumas suposições.

Uma resposta aproximada é melhor do que nenhuma. Falhar em efetuar uma ou mais suposições simplificadoras numa análise, principalmente

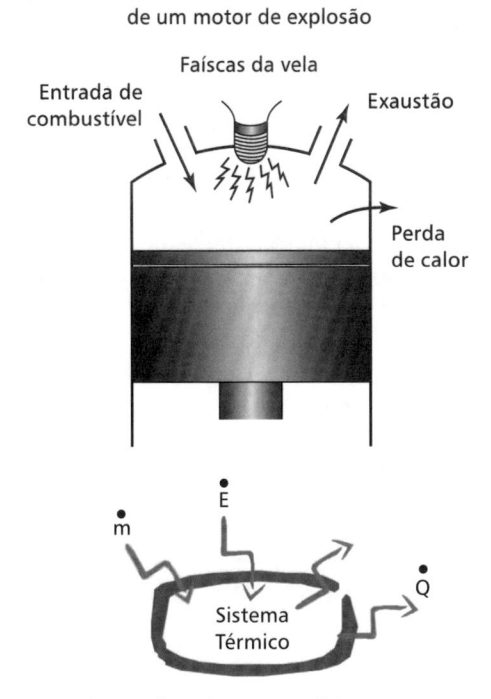

FIGURA 8.3 O sistema de combustão e o seu diagrama.
Fonte: Hagen (2005).

nas complexas, pode aumentar a complexidade do problema numa ordem de magnitude, levando o engenheiro a um caminho longo, difícil e sem saída. Então, como se pode determinar quais suposições usar e se são boas ou ruins? A aplicação de boas suposições é uma habilidade adquirida, e ela vem da experiência do engenheiro. Você pode começar a desenvolver essa habilidade na escola de engenharia por meio da aplicação repetitiva do procedimento geral de análise nas suas matérias do curso.

Assim que você aplicar o procedimento para uma variedade de problemas, vai ganhar conhecimento básico de como as suposições são usadas na análise de engenharia.

Escreva as equações

Todos os sistemas físicos podem ser descritos por relações matemáticas. As equações matemáticas são os modelos analíticos que descrevem o comportamento dos sistemas físicos. São exemplos: a lei de Newton da força, a conservação da massa, a conservação da energia, a lei de Ohm ou outra que represente qualquer definição fundamental da engenharia. Essas equações podem envolver também matemática básica e fórmulas geométricas que envolvam ângulos, linhas, áreas e volumes.

Visto que as equações descrevem o comportamento dos sistemas físicos, elas são a base da análise. Algumas fases do projeto aceitam menos rigor matemático, sem ter maiores consequências, exceto na fase de escrever as equações dos sistemas. As equações só podem estar certas ou erradas, não existe meio termo. Se forem usadas as equações erradas, a análise certamente levará a um resultado que não reflete a verdadeira natureza física do problema, ou ela não será possível, pois as equações não estarão em harmonia com a definição ou com as suposições do problema.

Quando usar equações para resolver um problema, o engenheiro deve ter certeza de que a equação que está sendo usada se aplica ao problema em questão. Em problemas de termodinâmica, por exemplo, o engenheiro deve determinar se o sistema térmico é "fechado" ou "aberto", isto é, se o sistema permite que haja transferência de massa através da sua fronteira. Depois de identificar qual é o tipo de sistema, serão escolhidas as equações termodinâmicas apropriadas, e a análise prossegue. As equações também devem estar de acordo com as suposições. É contraproducente utilizar suposições simplificadoras se as equações não as suportam. Algumas equações, particularmente aquelas que são derivadas de experimentos, possuem restrições construtivas que limitam o uso delas para faixas de valores numéricos especiais de certas variáveis. Um erro comum na aplicação de equações é não reconhecer as suas restrições, forçando valores numéricos com resultados fora da faixa de aplicabilidade.

Efetue os cálculos

Nessa fase será gerada a solução da análise. Primeiro, ela é desenvolvida de forma algébrica até onde for possível. Então, serão substituídas as variáveis algébricas pelos correspondentes valores das quantidades físicas conhecidas. Todos os cálculos necessários devem ser efetuados com ajuda de uma calculadora ou computador para produzir os resultados numéricos com as unidades corretas e o número adequado de dígitos significativos.

Uma prática comum, especialmente entre os estudantes iniciantes, é substituir os valores numéricos das quantidades no cálculo da equação de forma prematura. Aparentemente os estudantes ficam mais confortáveis em trabalhar com **números** do que com **variáveis algébricas**, por isso, o primeiro impulso é utilizar valores numéricos para todos os parâmetros desde o início do cálculo. Você deve evitar isso. Enquanto seja prático, desenvolva a solução de forma **analítica** antes de atribuir quantidades físicas aos seus valores numéricos. Antes de inserir os números na equação, examine-as cuidadosamente para ver se ela pode ser manipulada matematicamente para dar uma expressão mais simples. Uma variável de uma equação pode frequentemente ser substituída numa outra equação para reduzir o número total de variáveis. Às vezes, uma expressão pode ser simplificada por fatoração. Desenvolvendo a solução primeiramente de forma analítica, você pode descobrir certas características físicas sobre o sistema ou, ainda, deixar o problema mais fácil de resolver.

As habilidades analíticas que você aprende nos seus cursos de álgebra, trigonometria e cálculo são os meios a serem usados para executar operações matemáticas em quantidades **simbólicas**, não em números. Quando você estiver fazendo uma análise de engenharia não coloque as suas habilidades matemáticas numa gaveta, use-as.

Uma recomendação é que, como as quantidades da definição de um problema não estão expressas em termos de um conjunto consistente de unidades, se converta todas as quantidades para um conjunto consistente antes de executar qualquer cálculo. Se algum dos parâmetros de entrada estiver expresso numa mistura de unidades do sistema internacional (SI) ou inglesas, converta antes todos os parâmetros para SI, e depois execute os cálculos. Os estudantes tendem a errar mais quando tentam fazer as conversões diretamente dentro das equações. Se todas as conversões forem feitas antes de substituir os valores numéricos nas equações, a consistência de unidades é assegurada pela verificação do resultado do cálculo, já que um conjunto consistente de unidades foi estabelecido desde o início. Após isso, a consistência dimensional deve então ser verificada, substituindo todos os valores numéricos na equação junto com as suas unidades.

Verifique as soluções

Essa fase é crucial. Imediatamente depois de obter os resultados, eles devem ser cuidadosamente examinados. Pelo uso do conhecimento de soluções analíticas de problemas similares e do senso comum, deve-se questionar se os resultados obtidos são razoáveis. Mesmo o resultado parecendo ou não razoável é preciso repassar cada passo da análise para tentar achar algum erro ou esquecimento, como diagramas com defeitos, suposições equivocadas, aplicação errada de equações, manipulações numéricas incorretas e uso impróprio de unidades.

Mesmo alguns bons engenheiros negligenciam, às vezes, uma cuidadosa verificação das suas soluções. A solução pode "parecer" boa à primeira vista, mas uma "primeira vista" não é boa o suficiente. Muito esforço foi feito na formulação da definição do problema, na construção do diagrama do sistema, na determinação do número e tipo apropriado de suposições, na determinação das equações e na execução da sequência de cálculos. Todo esse trabalho pode ser desperdiçado se a solução não for cuidadosamente verificada.

Há dois aspectos principais na verificação de uma solução. Primeiro, o resultado em si deve ser verificado. Faça a pergunta: o resultado é razoável? Existem muitas formas de responder a essa questão. O resultado deve ser consistente com a informação dada na definição do problema. Por exemplo, suponha que você deseje calcular a temperatura de um microprocessador em um computador. Na definição do problema, a temperatura ambiente é dada como 25°C, mas a sua análise indica que a temperatura do chip é de 20°C. Esse resultado não é consistente com a informação dada porque é fisicamente impossível para um componente produtor de calor – um chip neste caso – ter uma temperatura menor que a do ambiente. Se a resposta for 60°C é no mínimo consistente com a definição do problema, mas ainda pode ser incorreta.

Outra forma de verificar o resultado é comparando com outras análises similares executadas por você ou por outros engenheiros. Se o resultado de análises similares não estiver disponível ou for inexistente, deve ser conduzida uma análise alternativa que utilize um método de solução diferente. Em alguns casos, podem ser necessários testes de laboratório para verificar a solução de forma experimental. Os testes de laboratório são comuns nos projetos de engenharia para verificar os resultados analíticos.

O segundo aspecto da verificação da solução é fazer a inspeção e revisão de cada passo da análise. Voltando ao exemplo do microprocessador, se nenhum erro numérico foi cometido, a resposta de 60°C pode ser considerada correta no que diz respeito ao cálculo, porém ainda pode estar errada. Mas como? Pela utilização de suposições incorretas. Por exemplo, suponha que o chip microprocessador é resfriado a ar por um pequeno ventilador, assumindo que a convecção forçada é o principal mecanismo pelo qual o calor é transferido do chip para o ar. Dessa forma, assumiu-se que a transferência de calor por condução e radiação é desprezível e, portanto, não foram incluídos esses mecanismos na análise. A temperatura de 60°C parece ser muito elevada e por isso as suposições devem ser revisadas.

Uma segunda análise que inclui os mecanismos de condução e radiação pode revelar que o chip microprocessador fica menos quente, ao redor de 42°C. Para saber se as suposições são boas ou ruins, é preciso que o engenheiro tenha conhecimento dos processos físicos e experiência prática.

Discuta os resultados

Depois de a solução ter sido cuidadosamente verificada e corrigida, os resultados devem ser discutidos. O debate pode incluir a elaboração de um documento com a definição formal das suposições, o resumo das principais conclusões, a proposta de como esses resultados podem ser verificados experimentalmente em laboratório, ou um estudo paramétrico demonstrando a sensibilidade dos resultados na faixa de variação dos parâmetros de entrada.

Essa fase é valiosa para comunicar às outras pessoas que participam do projeto o significado do resultado da análise. Discutindo a análise você estará, na verdade, escrevendo um pequeno relatório técnico. Esse relatório resume as principais conclusões da análise. No exemplo do microprocessador, a principal conclusão pode ser que 42°C está abaixo da temperatura máxima de operação recomendada para o chip, e desta forma ele poderá operar confiavelmente em computadores por um mínimo de 9.000 horas antes de falhar. Se a temperatura do chip foi medida posteriormente à análise como 45°C, a discussão deve incluir um exame explicando por que a temperatura medida difere daquela predita pela análise e principalmente por que a temperatura predita é menor que a medida. Um breve estudo paramétrico pode ser incluído mostrando como a temperatura do chip varia em função da temperatura ambiente.

A discussão pode incluir também uma análise separada que faça a predição da temperatura do chip em caso de falha do ventilador de resfriamento. Nessa fase, o engenheiro tem uma última oportunidade de ganhar discernimento adicional sobre o problema.

▬ A definição de problemas do mundo real

Os programas de engenharia muitas vezes falham em dar aos estudantes uma noção correta do que é a prática de engenharia no *mundo real* (COCIAN, 2009b). *Estudar* engenharia na escola e *praticar* engenharia no mundo real não é a mesma coisa. Às vezes o seu professor extrai alguns problemas de outros livros ou inventa novas definições (principalmente para as provas). Em qualquer dos casos, a definição do problema é fornecida na forma de um pequeno pacote pronto para que você possa resolvê-lo. Se os livros acadêmicos e os professores fornecem as definições de problemas para os estudantes resolverem, quem fornece as definições de problemas aos engenheiros praticantes na indústria? Os problemas de engenharia do mundo real não são encontrados nas páginas de um livro, as respostas nunca estão no final dele, e os seus professores não acompanharão você depois da sua graduação.

Apresentando os resultados de uma análise de engenharia

Para comunicar eficientemente a análise aos demais participantes do projeto, ela deve ser apresentada em um formato que possa ser facilmente entendida e acompanhada. Os engenheiros são conhecidos pela sua habilidade de apresentar análises e outras informações técnicas com clareza, de forma direta, limpa e cuidadosa. Como estudante de engenharia você deve começar a desenvolver essa habilidade pela insistente aplicação do procedimento de análise destacado neste capítulo. Você provavelmente será avaliado não somente pela qualidade com que efetuará a sua análise, mas, também, pela maneira como você a **apresentará** de forma escrita, seja em papel ou em meio digital. Essa forma de avaliação tem como objetivo convencer os estudantes da importância dos padrões de apresentação na engenharia e ajudá-los a desenvolver boas habilidades dessa prática.

Uma análise de engenharia tem pouco valor até que ela possa ser lida e entendida, afinal, uma boa análise é aquela que pode ser facilmente lida por outros. Se a sua análise é apresentada com "garranchos" ou com hieróglifos "*Klingon*" que requerem intérprete, ela será inútil. Aplique as recomendações dadas neste capítulo até o ponto em que elas fiquem naturais para você. Os dez passos a seguir o ajudarão a apresentar uma análise de engenharia de forma clara e completa

— Dica

Se você for mostrar a análise feita à mão, escreva com letra de forma, assim poderá ser mais bem compreendida. Porém, o ideal é apresentar o documento impresso, feito em editor de texto.

Passo 1: Use uma "folha de cálculo de engenharia", "papel milimetrado" ou similar (Figura 8.4), Essa folha tem cor verde claro ou laranja claro e está à venda nas papelarias das escolas de engenharia. Essas folhas têm linhas de guia impressas normalmente em tamanhos de milímetros, que servem de auxílio para ajudar o engenheiro a manter a posição e as orientações apropriadas para as letras, diagramas e gráficos. Todo o trabalho é feito usando somente o lado frontal da folha. Você também pode imprimir o padrão milimetrado a partir de modelos disponibilizados gratuitamente na Internet.

Passo 2: Não resolva mais de um problema em uma folha. Essa prática ajuda a ter mais clareza, mantendo cada problema em separado.

Passo 3: A área de cabeçalho na parte superior da página deve indicar o seu nome, a data, o nome da disciplina e o número do problema. O canto superior direito é normalmente reservado para colocar o número da página. Para avisar o leitor do número total de páginas, os números são colocados como, por exemplo, "1/6" que é lido como "página 1 de seis". A página 1 é a página atual, do total de 6 páginas. Todas as páginas devem estar identificadas com o seu nome para poder organizá-las na ordem novamente no caso em que estas fiquem separadas.

Passo 4: A *descrição do problema* deve estar escrita por completo, não deve ser resumida nem simplificada. Todos os desenhos e gráficos que acompanham a sua descrição devem estar presentes. Se a descrição do problema é originária de um livro acadêmico, ela deve ser colocada de forma literal (por

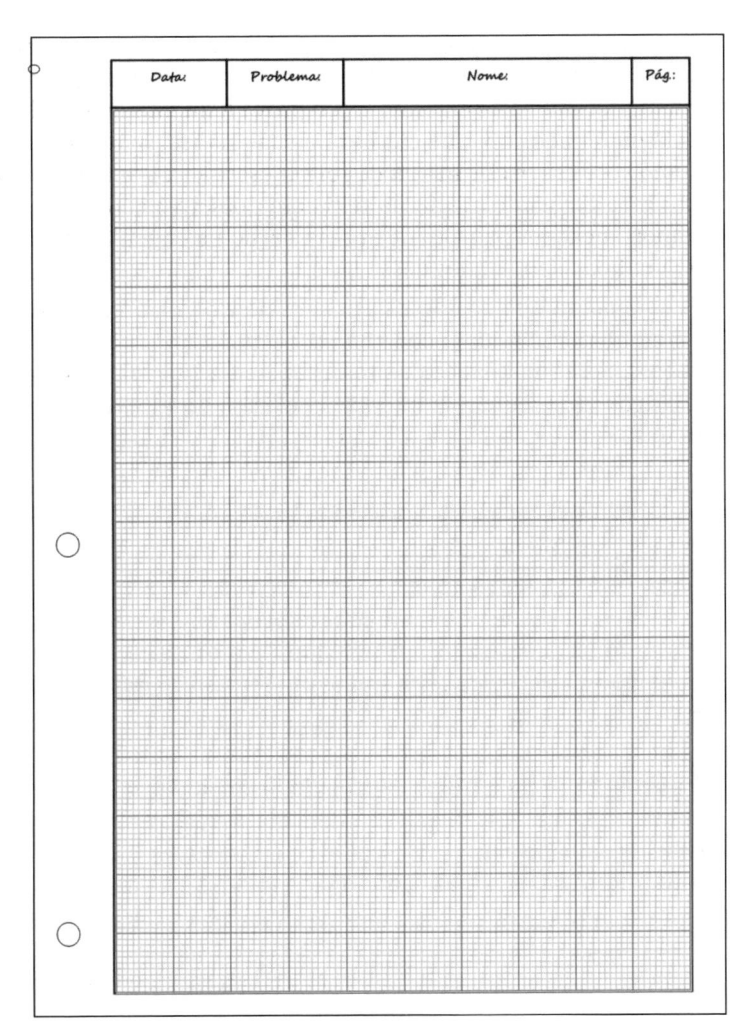

FIGURA 8.4 Folha de cálculo de engenharia.
Fonte: Hagen (2005).

FIGURA 8.5 Área de cabeçalho.
Fonte: Hagen (2005).

extenso) para que o leitor não tenha que adquirir o livro para ter a versão completa. Uma forma de fazer isso é fotografando a descrição do problema, incluindo todas as figuras e, então, fazer a impressão.

Passo 5: O trabalho deve ser feito com lápis e não com caneta. Qualquer um comete erros. Se a análise é feita a lápis, os erros podem ser facilmente apagados e corrigidos. Se a análise for feita a caneta, os erros devem ser riscados e o seu trabalho não terá aparência limpa. Para evitar borrões use um lápis com grafite de dureza apropriada (os que são muito moles tendem a borrar, e os que são muito duros, marcam as páginas). Todos os riscos devem ser escuros o suficiente para poder ser reproduzidos de forma legível no caso de ter que digitalizá-los. Prefira o uso de lapiseiras em vez de lápis de madeira. Elas são mais práticas, duráveis e não precisam de apontador.

Passo 6: Use letras de imprensa. O estilo das letras deve ser consistente.

Passo 7: Devem ser usadas a ortografia e a gramática corretas. Mesmo que os aspectos técnicos da apresentação sejam excelentes, o engenheiro pode perder credibilidade se a escrita for deficiente.

Passo 8: Existem sete fases no procedimento geral da análise. Essas fases devem estar suficientemente espaçadas para que o leitor possa seguir a análise desde a descrição do problema até a discussão sem dificuldades. Uma linha horizontal entre cada fase é uma forma de destacar essa separação.

Passo 9: É indispensável a inserção de bons diagramas. Devem ser usadas regras, compassos, semicírculos, esquadros, matrizes e outras ferramentas de desenho. Toda a informação quantitativa, como geometrias, forças, fluxo de energia, fluxo de massa, correntes elétricas, pressões, etc., deve ser mostrada nos diagramas.

Passo 10: As respostas devem ser sublinhadas duas vezes ou colocadas dentro de caixas para rápida identificação. Para melhorar o efeito, podem ser usados lápis coloridos.

O método da "receita de bolo"

Um bom engenheiro é uma pessoa que resolve um problema analítico pelo raciocínio em vez de simplesmente aplicar a "receita de bolo" preparada por não se sabe quem. De forma análoga, um bom estudante de engenharia é uma pessoa que aprende a análise de engenharia pelo raciocínio conceitual sobre cada problema, em vez de simplesmente memorizar um conjunto de sequências de soluções desencontradas e fórmulas matemáticas. O método de "receita de bolo" é contraindicado na educação em engenharia. Pior ainda, a aprendizagem de "receitas de bolo" promove a aprendizagem fragmentada ao invés da aprendizagem sistêmica e integral. O estudante que adotar esse tipo de método de aprendizagem irá logo descobrir que pode ser muito difícil e demorado resolver novos problemas de engenharia a menos que tenham sido resolvidos problemas idênticos ou muito parecidos usando a mesma "receita de bolo". Se, de repente, o estudante de engenharia deve preparar um churrasco, a receita de "bolo" não lhe será de muita utilidade.

▶ Resumo

A análise é um dos principais componentes do projeto de engenharia. É uma ferramenta para tomada de decisão que serve para avaliar um conjunto de alternativas. Também tem um papel relevante posterior ao projeto, diante de eventuais falhas do produto. O procedimento geral de análise consiste de sete passos: descrição do problema desenho dos diagramas, estabelecimento das suposições, elaboração das equações, cálculos, verificação das soluções e discussão dos resultados.

Uma boa análise é aquela que pode ser facilmente lida por outros. A apresentação do trabalho deve ser feita de forma clara e completa.

Atividades

1. Os seguintes itens são dispositivos básicos comumente encontrados em casa ou no escritório. Discuta como a análise pode ser usada para projetar esses itens.

    a. Tesoura
    b. Garfo
    c. Clipe
    d. Caixa de leite
    e. Lâmpada
    f. Tomada elétrica
    g. Xampu
    h. Tijolo
    i. Mesa
    j. Porta
    k. Sala de reuniões

2. Identifique um dispositivo que você viu falhar. Descreva como falhou e como a análise pode ser usada para reprojetá-lo.

3. Pesquise sobre duas das seguintes falhas famosas da engenharia (e que afetaram muitas pessoas). Comente como a análise de engenharia foi usada para investigar a falha após o acontecimento.

    a. Titanic – Atlântico norte, 1912
    b. Dirigível Hindenburg – Estados Unidos, 1937
    c. Ponte de Tacoma Narrows – Estados Unidos, 1940
    d. Planta Química da Union Carbide – Índia, 1984
    e. Planta nuclear de Chernobyl – Ucrânia, 1986
    f. Ônibus Espacial Challenger – Estados Unidos, 1986
    g. Telescópio Espacial Hubble – Estados Unidos, 1990
    h. Mars Pathfinder (Climate Orbiter) – Planeta Marte, 1999
    i. Ônibus Espacial Columbia – Estados Unidos, 2003
    j. Explosão do VLS – Brasil – 2003

k. Desabamento da obra de expansão do Metrô de São Paulo – Brasil, 2007.

l. Desabamento do Viaduto de Guararapes de Belo Horizonte – Brasil, 2014

4. Usando a análise de ordem de grandeza estime:

   a. Qual é a área do corpo de uma pessoa em m^2?

   b. Qual é o número de cabelos existentes na cabeça de uma pessoa?

   c. Qual é o consumo de energia elétrica da sua cidade?

   d. Quantos tijolos tem uma parede de 4 m x 4 m x 3 m?

5. Sublinhe os dígitos significativos dos seguintes números:

   a. 0,00254

   b. 29,8

   c. 2001

   d. 407,2

   e. 0,0303

   f. 2,006

6. Efetue os seguintes cálculos registrando as respostas com o número correto de dígitos significativos:

   a. 5,64/1,9

   b. 500/0,0025

   c. (45,8 – 8,1) /1,922

   d. $2\pi/2{,}50$

   e. $(5{,}25 \times 10^4)(100 + 10{,}5)$

   f. $0{,}0008(1{,}2.10^{-5})$

7. Usando o procedimento geral de análise de engenharia resolva os seguintes problemas:

   a. O lixo radioativo é colocado de forma permanente em vasos metálicos revestidos com concreto que são enterrados no subsolo. Os vasos que contêm o lixo medem 30 cm x 30 cm x 80 cm. O regulamento define que deve haver uma espessura mínima de revestimento de concreto de 50 cm ao redor do vaso em todos os lados. Qual é o volume mínimo de concreto requerido para revestir com segurança o lixo radioativo?

   b. Um elevador de um prédio comercial possui capacidade operacional de deslocar 15 pessoas com peso máximo de 80 kg cada. O elevador é suspenso por um sistema especial de polias com 4 cabos, dois deles suportam 20% da carga total e os outros dois suportam 80%. Encontre a máxima tensão que cada cabo pode suportar.

   c. Um técnico mede uma queda de tensão de 25 V sobre um resistor de 100 Ω usando um voltímetro digital. A lei de Ohm estabelece que V = I x R. Qual é a corrente que flui pelo resistor? Qual é a potência dissipada? ($P = R.I^2$)

   d. O ar flui através de um duto com uma vazão de massa de 4 kg/s. O duto principal encontra uma junção que divide dois outros dutos, um deles com seção transversal de 20 cm x 30 cm e o outro de 40 cm x 60 cm. Se o fluxo de massa na derivação maior é de 2,8 kg/s, qual é o fluxo de massa na derivação menor? Se a densidade do ar é ρ = 1,16 kg/m3, qual é a velocidade em cada duto de derivação?

CAPÍTULO

9

O mundo quantificado dos engenheiros

A quantificação está diretamente ligada à matemática, ou seja, aos números. Usamos números para definir valores, para comparar, diferenciar, trocar bens e solucionar problemas. Por isso, ao longo do tempo foram criados sistemas de numeração e unidades de medição padronizadas. Este capítulo aborda a importância de obter as quantidades dos elementos que se deseja calcular e de que forma a ciência auxilia nessa necessidade.

Neste capítulo você estudará:

- O significado de medições e quantificações.
- As categorias principais relacionadas às medições de engenharia.
- As dimensões fundamentais e derivadas e as unidades de medida no SI.
- As formas de representação dos nomes e símbolos das quantidades e unidades.

Desde os primórdios, os seres humanos sentiram a necessidade de criar padrões de comparação para poder descrever e avaliar melhor as coisas do mundo que os rodeava. Eles precisavam comunicar aos seus semelhantes, por exemplo, qual era a direção e a distância até o rio mais próximo, quantos peixes poderiam pescar, quanto milho uma pessoa conseguiria carregar, etc. Perguntas básicas do dia a dia das pessoas: Quanto? Quanta? Quantas? Quantos?

Para poder estabelecer "o quanto" é preciso um sistema de numeração capaz de definir diferentes quantidades. A partir daí, devem ser definidos os critérios de valor, que são arbitrários e variam de sociedade para sociedade. O valor das coisas é definido em função da abundância ou escassez, da facilidade ou dificuldade na sua obtenção, da sua duração sem sofrer transformação ou de alguma característica física que o torne desejável.

Para poder definir "o quanto", é preciso medir. Medir significa comparar com um padrão ou referência. Depois do desenvolvimento dos sistemas de numeração, da padronização de algumas unidades de medida, da matemática moderna e das leis da física, observou-se a necessidade de estabelecer novos padrões de unidades para descrever fenômenos físicos que usualmente eram descritos de forma qualitativa. É o caso da temperatura ambiente, que podia ser quente ou fria; do nível de iluminação, que podia estar claro ou escuro; da velocidade do vento, que podia estar forte ou fraca, e assim sucessivamente. Com o decorrer do tempo, os princípios básicos da matemática e da física ficaram bem estabelecidos, permitindo efetuar a quantificação mais exata e detalhada das características materiais e dos fenômenos físicos.

O trabalho dos engenheiros exige a quantificação dos recursos naturais e dos fenômenos físicos. Em suas análises, eles precisam avaliar grandezas como propriedades físicas, químicas e geométricas, de forma a estabelecer ou verificar as especificações dos projetos e estabelecer sua viabilidade econômica. Podem-se definir cinco categorias principais relacionadas às medições nas aplicações de engenharia:

1. **Avaliação de desempenho**: consiste em efetuar medições das variáveis físicas para ter certeza de que o sistema está ou estará funcionando apropriadamente.

2. **Controle de processos**: consiste em operações de realimentação nas quais uma medida é usada para manter o processo dentro de condições específicas de operação. Por exemplo, pela monitoração contínua da temperatura do ar, os termostatos sinalizam ao aparelho de ar-condicionado se ele deve desligar.

3. **Contagem**: consiste em manter um registro do uso ou fluxo de uma determinada quantidade, por exemplo, a energia elétrica ou a vazão de água do consumo da sua residência.

4. **Pesquisa**: consiste em investigar fenômenos científicos fundamentais. Na pesquisa de engenharia são conduzidos experimentos e medições para sustentar hipóteses teóricas. Por exemplo, pode ser usado um sensor em miniatura para medir o fluxo de sangue nas artérias e permitir aos engenheiros biomédicos desenvolver modelos de funcionamento do coração humano.

5. **Projeto**: consiste em testar novos produtos e processos com o objetivo de verificar a sua funcionalidade. Por exemplo, se um engenheiro projeta um novo tipo de material isolante acústico para reduzir o ruído de aviões comerciais, deverá conduzir algum tipo de teste acústico para assegurar que o novo material funcione adequadamente.

Os testes sempre dão a "última palavra" no projeto de engenharia. As medições constituem a "espinha dorsal" da ciência e da engenharia porque a descrição do mundo físico é impossível sem elas. Imagine tentar caracterizar a operação de um disco rígido de um computador sem efetuar qualquer medição que mostre dados de corrente induzida e velocidade de giro. A medição de engenharia é o ato de usar instrumentos para determinar o valor numérico de uma quantidade física. Por exemplo, pode-se usar uma balança (instrumento) para medir a massa (quantidade física) de uma pessoa. Pode ser usado um termômetro (instrumento) para determinar a temperatura (quantidade física) do ar.

Para refletir

A descrição do mundo físico é impossível sem a ciência e a engenharia, que efetuam as medições para determinar o valor numérico de quantidades físicas.

As dimensões

No contexto da engenharia, dimensão é uma variável física usada para descrever ou especificar a natureza de uma quantidade mensurável. Por exemplo, uma xícara de café pode ter dimensões geométricas (volume, altura, diâmetro), térmicas (temperatura), mecânicas (viscosidade), etc., que podem ser descritas de forma quantitativa. As características qualitativas de um objeto não são consideradas "dimensões". A pressão de uma caldeira, a sua geometria, assim como a velocidade de um automóvel, e o espaço que ele percorre num determinado intervalo de tempo são alguns exemplos de dimensões.

A especificação de uma dimensão contém duas informações: o *valor numérico* da dimensão e a *unidade* de comparação. As dimensões são padronizadas e classificadas em dimensões de **base** e dimensões **derivadas**. Uma dimensão de base não pode ser subdividida em outras dimensões de base, e, por isso, usualmente são chamadas de dimensões fundamentais de uma quantidade física. Foram definidas sete unidades de base para o seu uso na ciência e na engenharia. São mostradas na Tabela 9.1. As dimensões derivadas são obtidas a partir das dimensões fundamentais. Por exemplo, a *área* é o *comprimento* ao quadrado; a velocidade é *comprimento* dividido pelo tempo. A Tabela 9.2 mostra exemplos de algumas dimensões derivadas.

As letras colocadas entre colchetes são as dimensões de base, e os expoentes e pontos indicam o tipo de relação de acordo com o modelo físico correspondente. Esses símbolos são úteis para verificar a consistência das equações.

Consistência das dimensões nos modelos matemáticos

Todas as relações matemáticas usadas nas ciências e na engenharia devem ser **dimensionalmente consistentes**, ou dimensionalmente homogêneas. Isso significa que em um modelo matemático de um sistema físico, ambos os lados da equação devem possuir a mesma dimensão.

Tabela 9.1 As dimensões fundamentais e as suas unidades no SI

Quantidade base			Unidade de base SI	
Nome da grandeza física	Símbolo	Dimensão	Nome	Símbolo
Comprimento	l, x, h, r, etc.	[L]	metro	m
Corrente elétrica	I, i	[I]	ampère	A
Intensidade luminosa	I_v	[i]	candela	cd
Massa	M	[M]	quilograma	kg
Temperatura termodinâmica	T	[T]	kelvin	K
Tempo, duração	T	[t]	segundo	s
Quantidade de substância	N	[N]	mole	mol

Fonte: O autor.

Os modelos matemáticos dos sistemas físicos são usualmente representados matematicamente por uma equação do tipo:

alguma dimensão = relação de outras dimensões

O sinal "=" nesse escopo vai além da igualdade numérica da matemática. Ele representa também igualdade na dimensão. Ou seja, não se pode dizer que ter três laranjas é igual a ter três peras: embora o valor numérico seja o mesmo (3), a dimensão (o tipo) é diferente (*peras* não são *laranjas*). Observe a seguinte relação de grandezas físicas:

Valor numérico 1 [dimensão 1] = Valor numérico 2 [dimensão 2]

Para que a expressão anterior seja válida, *Valor numérico 1* tem que ser igual ao *Valor numérico 2*, e a *[dimensão 1]* tem que ser igual à *[dimensão 2]*.

─── **Importante** ─────────────────────────────■

A consistência dimensional requer que ambos os lados da equação possuam a mesma dimensão, sendo assim, o sinal de igualdade não corresponde apenas ao valor numérico, mas, também, à igualdade na dimensão.

■──────────────────────────────────────

Exemplo de consistência dimensional – aerodinâmica

A aerodinâmica é a ciência que estuda o comportamento dos corpos em movimento no ar (ou o ar em movimento ao redor do corpo). Deve ser feita uma

Tabela 9.2 Algumas dimensões derivadas expressas em termos das dimensões fundamentais

Quantidade derivada			Unidade derivada coerente SI	
Nome da grandeza física	Símbolo	Dimensão	Nome	Símbolo
Aceleração	A	$[L][t]^{-2}$	metro por segundo ao quadrado	m/s^2
Área	A	$[L]^2$	metro quadrado	m^2
Calor específico	c	$[L]^2[t]^{-2}[T]^{-1}$	metro quadrado por segundo ao quadrado por kelvin	$m^2 \cdot s^{-2} \cdot K^{-1}$
Densidade de massa	ρ	$[M][L]^{-3}$	quilograma por metro cúbico	kg/m^3
Energia	E	$[M][L]^2[t]^{-2}$	quilograma metro quadrado por segundo ao quadrado	kg/s^2
Estresse mecânico	σ	$[M][t]^{-2}$	quilograma por segundo ao quadrado	kg/s^2
Fluxo de massa	$\dot{m}$	$[M][t]^{-1}$	quilograma por segundo	kg/s
Força	F	$[M][L][t]^{-2}$	quilograma metro por segundo ao quadrado	$kg \cdot m/s^2$
Potência	P	$[M][L]^2[t]^{-3}$	quilograma metro quadrado por segundo ao cubo	$kg \cdot m^2/s^3$
Pressão	P	$[M][t]^{-2}$	quilograma por segundo ao quadrado	kg/s^2
Resistência Elétrica	R	$[M][L]^2[t]^{-3}[I]^{-2}$	quilograma metro quadrado por segundo ao cubo por ampère ao quadrado	$kg \cdot m \cdot s^{-2} \cdot A^{-2}$
Tensão Elétrica	V	$[M][L]^2[t]^{-3}[I]^{-1}$	quilograma metro quadrado por segundo ao cubo por ampère	$kg \cdot m \cdot s^{-2} \cdot A^{-1}$
Trabalho	W	$[M][L]^2[t]^{-2}$	quilograma metro quadrado por segundo ao quadrado	$kg \cdot m^2/s^2$
Velocidade	V	$[L][t]^{-1}$	metro por segundo	m/s
Viscosidade dinâmica	μ	$[M][L]^{-1}[t]^{-1}$	quilograma por metro por segundo	$kg \cdot m^{-1} \cdot s^{-1}$
Volume	V	$[L]^3$	metro cúbico	m^3

Fonte: O autor.

análise para calcular as grandezas físicas em um desenho de novas pás para um aerogerador, cujos protótipos são mostrados na Figura 9.1.

Um modelo matemático geral que relaciona a força que o ar em movimento imprime na pá com a velocidade, a densidade de massa e a geometria do sistema é:

$$F_a = \frac{1}{2} \cdot C_a \cdot A \cdot \rho \cdot v^2$$

Onde F_a é a força de arrasto; C_a é o coeficiente de arrasto; A é a área transversal do corpo da pá; ρ é a densidade do ar e v é a velocidade do ar. Deve-se determinar a dimensão do coeficiente de arrasto, C_a.

Solução: A determinação da dimensão do coeficiente de arrasto pode ser encontrada escrevendo a equação na forma dimensional, simplificando os termos que forem necessários até obter a dimensão na forma compacta. Usando as dimensões da Tabela 9.2, pode-se escrever:

$$[M] \cdot [L] \cdot [t]^{-2} = C_a \cdot [L]^2 \cdot [M] \cdot [L]^{-3} \cdot [[L] \cdot [t]^{-1}]^2$$

Note que o fator ½ não possui dimensão, pois é um número constante e não uma variável. Reduzindo a equação tem-se:

$$[M] \cdot [L] \cdot [t]^{-2} = C_a \cdot [L]^2 \cdot [M] \cdot [L]^{-3} \cdot [L]^2 \cdot [t]^{-2}$$

$$[M] \cdot [L] \cdot [t]^{-2} = C_a \cdot [L] \cdot [M] \cdot [t]^{-2}$$

Observe que as dimensões de ambos os lados do sinal de igualdade são idênticas, significando que o coeficiente de arrasto não deve possuir dimen-

FIGURA 9.1 Pás de um aerogerador.
Fonte: Off Shore Wind.Biz (2015).

são para que o modelo seja dimensionalmente consistente. Desta forma, pode se dizer que o coeficiente de arrasto é *adimensional*, ou seja, é uma variável física que possui valor, porém não possui dimensão. Embora possa parecer um pouco estranho, na engenharia existem muitas situações similares, principalmente na área de fenômenos de transporte.

As quantidades adimensionais permitem aos engenheiros formar relações entre variáveis que possuem a mesma dimensão para revelar certas características dos sistemas que de outra forma podem passar despercebidas. Nesse exemplo, o modelo serve para calcular a força que o vento imprime na pá, a uma velocidade definida, para um determinado ângulo de ataque, que pode gerar um torque movimentando o aerogerador.

— **Dica** —

Para que o modelo seja dimensionalmente consistente, o coeficiente de arrasto não deve possuir dimensão, ele deve ser adimensional.

Exemplo de consistência dimensional – cinemática

A cinemática é a área da engenharia que trata do movimento de partículas e corpos rígidos, sem se preocupar com as forças que agem neles. Deve ser feita uma análise do tempo que um bote salva-vidas leva para cair de uma plataforma de extração de petróleo até a lâmina de água, por exemplo.

FIGURA 9.2 Bote salva-vidas de queda-livre da Pesbo [11].
Fonte: Pesbo (2015).

A trajetória de queda livre de um bote de segurança para fugir de uma plataforma de petróleo em risco de explosão pode ser descrita em função da velocidade inicial de escape, da altura da plataforma e do tempo através do seguinte modelo:

$$y = y_0 + v_0 \cdot t - \frac{1}{2} \cdot g \cdot t^2$$

Onde y é a trajetória que varia no tempo; y_o é a altura da plataforma; v_o é a velocidade inicial de saída; t é o tempo, e g é a aceleração gravitacional. Verifique se o modelo matemático é dimensionalmente consistente.

Solução: Para verificar se o modelo é dimensionalmente consistente, escreve-se a equação na forma dimensional. A trajetória possui dimensão [L] e a altura inicial do bote; a velocidade possui dimensão [L] [t]$^{-1}$, o tempo possui dimensão [t] e aceleração gravitacional [L] [t]$^{-2}$.

$$[L] = [L] + [L] [t]^{-1} [t] - [L] [t]^{-2} [t]^2$$

Reduzindo:

$$[L] = [L] + [L] - [L]$$

Observe que o modelo é dimensionalmente correto, pois as dimensões dos dois lados da equação correspondem à dimensão de comprimento [L].

Exemplo de consistência dimensional – acústica

Alguns modelos matemáticos possuem constantes que não são adimensionais, isto é, possuem dimensões escondidas. Um exemplo é o modelo que relaciona a velocidade do som com a temperatura do ar onde se propaga:

$$v_s = 331{,}4 + 0{,}61 \cdot T$$

Onde v_s é a velocidade do som e T é a temperatura do ar. Verifique a consistência dimensional do modelo e das constantes.

Solução: Escrevendo o modelo de forma dimensional, tem-se:

$$[L] \cdot [t]^{-1} = [?] + [?] [T]$$

Assim, para que o modelo seja dimensionalmente consistente, é necessário que a constante 331,4 possua dimensão [L][t]$^{-1}$ e que a constante 0,61 possua dimensão [L] [t]$^{-1}$ [T]$^{-1}$.

▪ Quantidades e unidades

As dimensões definem o nome de alguma variável física que pode ser medida. Para definir características e valores quantitativos, foram definidos outros dois termos importantes: a quantidade e a unidade.

Uma **quantidade**, no sentido geral, é uma propriedade que descreve um fenômeno, corpo ou substância que pode ser quantificada. Exemplos: a massa e a carga elétrica. No sentido específico, é uma propriedade que pode ser quantificada ou atribuída e que descreve um fenômeno particular, corpo ou substância. Exemplos: a massa da Lua e a carga elétrica do elétron.

Uma **unidade** é uma quantidade física específica definida e adotada por convenção, por meio da qual outras quantidades específicas do mesmo tipo podem ter o seu valor comparado ou expressado. Veja o seguinte exemplo:

$$\underbrace{V}_{Quantidade} = \underbrace{6}_{Valor} \underbrace{volts}_{unidade} \text{ ou}$$

$$\underbrace{V}_{Quantidade} = \underbrace{6}_{Valor} \underbrace{V}_{\text{Símbolo da unidade volt}}$$

O **valor de uma quantidade física** é uma expressão quantitativa de uma quantidade física específica e é representado por um valor multiplicado pela sua unidade. Desta forma, o valor numérico de uma quantidade física específica depende da unidade pela qual está sendo representado.

Por exemplo, o valor da altura da Torre Eiffel é $h = 317$ metros. Aqui, h é uma quantidade física (altura), pois o seu valor está em "metros", o símbolo da unidade é m, e o seu valor numérico, quando expressado em metros, é 317. Entretanto, se o valor de h for expresso em "pés", com símbolo "ft", o seu valor numérico expressado em "ft" será 1040. Sendo assim, pode-se dizer que uma unidade é uma magnitude arbitrariamente escolhida para manifestar uma quantidade de referência para uma determinada dimensão. Por exemplo, a dimensão de massa [M], pode ser expressa em unidades de quilogramas, libras ou toneladas. A dimensão comprimento [L] pode ser expressa em unidades de pés, polegadas, metros, etc. A dimensão temperatura [T]

FIGURA 9.3 Modelo da Torre Eiffel.
Fonte: Dmitry Rukhlenko/iStock/Thinkstock

pode ser expressa em unidades de graus Celsius, fahrenheit ou kelvin. Uma dimensão, portanto, pode ser representada por diferentes unidades.

O Sistema Internacional e suas unidades

Hoje, as unidades das sete grandezas físicas são padronizadas pelo Comité International des Poids et Mesures no chamado Sistema Internacional (SI), conhecido por esse nome desde 1960.

O sistema SI é baseado em sete unidades de base para sete quantidades que, se assume, são mutuamente independentes. As sete dimensões de base mostradas na Tabela 9.1 são expressas em termos de unidades SI, que estão baseadas em padrões físicos bem definidos. Esses padrões são definidos de tal forma que qualquer unidade SI, com exceção da unidade de massa, pode ser reproduzida em qualquer laboratório que tenha o equipamento adequado para isso. Os padrões estão baseados em constantes da natureza e nos atributos físicos da matéria e energia.

Unidade de comprimento – o metro

A atual definição data de 1960 e diz que

> *O metro é o comprimento do caminho percorrido pela luz no vácuo durante o intervalo de tempo de 1/299 792 458 de um segundo.*

Essa definição também fixa a velocidade da luz no vácuo a exatamente 299 792 458 m·s^{-1}.

Unidade de massa – o quilograma

Até o final do século XVIII, um quilograma era a massa de um decímetro cúbico de água. Em 1889, o quilograma foi definido por uma massa feita de platina-irídio.

Em 1901, com o objetivo de dar um fim à ambiguidade popular a respeito da palavra "peso", padronizou-se que:

> *O quilograma é a unidade de massa; e é igual à massa do protótipo internacional do quilograma.*

Também foi padronizado o seguinte:

- A palavra "peso" identifica uma quantidade da mesma natureza que a "força": o peso de um corpo é o produto da sua massa pela aceleração devido à gravidade; em particular, o peso padronizado de um corpo é o produto da sua massa pelo padrão de aceleração devido à gravidade.
- O valor adotado como padrão da aceleração devido à gravidade é 980,665 cm/s^2.

Unidade de tempo – o segundo

A unidade de tempo, o segundo, foi definida originalmente como a fração de 1/86400 do dia solar médio. A definição exata do "dia solar médio" estava baseada em teorias astronômicas. Entretanto, medidas mostraram que as variações na rotação da Terra não foram levadas em conta pela teoria e que elas têm efeito indesejável, o que impossibilita alcançar a exatidão requerida. Com o objetivo de definir a unidade de tempo de forma mais precisa, em 1960 adotou-se a definição baseada no ano tropical. Nessa época, alguns trabalhos experimentais já mostravam que poderia ser utilizado um padrão de intervalos de tempo atômico, baseado na transição entre dois estados de energia em um átomo ou molécula, que pudesse ser implementado e reproduzido de forma mais precisa.

Considerando que a definição muito precisa da unidade de tempo era indispensável para o Sistema Internacional, em 1967 decidiu-se substituir a definição do segundo pela seguinte:

O segundo é a duração de 9 192 631 770 períodos da radiação correspondente à transição entre os dois estados hiperfinos* do estado base do átomo de césio 133 à temperatura de 0 K.

Unidade de temperatura termodinâmica – o kelvin

A definição da unidade termodinâmica de temperatura foi dada em 1954, quando foi selecionado o ponto triplo da água como ponto fixo fundamental e atribuída a ele a temperatura de 273,16 K, definindo, dessa forma, a unidade. Em 1967, foi alterado para kelvin (símbolo K) no lugar de "grau Kelvin" (símbolo °K), assim como foi definida a unidade termodinâmica de temperatura, como segue:

O kelvin, unidade termodinâmica de temperatura, é a fração 1/273,16 da temperatura termodinâmica do ponto triplo da água.

Assim também ficou definida a temperatura do ponto triplo da água em 273,16 kelvin.

Unidade de corrente elétrica – o ampère

As unidades elétricas "internacionais", para a corrente e a resistência, foram apresentadas em 1893, sendo que as definições do "ampère internacional" e do "ohm internacional" foram confirmadas em 1908.

---

*Na física atômica, uma estrutura hiperfina é uma pequena perturbação nos níveis de energia (ou espectro) de átomos ou moléculas devido a interações entre dipolos magnéticos, resultantes da interação dos momentos magnéticos nucleares com o campo magnético do elétron.

Em 1948, adotou-se o ampère como unidade de corrente elétrica, seguindo a seguinte definição:

O ampère é uma corrente constante que, se mantida em dois condutores retos paralelos de comprimento infinito, de desprezível seção reta circular, e separados 1 metro um do outro no vácuo, deve produzir entre os dois condutores uma força igual a 2×10^{-7} newton por metro de comprimento.

Essa definição resulta na constante magnética μ_0, também conhecida como a permeabilidade do espaço livre, que é exatamente $4 \cdot \pi \times 10^{-7}$ henry por metro (ou H/m).

Unidade de quantidade de substância – o mole

Após a descoberta das leis fundamentais da química, foram criadas unidades chamadas "átomo-grama" e "molécula-grama", usadas para especificar quantidades de elementos químicos ou compostos. Essas unidades tinham relação direta com os "pesos atômicos" e "pesos moleculares" que eram, de fato, massas relativas. Os "pesos atômicos" eram referenciados com o peso atômico do oxigênio, assumido como 16. Mas enquanto os físicos separavam isótopos no espectrômetro de massa e atribuíam o valor 16 para um dos isótopos do oxigênio, os químicos atribuíam os valores 16, 17 e 18, o que para eles era a ocorrência natural do elemento oxigênio.

No ano de 1971 foi confirmada a definição atual do mole:

O mole é a quantidade de substância de um sistema que contém tantas entidades elementares quanto há átomos em 0,012 quilogramas de carbono 12, e o seu símbolo é o "mol".

Unidade de intensidade luminosa – a candela

Em 1979 se adotou a definição atual para a candela:

A candela é a intensidade luminosa, em uma dada direção, de uma fonte que emite radiação monocromática com frequência de 540×10^{12} hertz e que possui uma intensidade radiante nessa direção de 1/683 watt por esferorradiano.

Da definição anterior deriva que a eficácia do espectro luminoso para a radiação de frequência de 540×10^{12} hertz é exatamente 683 lumens por watt, $K = 683$ lm/W $= 683$ cd · sr/W.

▬ Unidades derivadas

As unidades derivadas são produtos das unidades fundamentais que não incluem nenhum fator numérico além de 1. As unidades bases e derivadas formam um conjunto coerente de unidades.

O número de quantidades na ciência não possui limites e não é possível fornecer uma lista completa das quantidades derivadas. A Tabela 9.3 mostra alguns exemplos de quantidades derivadas e as suas correspondentes unidades derivadas expressadas diretamente em termos de unidades de base.

Unidades com nomes especiais

Por conveniência, certas unidades derivadas coerentes receberam nomes e símbolos especiais. Existem 22 unidades com nomes especiais, mostradas na Tabela 9.4. Esses nomes e símbolos especiais podem ser usados junto aos nomes e símbolos das unidades de base e outras derivadas para expressar as unidades de outras quantidades derivadas.

Os nomes e símbolos especiais são simplesmente uma forma compacta para expressar combinações de unidades de base que são usadas frequentemente, e em muitos casos elas também servem para que o físico ou engenheiro lembre as quantidades envolvidas. Os prefixos SI podem ser usados com quaisquer nomes e símbolos especiais, porém, quando isso ocorre, a unidade resultante não será mais coerente.

Os valores de várias quantidades diferentes podem ser expressos usando o mesmo nome e símbolo das unidades SI. Desse modo, para a quantidade *capacidade de calor* e para a *entropia*, a unidade SI é o *joule por kelvin*. Analogamente, para a quantidade de base *corrente elétrica* e para a quantidade derivada *força magnetomotriz*, a unidade SI é o ampère.

Uma unidade derivada pode frequentemente ser expressa em várias formas pela combinação das unidades de base com unidades derivadas que

Tabela 9.3 Exemplos de unidades derivadas coerentes expressas em termos das suas unidades básicas

Quantidade derivada		Unidade derivada coerente SI	
Nome	Símbolo	Nome	Símbolo
Campo magnético	H	ampère por metro	A/m
Densidade de corrente	J	ampère por metro quadrado	A/m^2
Densidade superficial	ρ_s	quilograma por metro quadrado	kg/m^2
Índice de refração	N		1
Luminância	L_v	candela por metro quadrado	cd/m^2
Número de onda	k	recíproco do metro	m^{-1}
Permeabilidade relativa	μ_r		1
Volume específico	V	metro cúbico por quilograma	m^3/kg

Fonte: O autor.

Tabela 9.4 Unidades derivadas coerentes com nomes e símbolos especiais

Quantidade derivada	Unidade derivada SI coerente			
	Nome	Símbolo	Expressado em termos de unidades SI	Expressado em termos de unidades SI de base
Atividade (radionuclídeo)	becquerel	Bq		s^{-1}
Atividade catalítica	katal	Kat		s^{-1} mol
Ângulo plano	radiano	rad	1	m/m
Ângulo sólido	esferorradiano	Sr	1	m^2/m^2
Capacitância	farad	F	C/V	m^{-2} kg^{-1} s^4 A^2
Carga elétrica, quantidade de eletricidade	coulomb	C		s A
Condutância elétrica	siemens	S	A/V	m^{-2} kg^{-1} s^3 A^2
Dose absorvida, energia específica	gray	Gy	J/kg	m^2 s^{-2}
Dose equivalente	sievert	Sv	J/kg	m^2 s^{-2}
Energia, trabalho, quantidade de calor	joule	J	N m	m^2 kg s^{-2}
Fluxo luminoso	lúmen	Lm	cd sr	Cd
Fluxo magnético	weber	Wb	V s	m^2 kg s^{-2} A^{-1}
Força	newton	N		m kg s^{-2}
Frequência	hertz	Hz		s^{-1}
Iluminância	lux	Lx	lm/m^2	m^{-2} cd
Indutância	henry	H	Wb/A	m^2 kg s^{-2} A^{-2}
Potência, fluxo radiante	watt	W	J/s	m^2 kg s^{-3}
Potencial elétrico, diferença de potencial, força eletromotriz	volt	V	W/A	m^2 kg s^{-3} A^{-1}
Pressão, estresse	pascal	Pa	N/m^2	m^{-1} kg s^{-2}
Densidade de fluxo magnético	tesla	T	Wb/m^2	kg s^{-2} A^{-1}
Resistência elétrica	ohm	Ω	V/A	m^2 kg s^{-3} A^{-2}
Temperatura Celsius	grau Celsius	°C		K

Fonte: O autor.

possuem nomes especiais. O *joule*, por exemplo, pode ser escrito *"newton metro"*, ou *"quilograma metro quadrado por segundo quadrado"*. Essa, entretanto, é uma liberdade algébrica a ser governada pelas considerações físicas e o senso comum. Em algumas situações, determinadas formas podem ser mais úteis que outras.

Na prática, com algumas quantidades, é dada preferência ao uso de certos nomes de unidades especiais, ou combinação de nomes de unidade, para facilitar a distinção entre diferentes quantidades que têm a mesma dimensão. Quando essa liberdade for usada, deve-se lembrar do processo pelo qual a quantidade é definida. Por exemplo, a quantidade *torque* pode ser lembrada como o produto da força pela distância, sugerindo a unidade *"newton metro"*, ou como a energia pelo ângulo, sugerindo a unidade *joule por radiano*.

A unidade SI da *frequência* é dada em *hertz*, que resulta na unidade *ciclos por segundo*; a unidade SI para a velocidade angular é dada em *radianos por segundo*; a unidade de atividade é designada em *becquerel*, que implica em *contagens por segundo*. Embora seja formalmente correto escrever todas as três formas dessas unidades como o recíproco do segundo, o uso de diferentes nomes enfatiza a natureza diferente das quantidades concernentes. Usando a unidade *radianos por segundo* para a velocidade angular, e *hertz* para a frequência, enfatiza-se que o valor numérico da velocidade angular em *radianos por segundo* é 2π vezes o valor numérico da frequência correspondente em *hertz*.

Unidades com nomes e símbolos especiais

A Tabela 9.5 mostra exemplos de unidades derivadas SI que utilizam em seus nomes e símbolos as unidades com nomes especiais.

Múltiplos e submúltiplos decimais das unidades SI – Prefixos SI

Entre os anos de 1960 e 1991, foi adotada uma série de nomes e símbolos de prefixo, os múltiplos decimais e submúltiplos das unidades SI, variando de 10^{24} até 10^{-24}. A Tabela 9.6 lista todos os nomes e símbolos aprovados para os prefixos.

Os símbolos prefixos são impressos no tipo romano, independentemente do tipo usado no texto que o rodeia, e são colados aos símbolos de unidade sem deixar espaço entre o do prefixo e o símbolo da unidade.

Com exceção de "da" (deca), "h" (hecto) e "k" (quilo), todos os símbolos múltiplos são escritos em letras maiúsculas, e os submúltiplos são impressos em letras minúsculas, exceto no início de uma sentença.

Tabela 9.5 Exemplos de unidades derivadas SI que utilizam em seus nomes e símbolos as unidades com nomes especiais

Quantidade derivada	Unidade derivada SI coerente		Expressão em unidades SI de base
	Nome	Símbolo	
Aceleração angular	radiano por segundo quadrado	rad/s^2	m m^{-1} s^{-2} = s^{-2}
Calor específico, entropia específica	joule por quilograma kelvin	J/(kg K)	m^2 s^{-2} K^{-1}
Campo elétrico	volt por metro	V/m	m kg s^{-3} A^{-1}
Capacidade de calor, entropia	joule por kelvin	J/K	m^2 kg s^{-2} K^{-1}
Concentração de atividade catalítica	katal por metro cúbico	kat/m^3	m^{-3} s^{-1} mol
Condutividade térmica	watt por metro kelvin	W/(m K)	m kg s^{-3} K^{-1}
Densidade de carga elétrica	coulomb por metro cúbico	C/m^3	m^{-3} s A
Densidade de energia	joule por metro cúbico	J/m^3	m^{-1} kg s^{-2}
Densidade de fluxo elétrico, deslocamento elétrico	coulomb por metro quadrado	C/m^2	m^{-2} s A
Densidade superficial de cargas	coulomb por metro quadrado	C/m^2	m^{-2} s A
Densidade de fluxo de calor, irradiância	watt por metro quadrado	W/m^2	kg s^{-3}
Energia específica	joule por quilograma	J/kg	m^2 s^{-2}
Energia molar	joule por mole	J/mol	m^2 kg s^{-2} mol^{-1}
Entropia molar, capacidade molar de calor	joule por mole kelvin	J/(mol K)	m^2 kg s^{-2} K^{-1} mol^{-1}
Exposição (raios X e γ)	coulomb por quilograma	C/kg	kg^{-1} s A
Intensidade radiante	watt por esferorradiano	W/sr	m^4 m^{-2} kg s^{-3} = m^2 kg s^{-3}
Momento de força	newton metro	N/m	m^2 kg s^{-2}
Permissividade	farad por metro	F/m	m^{-3} kg^{-1} s^4 A^2
Permeabilidade	henry por metro	H/m	m kg s^{-2} A^{-2}
Radiância	watt por metro quadrado esferorradiano	W/(m^2 sr)	m^2 m^{-2} kg s^{-3} = kg s^{-3}
Tensão superficial	newton por metro	N/m	kg s^{-2}
Velocidade angular	radiano por segundo	rad/s	m m^{-1} s^{-1} = s^{-1}
Viscosidade dinâmica	pascal segundo	Pa/s	m^{-1} kg s^{-1}
Taxa de dose de absorção	gray por segundo	Gy/s	m^2 s^{-3}

Fonte: O autor.

Tabela 9.6 Prefixos SI

Fator	Nome	Símbolo	Fator	Nome	Símbolo
10^1	deca	da	10^{-1}	deci	d
10^2	hecto	h	10^{-2}	centi	c
10^3	quilo	k	10^{-3}	mili	m
10^6	mega	M	10^{-6}	micro	μ
10^9	giga	G	10^{-9}	nano	n
10^{12}	tera	T	10^{-12}	pico	p
10^{15}	peta	P	10^{-15}	femto	f
10^{18}	exa	E	10^{-18}	atto	a
10^{21}	zetta	Z	10^{-21}	zepto	z
10^{24}	yotta	Y	10^{-24}	yocto	y

Fonte: O autor.

O grupo formado pelo símbolo do prefixo colado ao símbolo da unidade constitui um novo e inseparável símbolo de unidade (formando um múltiplo ou submúltiplo da unidade respectiva) que pode ser elevado a uma potência positiva ou negativa e pode ser combinado com outros símbolos de unidade para formar símbolos compostos de unidades. Veja exemplos a seguir:

- Ex.: $2,3 \text{ cm}^3 = 2,3 \text{ (cm)}^3 = 2,3 \text{ } (10^{-2} \text{ m})^3 = 2,3 \times 10^{-6} \text{ m}^3$
- Ex.: $1 \text{ cm}^{-1} = 1 \text{ (cm)}^{-1} = 1 \text{ } (10^{-2} \text{ m})^{-1} = 10^2 \text{ m}^{-1} = 100 \text{ m}^{-1}$
- Ex.: $1 \text{ V/cm} = (1 \text{ V})/(10^{-2} \text{ m}) = 10^2 \text{ V/m} = 100 \text{ V/m}$
- Ex.: $5\,000 \text{ } \mu\text{s}^{-1} = 5\,000 \text{ } (\mu\text{s})^{-1} = 5\,000 \text{ } (10^{-6} \text{ s})^{-1} = 5 \times 10^9 \text{ s}^{-1}$

Analogamente, os nomes de prefixos são também inseparáveis dos nomes das unidades às quais estão conectados. Assim, por exemplo, o milímetro, micropascal e meganewton são palavras simples. O uso de símbolos compostos de mais de um prefixo não é permitido. Essa regra também se aplica para os nomes de prefixos. Os símbolos de prefixos não podem ficar sozinhos e nem ser colados ao número.

Exemplos

Errado	Certo
5 MkN	5 GN
3 mµF	3 nF
9 mkg	9 g

Os nomes e símbolos de prefixos são usados com outras unidades não padronizadas pelo SI, mas eles nunca são usados com as unidades de tempo: minuto, *min*; hora, *h*; dia, *d*. Entretanto, os astrônomos usam o miliarcosegundo (mas) e o microarcosegundo (μas) para a medida de ângulos extremamente pequenos.

Exceção: o quilograma

Dentre todas as unidades de base do Sistema Internacional, o quilograma (kg) é o único cujo nome e símbolo, por razões históricas, inclui o prefixo. Os nomes e símbolos para os múltiplos e submúltiplos da unidade de massa são formados conectando o nome do prefixo com a unidade que se chama "grama", e o símbolo do prefixo com o símbolo da unidade "g".

Unidades fora do SI

O Sistema Internacional de Unidades fornece uma referência aceita internacionalmente. Esse sistema de unidades é o recomendado para a ciência, a tecnologia, a engenharia e também para o comércio.

As unidades SI de base e as unidades derivadas coerentes, incluindo aquelas com nomes especiais, possuem uma importante vantagem que é formar um conjunto coerente, e, por isso, não requerem a inserção de um valor específico nas equações que relacionam as quantidades.

Uma vez que o SI é o único sistema de unidades globalmente reconhecido, fica a clara vantagem para o estabelecimento de facilidade de diálogo internacional. Portanto, ele simplifica o ensino da ciência e da tecnologia para as próximas gerações, se todos optarem por utilizá-lo.

De qualquer forma, sabe-se que algumas unidades não padronizadas pelo SI ainda aparecem na literatura científica, técnica e comercial; algumas dessas unidades estão tão profundamente arraigadas na história e na cultura da raça humana que continuarão a ser usadas por muito tempo.

Alguns cientistas e engenheiros têm se permitido, às vezes, em trabalhos particulares, usar as unidades não padronizadas pelo SI, por lhes trazer alguma vantagem específica no seu trabalho. Um exemplo é o uso da unidade CGS Gauss na teoria eletromagnética aplicada à dinâmica quântica e à relatividade. Por essa razão, é útil listar algumas das mais importantes unidades não padronizadas pelo SI que ainda estão em uso. Entretanto, se essas unidades forem usadas de forma permanente, as vantagens do SI serão perdidas.

A inclusão das unidades não padronizadas pelo SI neste capítulo, portanto, não visa encorajar o uso delas. Pelas razões já citadas, as unidades SI devem ter preferência. Não é recomendado também a mistura do uso de unidades não SI com unidades SI, ficando restrito a casos especiais, de forma a não comprometer as vantagens do SI. Finalmente, quando qualquer unidade não SI for utilizada, é uma boa prática definir as unidades não SI em termos da unidade SI correspondente.

Unidades não SI para uso com SI e unidades baseadas em constantes fundamentais

A Tabela 9.7 mostra as unidades não SI que são aceitas para uso com o Sistema Internacional de Unidades, devido ao seu amplo uso com as unidades SI no cotidiano. Ela inclui as unidades tradicionais de tempo e ângulo, e também contém o hectare, o litro e a tonelada, que são de uso comum no dia a dia e que são usadas no mundo todo, correspondendo a uma unidade coerente do SI em potência de dez. Os prefixos SI são usados para muitas dessas unidades, com exceção das unidades de tempo. As demais tabelas contêm unidades que devem ser usadas somente em circunstancias muito especiais.

As unidades da Tabela 9.8 estão relacionadas com constantes fundamentais e os seus valores têm de ser determinados experimentalmente, por isso possuem uma incerteza associada. Com exceção das unidades astronômicas, todas as outras unidades da Tabela 9.8 estão relacionadas com constantes físicas.

As primeiras unidades – *eletronvolt* (eV), *dalton* (Da), unidade de *massa atômica* (u) e unidade *astronômica* (ua) – têm o seu uso aceito. As unidades da Tabela 9.8 são importantes em vários campos especializados onde os resultados de medições e cálculos são mais convenientes e úteis quando expressos nessas unidades. Para o *eletronvolt* e o *dalton*, os valores dependem dos valores da carga elementar e e da constante de Avogadro N_A, respectivamente.

Tabela 9.7 Unidades não SI aceitas para uso com unidades SI

Quantidade	Nome da unidade	Símbolo da unidade	Valor em unidades SI
Tempo	minuto	min	1 min = 60 s
	hora	h	1 h = 60 min = 3600 s
	dia	d	1 d = 24 h = 86 400 s
Ângulo plano	grau	°	1° = (π/180) rad
	minuto	′	1′ = (1/60)° = (π/10 800) rad
	segundo	″	1″ = (1/60)′ = (π/648 000) rad
Área	hectare	ha	1 ha = 1 hm² = 10⁴ m²
Volume	litro	L, l	1 L = 1 l = 1 dm³ = 10³ cm³ = 10⁻³ m³
Massa	tonelada	t	1 t = 10³ kg

Fonte: O autor.

Tabela 9.8 Unidades não SI cujos valores devem ser obtidos de forma experimental

Quantidade	Nome da unidade	Símbolo da unidade	Valor em unidades SI[a]
Unidades aceitas para uso com o SI			
Energia	eletronvolt	eV	1 eV = 1.602 176 53 × 10^{-19} J
Massa	dalton	Da	1 Da = 1.660 538 86 × 10^{-27} kg
	Unidade de massa atômica unificada	u	1 u = 1 Da
Comprimento	Unidades astronômicas	ua	1 ua = 1.495 978 706 91 × 10^{11} m
Unidades naturais (u.n.)			
Velocidade	u.n. de velocidade (velocidade da luz no vácuo)	c_0	299 792 458 m/s
Ação	u.n. de ação (constante reduzida de Planck)	$\hbar$	1,054 571 68 × 10^{-34} J s
Massa	u.n. de massa (massa do elétron)	m_e	9,109 3826 × 10^{-31} kg
Tempo	u.n. de tempo	$\hbar/(m_e c_0^2)$	1,288 088 6677 × 10^{-21} s
Unidades atômicas (u.a.)			
Carga	u.a. de carga (carga elementar)	e	1,602 176 53 × 10^{-19} C
Massa	u.a. de massa (massa do elétron)	m_e	9,109 3826 × 10^{-31} kg
Ação	u.a. de ação (constante reduzida de Planck)	$\hbar$	1,054 571 68 × 10^{-34} J s
Comprimento	u.a. de comprimento, bohr (rádio de Bohr)	a_0	0,529 177 210 8 × 10^{-10} m
Energia	u.a. de energia, hartree (energia Hartree)	E_h	4,359 744 17 × 10^{-18} J
Tempo	u.a. de tempo	$\hbar/E_h$	2,418 884 326 505 × 10^{-17} s

Fonte: O autor.

Existem muitas outras unidades desse tipo, já que existem muitos campos nos quais é mais conveniente expressar os resultados das observações experimentais ou cálculos teóricos em termos de constantes fundamentais da natureza. As duas unidades mais importantes baseadas em constantes da natureza são: o sistema de unidade natural (u.n.), usado em altas energias e na física das partículas, e o sistema unidade atômica (u.a.), usado na física atômica e na química quântica.

As Tabelas 9.9 e 9.10 contêm unidades com valores definidos em termos de unidades SI e são usados em circunstâncias particulares para satisfazer necessidades comerciais, legais ou que são de interesse científico especializado. Provavelmente essas unidades continuarão a ser utilizadas por muitos anos. O conhecimento delas é importante para a interpretação de textos científicos antigos.

A Tabela 9.9 também fornece as unidades das quantidades logarítmicas de relações: o néper, o bel e o decibel. Essas unidades são adimensionais e são diferentes na sua natureza das outras unidades adimensionais, sendo que alguns cientistas consideram que elas não devem ser chamadas de unidades. Elas são usadas para carregar informação de uma quantidade relacionada com o logaritmo de uma taxa.

O néper, Np, é usado para expressar valores de quantidades cujos valores numéricos estão baseados no logaritmo neperiano (ou natural), $\ln = \log_e$. O bel e o decibel, B e dB, onde 1 dB = (1/10) B, são usados para expressar

Tabela 9.9 Outras unidades não SI utilizadas na prática

Quantidade	Nome da unidade	Símbolo da unidade	Valor em unidades SI
Área [1]	barn	B	1 b = 100 fm^2 = (10^{-12} cm)^2 = 10^{-28} m^2
Comprimento [2]	angstrom	Å	1 Å = 0.1 nm = 100 pm = 10^{-10} m
Distância [3]	Milha náutica	M	1 M = 1852 m
Pressão [4,5]	bar	bar	1 bar = 0,1 MPa = 100 kPa = 10^5 Pa
	milímetro de mercúrio	mmHg	1 mmHg ≈133.322 Pa
Taxas logarítmicas [6,7,8]	néper	Np	
	bel	B	
	decibel	dB	
Velocidade [9]	Nó	Kn	1 kn = (1852/3600) m/s

Fonte: O autor.

[1] O barn é uma unidade de área utilizada para expressar seção reta na física nuclear.

[2] O angström é amplamente usado na cristalografia de raios-x e na química estrutural pelo fato de todas as ligações químicas estarem na faixa de 1 a 3 angstrom.

[3] A milha náutica é uma unidade especial utilizada na navegação aérea e naval para expressar distância. Ainda não há um símbolo padrão, portanto, são usados os seguintes símbolos: M, NM, Nm, e nmi. A unidade foi originalmente escolhida, e continua a ser usada, porque uma milha náutica na superfície terrestre resulta aproximadamente em um minuto do ângulo medido a partir do centro da Terra, que é conveniente quando a latitude e longitude são medidas em graus, minutos e segundos de um ângulo.

[4] Desde 1982 o bar tem sido usado como padrão de pressão na tabulação de todos os dados termodinâmicos. Antes dessa data, a pressão padrão usada era a atmosfera padrão, igual a 1,013 25 bar ou 101 325 Pa.

[5] O milímetro de mercúrio é uma unidade legal para a medição da pressão sanguínea em alguns países.

[6] A declaração $L_A = n$ Np (onde n é um número) é interpretada como $\ln(A_2/A_1) = n$. Assim, quando $L_A = 1$ Np, $A_2/A_1 = $ e. O símbolo A é usado aqui para identificar a amplitude de um sinal senoidal, e L_A é então chamado de logaritmo neperiano da taxa de amplitude ou diferença neperiana do nível de amplitude.

[7] A declaração $L_X = m$ dB = $(m/10)$ B (onde m é um número) significa que $\lg(X/X_0) = m/10$. Assim, quando $L_X = 1$ B, $X/X_0 = 10$, e quando $L_X = 1$ dB, $X/X_0 = 10^{1/10}$. Se X significa o valor médio quadrático de um sinal, ou uma quantidade de potência, L_X é chamado de nível de potência com relação a X_0.

[8] No uso dessas unidades é importante que a natureza da quantidade seja especificada, assim como qualquer valor de referência.

[9] O nó é definido como uma milha náutica por hora. Não existe símbolo padronizado, entretanto normalmente é usado kn.

valores de quantidades cujos valores numéricos estão baseados no logaritmo de base 10, log = $\log_{10}$. Os prefixos SI são usados com duas das unidades da Tabela 9, o bar (por exemplo: milibar, mbar) e o bel, e mais especificamente para o decibel, dB. O decibel é listado explicitamente na tabela, pois o bel é raramente usado sem o prefixo.

A Tabela 9.10 difere da anterior somente no fato de que as unidades estão relacionadas com o antigo sistema de unidades CGS, incluindo as unidades elétricas. Ela mostra as relações entre as unidades CGS e as correspondentes SI, e listam aquelas unidades CGS que possuem nomes especiais. Com essas unidades também podem ser usados os prefixos SI, por exemplo, milidina, miligauss, mG, etc.

No campo da mecânica, o sistema CGS foi construído sob três quantidades de base: o centímetro, o grama e o segundo. As unidades elétricas CGS foram derivadas dessas três unidades de base, usando equações diferentes das usadas no SI. Como isso pode ser feito de formas diferentes, foram estabelecidos diversos sistemas: o CGS-SEU (eletrostática), o CGS-MEU (eletromagnetismo) e o CGS-Gaussiano. É reconhecida a conveniência do sistema CGS-Gaussiano, especialmente em certas áreas da física e, particularmente, na eletrodinâmica clássica e relativística.

■─ A escrita das quantidades e suas unidades

Os princípios gerais da escrita dos símbolos e números foram dados pela primeira vez em 1948. Depois disso foram estabelecidas as regras elaboradas

Tabela 9.10 Unidades não SI associadas com o antigo sistema CGS de unidades

Quantidade	Nome da unidade	Símbolo da unidade	Valor em unidades SI
Aceleração [10]	gal	Gal	1 Gal = 1 cm s^{-2} = 10^{-2} m s^{-2}
Campo magnético	œrsted	Oe	1 Oe = (10^3/4π) A m^{-1}
Densidade de fluxo magnético	gauss	G	1 G = 1 Mx cm^{-2} = 10^{-4} T
Energia	erg	erg	1 erg = 10^{-7} J
Força	dina	dyn	1 dyn = 10^{-5} N
Fluxo magnético	maxwell	Mx	1 Mx = 1 G cm^2 = 10^{-8} Wb
Iluminância	phot	ph	1 ph = 1 cd sr cm^{-2} = 10^4 lx
Luminância	stilb	sb	1 sb = 1 cd cm^{-2} = 10^4 cd m^{-2}
Viscosidade cinemática	stokes	st	1 St = 1 cm^2 s^{-1} = 10^{-4} m^2 s^{-1}
Viscosidade dinâmica	poise	P	1 P = 1 dyn s cm^{-2} = 0,1 Pa s

Fonte: O autor.

[10] O gal é uma unidade especial de aceleração usada na geodésia e na geofísica para expressar a aceleração devido à gravidade.

pela ISO, IEC e outras entidades internacionais. Como consequência, hoje existe um consenso geral de como devem ser escritos e usados os símbolos e o nome das unidades, incluindo os prefixos, assim como os valores das quantidades.

O atendimento das principais regras e convenções que serão descritas a seguir serve para facilitar a leitura e compreensão de publicações técnicas e científicas.

Os símbolos das unidades

Os símbolos das unidades são impressos em tipo romano (vertical) independentemente do tipo de letra usado no texto ao redor do símbolo. Os símbolos devem ser escritos em minúsculas, a menos que sejam derivados de nome próprio, e, neste caso, a primeira letra é maiúscula*. Alguns exemplos são listados a seguir.

- m, metro
- s, segundo
- Pa, pascal
- Ω, ohm
- L ou l, litro (exceção)

Os prefixos múltiplos ou submúltiplos, se utilizados, fazem parte da unidade e precedem o seu símbolo sem separação. Um prefixo nunca pode ser usado de forma isolada, assim como não pode ser usado de forma combinada. Alguns exemplos são colocados a seguir:

- Ex.: nm, *e não* mμm

Os símbolos são entidades matemáticas, e não abreviações de nome. Desta forma, eles não podem ser seguidos de um ponto, exceto no final de uma sentença, e não podem ter plurais e nem misturar símbolos de unidades com nomes em uma expressão, já que os nomes não são entidades matemáticas. Alguns exemplos são colocados a seguir.

- Ex.: 75 cm de comprimento, e não 75 cm. de comprimento
- Ex.: l = 75 cm, e não 75 cms
- Ex.: coulomb por quilograma, e não coulomb por kg

Ao formar produtos e quocientes de símbolos de unidades, as regras normais da multiplicação e divisão algébrica podem ser aplicadas. A multiplicação deve ser indicada por um espaço em branco ou por um ponto centrado

---

*Existe uma exceção a essa regra para o símbolo do litro, que pode utilizar a maiúscula "L" ou a minúscula "l", de forma a evitar uma possível confusão com o valor numérico "1".

à meia altura (·), caso contrário pode haver confusão com alguns prefixos que podem ser interpretados como símbolo de unidade. A divisão é indicada por uma linha horizontal, por uma barra oblíqua (/) ou usando expoentes negativos. Quando muitos símbolos de unidades estiverem combinados, deve-se tomar cuidado para evitar ambiguidades, por exemplo, usando chaves ou expoentes negativos. A barra não deve ser usada mais de uma vez em uma dada expressão que não possua chaves para remover as ambiguidades. Alguns exemplos são listados a seguir.

- Ex.: N m ou N · m, para newton metro
- Ex.: m/s; m s^{-1}; m/s ou m · s^{-1}
- Ex.: ms, milissegundos é diferente de m · s, metro vezes segundo
- Ex.: m kg/s^3 A ou m kg s^{-3} A^{-1}, mas não m kg/s^3/A, e nem m kg/s^3 A

Não é permitido o uso de abreviações ou extensões para os nomes ou os símbolos de unidades, como "seg" (para segundo ou s) e "mm quad" (para mm^2 ou milímetros quadrados).

Os nomes das unidades

Os nomes das unidades são normalmente escritos em letras de tipo romano (verticais) e elas são tratadas como palavras ordinárias. Como regra geral, os nomes são escritos em letras minúsculas mesmo quando o símbolo da unidade começa com letra maiúscula (e mesmo sendo derivado de nome próprio), exceto no início da sentença ou dentro de um título de seção. Um exemplo é o caso da unidade "kelvin", escrita em minúsculas, embora o seu símbolo seja "K", com letra maiúscula (derivado de nome próprio). A exceção a essa regra é o nome da unidade com o símbolo °C, cuja escrita correta é "grau Celsius" (a unidade "grau" começa com letra minúscula "g" e o modificador Celsius continua com a letra "C" maiúscula, por ser nome próprio).

Apesar de os valores das quantidades serem normalmente expressos usando símbolos para os números e símbolos para as unidades, se por alguma razão o nome da unidade for mais apropriado que o seu símbolo, é dada preferência ao nome por extenso da unidade.

- Ex.: 3,6 m/s, ou 3,6 metros por segundo

Quando o nome de uma unidade é combinado com o nome de um prefixo, não deve ser colocado nenhum espaço ou hífen entre o nome do prefixo e o nome da unidade. O nome do prefixo e o nome da unidade formam uma palavra única.

- Ex.: miligrama, e não mili-grama
- Ex.: quilopascal, e não quilo-pascal ou kilo-pascal

Quando o nome de uma unidade derivada é formado a partir dos nomes de outras unidades individuais pela multiplicação, então é permitido o uso de espaço ou hífen para separar os nomes dessas unidades individuais.

- Ex.: pascal segundo, ou pascal-segundo

As palavras dos modificadores, como "quadrado" ou "cúbico", são usadas nos nomes das unidades para elevá-los em potência, sendo colocadas depois do nome da unidade. Alguns exemplos são mostrados a seguir.

- Ex.: metro por segundo quadrado
- Ex.: centímetros quadrados
- Ex.: milímetro cúbico
- Ex.: ampère por metro quadrado
- Ex.: quilograma por metro cúbico

Regras e convenções de estilo para expressar valores de quantidades

A seguir é apresentada uma lista de regras para expressar os valores das quantidades.

O valor numérico de uma quantidade

O valor de uma quantidade é representado pelo seu valor numérico seguido do símbolo da unidade escolhida. O valor numérico de uma quantidade depende da escolha da unidade: ele será diferente conforme a unidade escolhida para representá-lo.

$$\underbrace{V}_{\text{Símbolo da quantidade}} = \underbrace{6}_{\text{Valor}} \underbrace{V}_{\text{Símbolo da unidade volt}}$$

Os símbolos das quantidades são, geralmente, letras simples escritas em letras de estilo itálico, apesar de poderem carregar informações em subscritos, em sobrescritos, em chaves ou parênteses. Por exemplo, C é o símbolo recomendado para a capacidade calorífica, C_m para a capacidade calorífica molar, $C_{m,p}$ para a capacidade calorífica à pressão constante e $C_{m,V}$ para a capacidade calorífica a volume constante.

Os nomes e símbolos recomendados para as quantidades estão listados na ISO 31. Entretanto, os símbolos para as quantidades são recomendações (em contraste com os símbolos para as unidades, cujo uso correto é obrigatório). Em circunstâncias particulares, um engenheiro pode desejar usar um símbolo da sua própria escolha, por exemplo, para evitar um conflito do uso do mesmo símbolo para duas quantidades diferentes. Nesses casos, o significado do símbolo deve ser claramente declarado.

Os símbolos das unidades são tratados como entidades matemáticas. Ao expressar o valor de uma quantidade como o produto de um valor numérico por uma unidade, o valor numérico e a unidade podem ser tratados pelas regras ordinárias da álgebra. O procedimento a seguir descreve como usar o cálculo de quantidades, ou a álgebra de quantidades.

Por exemplo, a equação $T = 293$ K pode ser igualmente escrita como $T/K = 293$. É frequente escrever o quociente de uma quantidade e a unidade dessa forma para o cabeçalho da coluna de tabela, de forma que os seus dados sejam simples números. Por exemplo, uma tabela de pressões de vapor versus temperatura e o logaritmo natural da pressão do vapor versus o recíproco da temperatura podem ser formatados como segue.

Os eixos de um gráfico também podem ser definidos dessa forma, para que as escalas possam ser sinalizadas somente com números, como mostra a Figura 9.4.

Também podem ser usadas outras formas algebricamente equivalentes no lugar de 10^3 K/T, como kK/T ou 10^3 $(T/K)^{-1}$.

Exemplo

O mesmo valor de uma velocidade $v = dx/dt$ de um corpo pode ser dado pelas expressões $v = 25$ m/s $= 90$ km/h, onde 25 é o valor numérico da velocidade na unidade metros por segundo, e 90 é o valor numérico da velocidade em unidades de quilômetros por hora.

Símbolos de quantidade e símbolos de unidade

Assim como o símbolo da quantidade não implica qualquer escolha particular de unidades, o símbolo da unidade não deve ser usado para fornecer informações específicas sobre a quantidade, portanto, nunca deve ser a única

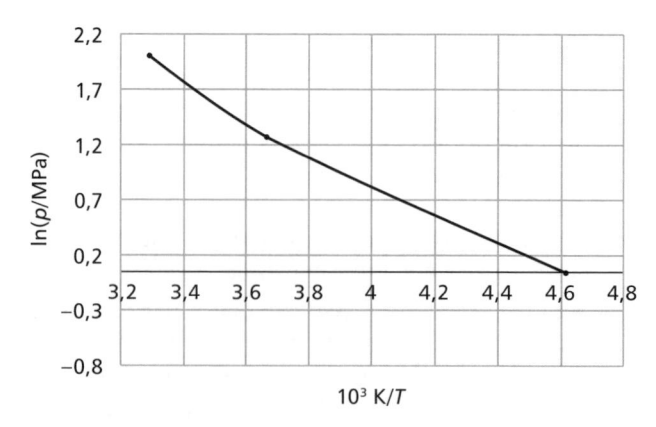

FIGURA 9.4 Exemplo de representação dos eixos na forma de quociente entre quantidade e unidade.
Fonte: Hagen (2005).

Tabela 9.11 Exemplo de tabela com valores e unidades representados na forma de quocientes

T/K	10³ K/T	p/Mpa	ln(p/MPa)
216,55	4,6179	0,5180	−0,6578
273,15	3,6610	3,4853	1,2486
304,19	3,2874	7,3815	1,9990

Fonte: O autor.

fonte de informação sobre a quantidade. Significa que qualquer informação extra deve ser adicionada ao símbolo da quantidade e nunca ao símbolo da unidade. Veja o exemplo a seguir.

- Ex.: A máxima diferença de potencial elétrico é: $U_{max} = 1000$ V, e não $U = 1000$ V_{max}.
- Ex.: A fração de massa do cobre em uma amostra de silício é $w(Cu) = 1,3 \times 10^{-6}$, e não $1,3 \times 10^{-6}$ w/w.

Formatando o valor das quantidades

O valor numérico sempre precede a unidade, e eles são **separados por um espaço em branco**. Assim, o valor da quantidade é o produto do número e da unidade; o espaço é considerado um sinal de multiplicação (assim como o espaço entre unidades implica multiplicação). A única exceção a essa regra são os símbolos para graus, minutos e segundos das unidades do ângulo plano, onde não há espaço entre o valor numérico e o símbolo da unidade. Essa regra significa que o símbolo °C para o grau Celsius é precedida por um espaço quando expressar valores de temperatura Celsius t.

— **Atenção** ─────────────────────────────────────

Não se deixa espaço em branco entre o valor numérico e os símbolos de grau, minuto e segundo das unidades do ângulo plano; mas, sim, quando expressar valores de temperatura Celsius t.

Mesmo quando o valor de uma quantidade é usado como adjetivo deve ser deixado um espaço entre o valor numérico e o símbolo da unidade. Somente quando o nome da unidade é próprio são aplicadas as regras normais da gramática.

Em qualquer expressão única, somente uma unidade é usada. Uma exceção a essa regra é a expressão de valores de tempo e ângulos planos usando unidades não SI. Entretanto, para ângulos planos, é geralmente recomendado dividir os graus de forma decimal. Assim, pode-se escrever 22,20° no lugar de 22° 12', exceto em alguns campos, como navegação, cartografia, astronomia e na medição de ângulos muito pequenos.

- Ex.: $m = 12,4$ g, onde m é usado como símbolo para a quantidade massa.
- Ex.: $\varphi = 30°\ 22'\ 8"$, onde φ é usado como símbolo para a quantidade ângulo plano.
- Ex.: $t = 30,3$ °C, e não $t = 30,3$°C
- Ex.: ... um resistor de 10 kΩ
- Ex.: $L = 8,43$ m, e não $L = 8$ m 43 cm

Formatando números com marcador decimal

O símbolo usado para separar a parte integral de um número da sua parte decimal é chamado de marcador decimal. Foi definido no ano de 2003 que o marcador decimal "deve ser um ponto ou uma vírgula". Se o número a ser representado está entre +1 e -1, o marcador decimal deve ser precedido por um zero. No mesmo ano, surgiu a recomendação de que para representar números com muitos dígitos pode-se dividir em grupos de três, separados por espaços, com objetivo de facilitar a leitura. Não devem ser inseridas vírgulas e nem pontos no meio dos grupos de três dígitos. Entretanto, quando há somente quatro dígitos antes ou depois do marcador decimal, é comum não inserir nenhum espaço para isolar um único dígito. A prática de agrupar dígitos dessa forma é uma questão de escolha que nem sempre é recomendada em certas aplicações especializadas, como desenhos de engenharia, declarações financeiras e arquivos a serem lidos pelo computador. Para números em tabelas, o formato usado não pode variar na mesma coluna. Alguns exemplos são colocados a seguir.

- Ex.: –0,234, *e não* –,234
- Ex.: 43 279,168 29, *e não* 43.279,168.29
- Ex.: 3279,1683 *ou* 3 279,168 3

— **Dica** —————————————————————————

Quando há somente quatro dígitos antes ou depois do marcador decimal você pode escolher entre não inserir espaço para isolar um único dígito e inserir esse espaço.

Expressando a incerteza das medidas no valor de uma quantidade

A incerteza associada com o valor estimado de uma quantidade deve ser avaliada e expressada de acordo com o Guia de Expressão de Incertezas nas Medições (HAGEN, 2005). A incerteza padrão (isto é, o desvio padrão estimado, com fator $k = 1$) associada com uma quantidade x é escrita como $u(x)$. Uma forma conveniente de representar a incerteza é dada no seguinte exemplo:

- Ex.: $m_n = 1{,}674\,927\,28\,(29) \times 10^{-27}$ kg

Onde m_n é o símbolo da quantidade (neste caso, a massa de um nêutron), e o número entre parênteses é o valor numérico da incerteza padrão combinada do valor estimado de m_n referenciada aos últimos dois dígitos do valor; neste caso: $u(m_n)=0{,}000\,000\,29 \times 10^{-27}$ kg. Se for usado qualquer fator k diferente de 1, o seu valor deve ser especificado.

Multiplicando ou dividindo símbolos de quantidade, valores de quantidade ou números

Quando se multiplicar ou dividir símbolos de quantidade, poderá ser usado qualquer um dos seguintes métodos:

$$ab,\ a\,b,\ a \cdot b,\ a \times b,\ a/b,\ \frac{a}{b},\ a\,b^{-1}$$

Quando se multiplicar o valor de quantidades, poderá ser usado o símbolo "×", ou parênteses, porém não poderá ser usado o ponto de meia altura. Quando se multiplicar tão somente números, o sinal "×" poderá ser usado. Quando se dividir os valores de quantidades usando uma barra, o uso de colchetes ajudará a remover as ambiguidades. Veja os exemplos a seguir.

- Ex.: $F = m\,a$ para força igual à massa vezes a aceleração
- Ex.: (53 m/s) × 10,2 s *ou* (53 m/s)(10,2 s)
- Ex.: 25 × 60,5, e *não* 25 · 60,5
- (20 m)/(5 s) = 4 m/s
- $(a/b)/c$, e *não* $a/b/c$

Estabelecendo valores de quantidades adimensionais

Como discutido anteriormente, a unidade coerente SI para quantidades adimensionais, também denominadas quantidades de "dimensão um", é o número um, símbolo 1. Os valores de tais quantidades são expressos simplesmente por números. O símbolo "1" e o nome "um" não ficam explicitamente mostrados e nem há símbolos ou nomes especiais para essa unidade, com poucas exceções como será descrito a seguir.

Para a quantidade ângulo plano, é dado à unidade um nome especial radiano, símbolo rad, e para a quantidade ângulo sólido, é dado à unidade um nome especial esferorradiano, símbolo sr.

Para o logaritmo da razão entre duas quantidades, são usados os nomes especiais néper, símbolo Np, bel, símbolo B e o decibel (símbolo dB).

Visto que os símbolos SI dos prefixos não podem ser acoplados ao símbolo 1, e nem ao nome "um", são usadas potências de 10 para expressar valores particularmente grandes ou pequenos das quantidades adimensionais.

Nas expressões matemáticas, o símbolo % (por cento) internacionalmente reconhecido pode ser usado com o SI para representar o número 0,01. Assim, também, ele pode ser usado para expressar os valores de quantidades adimensionais. Quando ele for usado, um espaço deve separá-lo do número. Na expressão de valores de quantidades adimensionais, o símbolo % pode ser usado no lugar do nome "por cento".

No texto escrito, entretanto, o símbolo % geralmente significa "partes por centena". Frases como "percentual de massa", "percentual de volume" ou "percentual de quantidade de substância" não devem ser usadas. A informação extra da quantidade deve ser dada pelo seu nome e símbolo.

Na expressão de valores de frações adimensionais (por exemplo: fração de massa, fração de volume, incerteza relativa), o uso da razão de duas unidades do mesmo tipo é, às vezes, útil.

Também é usado o termo "ppm", que significa 10^{-6}, relativo ao valor de 1 em 10^6, ou partes por milhão. É análogo a "partes por centena". Os termos "partes por bilhão" e "partes por trilhão", bem como as suas respectivas abreviações "ppb" e "ppt", são também usados, entretanto, o seu significado depende do idioma. Por essa razão, os termos ppb e ppt devem ser evitados.

Nos países de fala inglesa, e alguns de fala portuguesa, um bilhão é tomado como 10^9 e um trilhão como 10^{12}, enquanto que no resto do mundo um bilhão equivale a 10^{12} e um trilhão a 10^{18}.

Quando forem usados qualquer um dos termos %, ppm, etc., é importante estabelecer a quantidade adimensional cujo valor está sendo especificado. Alguns exemplos são colocados a seguir.

- Ex.: $n = 1{,}51$, e não $n = 1{,}51 \times 1$, onde n é o símbolo da quantidade para o índice de refração.
- Ex.: $x_B = 0{,}0025 = 0{,}25\ \%$, onde x_B é o símbolo da quantidade da fração molar da entidade B.
- Ex.: O espelho reflete 95 % dos fótons incidentes.
- Ex.: $\varphi = 3{,}6\ \%$, e não $\varphi = 3{,}6\ \%\ (V/V)$, onde φ é a fração de volume.
- Ex.: $x_B = 2{,}5 \times 10^{-3} = 2{,}5$ mmol/mol
- Ex.: $u_r(U) = 0{,}3\ \mu V/V$, onde $u_r(U)$ é relativa à incerteza da tensão elétrica medida U.

▬ Resumo

O trabalho dos engenheiros exige a quantificação dos recursos naturais e dos fenômenos físicos. Em suas análises, os engenheiros precisam avaliar grandezas como propriedades físicas, químicas e geométricas, de forma a estabelecer ou verificar as especificações dos projetos e estabelecer sua viabilidade econômica. No contexto da engenharia, dimensão é uma variável física usada para descrever ou especificar a natureza de uma quantidade mensurável. Todas as relações matemáticas usadas nas ciências e na engenharia devem ser **dimensionalmente consistentes**, ou dimensionalmente homogêneas. Neste capítulo vimos os sistemas que medem as sete grandezas físicas – comprimento, massa, tempo, temperatura termodinâmica, corrente elétrica, quantidade de substância e intensidade luminosa – e suas unidades derivadas.

Atividades

1. Para o seguinte modelo matemático, encontre a dimensão do parâmetro em negrito.

   a. $[M] [L]^2 = \mathbf{g} \cdot [L] [t] [M]^2$

   b. $[T] - 1 [t] [L] = \mathbf{k} [L] - 2$

   c. $[I] [t] - 1 \mathbf{r} = [N]$

   d. $[M] [M] - 2 = \cos(\mathbf{x} [L])$

   e. $[T] = [T] \log([T] - 2 [t] \mathbf{q})$

2. A perda de pressão por atrito em uma tubulação é descrita pelo modelo a seguir. Verifique a coerência dimensional.

$$\Delta p = \frac{2 \cdot f \cdot L \cdot \rho \cdot v^2}{d}$$

Onde Δp é a perda de pressão; d é o diâmetro da tubulação; f é o fator de atrito (adimensional); ρ é a densidade do fluido; L é o comprimento da tubulação; e v é a velocidade do fluido.

CAPÍTULO

10

Os materiais de engenharia

Os materiais utilizados em soluções de engenharia são fundamentais para que o produto tenha sucesso e durabilidade. A escolha parte dos critérios adotados no projeto e fará parte do memorial descritivo. É fundamental conhecer as propriedades e especificações técnicas dos materiais que serão empregados. Os critérios de escolha dos materiais são o assunto deste capítulo.

Neste capítulo você estudará:

- A combinação ideal de propriedades que cada material deve ter.
- A diferença entre os materiais comuns e os de engenharia.
- As fases e a classificação de materiais conforme suas propriedades.

Todos os engenheiros devem tomar decisões de escolha dos materiais. Há muitos critérios para direcioná-la, dependendo do objetivo final: engrenagens de uma transmissão, superestrutura de um edifício, um instrumento de uma refinaria de petróleo ou a construção de um circuito integrado. A questão é: como selecionar o material correto dentre os milhares disponíveis?

O primeiro passo é reconhecer as condições de operação, pois elas definirão as propriedades necessárias ao material. É raro que um material tenha a combinação ideal de propriedades. Assim, pode ser necessário negociar algumas características. Um exemplo clássico envolve a resistência mecânica e a ductilidade; normalmente um material que possui uma alta resistência mecânica tem a sua ductilidade bastante limitada. Nesses casos deve haver um compromisso razoável entre duas ou mais propriedades, se necessário.

Outro critério de seleção são as possíveis deteriorações das propriedades do material durante a operação. Por exemplo, poderá haver redução considerável da resistência mecânica por exposição a temperaturas elevadas ou a ambientes corrosivos.

O último critério, provavelmente o mais importante, é de ordem econômica: qual o custo final do produto? Um material pode apresentar o conjunto ideal de propriedades, porém com custo proibitivo. Aqui também, algum compromisso será inevitável. O custo do dispositivo acabado inclui qualquer gasto incluído durante a fabricação para produzir a forma desejada.

Classificação dos materiais de engenharia

Denominam-se materiais de engenharia aqueles que atendem rígidas especificações de desempenho, geralmente definidas por normas específicas. Os materiais de engenharia devem ser seguros e praticamente isentos de falhas de fabricação. Em geral são produzidos, identificados e controlados. Têm tempo de validade definido e os estoques são mantidos sob condições climáticas controladas. Todos os materiais são retirados da natureza e então processados para atender funções específicas, e essas somente se mantêm dentro de determinadas condições e tempos. Existe uma analogia entre os alimentos, os medicamentos e os materiais de engenharia.

Classificação dos materiais de acordo com o seu estado

No momento da sua preparação, aplicação ou operação, os materiais de engenharia podem passar por várias fases, como as fases **sólida**, **líquida**, **gasosa**, **granular**, **pastosa** ou **plasma**. As fases podem ser naturais ou artificiais, de acordo com a conveniência e natureza. Os materiais sólidos são adequados para construir invólucros contentores e para elementos que transmitem, direcionam ou resistem às forças de tração, compressão e flexão. Em geral, os materiais sólidos são muito utilizados como elementos estruturais estáticos ou dinâmicos, para suporte de massas ou para proteção. Além do direcionamento de forças mecânicas, os materiais no estado sólido também são utilizados para transmitir, guiar ou resistir a fluxos de massa e energia, como o fluxo de materiais e os fluxos térmicos, elétricos, ópticos e magnéticos.

Em geral, os **materiais sólidos** podem passar por diferentes fases durante a sua produção. Os metais, por exemplo, podem inicialmente estar no estado granular, passando para o estado pastoso e líquido durante a sua fusão, e, finalmente, podem ser resfriados para alcançar novamente o estado sólido. Os plásticos, em geral, podem partir do estado líquido quando derivam do petróleo, passando por estados de sólidos granulares, antes de ganhar a forma sólida final. Alguns materiais no estado sólido são apropriados para uso como combustível.

Os materiais na **fase líquida** são utilizados como intermediários de processos de fase sólida de outros elementos ou para aproveitar a sua facilidade para absorver ou fornecer energia térmica, como é o caso dos fluidos de arrefecimento. Alguns materiais no estado líquido são apropriados para uso como lubrificantes, limpadores ou solventes. Outros são adequados para uso como combustíveis, pois armazenam energia que pode ser rapidamente convertida em calor e força mecânica. As tintas, por exemplo, aderem às superfícies de peças que se deseja proteger dos elementos naturais. Alguns tipos de óleos são adequados para lubrificar, colar, resfriar, isolar eletricamente ou proteger.

Os materiais no **estado gasoso** possuem algumas características úteis para aplicações de aquecimento ou resfriamento, isolamento galvânico, deposição de metais ou outros elementos sobre peças metálicas ou poliméricas. O vapor de água, por exemplo, é comumente utilizado como matéria impulsionadora das turbinas nas usinas térmicas. Alguns materiais no estado gasoso podem ser usados como combustíveis.

Em geral, os materiais de engenharia são compostos de um elevado conjunto de elementos, sendo a maioria deles obtidos a partir de processos de purificação, mistura e tratamento final. São poucas as aplicações de engenharia que utilizam materiais constituídos por um único elemento. Nos casos em que houver um elemento puro em um sistema, normalmente haverá outros elementos combinados que se aproveitem de alguma vantagem do elemento puro. Por exemplo, os contatos elétricos dos sistemas de comunicações que utilizam micro-ondas são revestidos de prata pura, pois a resistência desse elemento é mais eficiente em altas frequências, se comparado com outros materiais condutores.

As fases dos materiais de engenharia podem ser alteradas durante o seu uso. É o que ocorre com adesivos e tintas (**líquido/pastoso para sólido**) e combustíveis (**líquido ou sólido, ou gasoso para gasoso**), por exemplo. Ou com os eletrodos de solda elétrica, que passam do estado sólido ao líquido, e retornam ao estado sólido. Durante essas transformações, o material pode ter algumas das suas características alteradas, de forma positiva ou negativa, dependendo de cada caso.

As fases são baseadas em comportamento, definindo os modelos matemáticos que podem ser aplicados para prever um resultado. Veja o caso de um material granular, por exemplo, uma pilha de cavacos de madeira em uma fábrica de celulose. Cavacos de madeira são matéria fibrosa orgânica no estado sólido misturada com algum conteúdo de água. Uma pilha de 20 m de altura de cavacos de madeira não se comporta estaticamente e nem dinamicamente igual a uma tora de madeira da mesma altura e volume. O material na forma granular tem os seus próprios modelos de comportamento e, dependendo da condição, se comporta como um sólido, um líquido ou de forma única e específica.

Classificação dos materiais de acordo com a sua natureza

Os materiais de engenharia podem ser agrupados em cinco classificações básicas: metais, cerâmicas, polímeros, madeiras e compósitos.

Os metais

Os metais em geral têm elevada resistência mecânica, condutividade térmica e elétrica. Os compostos de ferro têm também características magnéticas. Alguns dos metais mais comuns usados nos projetos de engenharia são: ferro fundido, aços, titânio, alumínio, cobre, latão e magnésio.

Os **ferros fundidos** possuem mais de 2% de carbono na sua constituição. O alto conteúdo de carbono faz com que esse material seja excelente para uso em fundição a temperaturas bem inferiores às necessárias para fundir os aços, por exemplo. Eles também possuem melhores características de fluência quando em estado de fusão, facilitando o preenchimento do molde. O ferro fundido cinza é quebradiço e não muito dúctil. Ele pode ser processado de forma relativamente fácil, mas é difícil de ser soldado. Os ferros fundidos são usados em muitas aplicações como, por exemplo, blocos de motor e engrenagens. Outras vantagens desse material são a boa resistência à corrosão, que os aços não têm na maioria dos ambientes, e resistência mecânica elevada em compressão.

O **aço** é o material estrutural mais usado na engenharia. É uma liga de ferro e carbono, onde a proporção de carbono tem muita influência nas propriedades do aço. O conteúdo de carbono no aço pode ser qualquer valor entre 0,08% e 2%. Existem várias ligas de aços disponíveis, sendo as famílias principais a dos aços carbono e dos aços inoxidáveis. Os aços carbono são definidos como ligas de ferro com conteúdo de no máximo 2% de carbono e nenhuma outra quantidade apreciável de outro elemento de liga.

O **aço carbono** chamado de "aço doce" ou "aço de baixo carbono" é aquele com conteúdo de carbono de menos de 0,25%. Os aços carbono são os tipos mais fabricados e são usados em uma grande variedade de aplicações. Tipicamente eles são rígidos e fortes. Também apresentam o fenômeno do ferromagnetismo (isto é, são magnetizáveis). Essa característica permite o seu uso intensivo em motores e em aplicações elétricas. A solda de aços carbono com conteúdo de carbono maior que 0,3% requer que sejam tomadas precauções especiais. Mesmo assim, a solda de aços carbono é bem mais fácil que a solda de aço inoxidável. A resistência à corrosão dos aços carbono é bastante baixa e por isso não podem ser usados em ambientes corrosivos a menos que seja feito algum tipo de recobrimento superficial. Outras vantagens dos aços carbono são o baixo custo; a disponibilidade em vários tipos com diferentes propriedades e a rigidez elevada.

O **aço inoxidável** é uma liga de ferro com cromo e outros elementos. Essa mistura resulta num aço com elevada resistência à corrosão. Um aço inoxidável tem pelo menos 10,5% de conteúdo de cromo. A resistência à corrosão dos aços inoxidáveis é somente efetiva em ambientes oxidantes. Quando exposto a ácidos, a sua resistência à corrosão não é melhor que a dos aços carbono. No entanto, a resistência do aço inoxidável em atmosferas corrosivas elevadas e na presença de cloretos (por exemplo, em climas oceânicos ou com água salgada) pode ocasionar a ocorrência de pontos de oxidação. A indústria alimentícia utiliza aço inoxidável porque pode ser facilmente esterilizado. Algumas desvantagens são o seu alto custo, a dificuldade de ser trabalhado com máquinas-ferramenta e a dificuldade de ser soldado.

O **titânio** é um metal relativamente abundante na natureza, mas de extração complexa e cara. Pode ser usado como metal puro ou como liga com estanho, cromo, cobre e outros. O titânio é utilizado em situações onde são importantes as suas boas propriedades: peso leve e boa resistência à corrosão. O titânio pesa mais ou menos a metade dos aços, entretanto tem propriedades mecânicas melhores que muitos deles. O titânio é muito mais rígido que outros materiais leves, como o alumínio e o magnésio. A propriedade de resistência à corrosão do titânio e das suas ligas é excelente. A sua resistência à água do mar e a outras soluções baseadas em cloretos é elevada. Em geral, o titânio é mais resistente à corrosão que o aço inoxidável. Trabalhá-lo não é muito fácil. Para usinar e perfurar o titânio devem ser tomados cuidados especiais, e as ferramentas de corte devem ser mantidas afiadas. A solda do titânio não pode ser efetuada ao ar livre; ela deve ser feita usando solda TIG*, pois o titânio fundido reage com o oxigênio, nitrogênio e hidrogênio, tornando o metal mais frágil. A fundição do titânio requer o uso de fornos especiais a vácuo para assegurar que o metal não reagirá com a atmosfera. O titânio é utilizado em aplicações como componentes de aviões e tanques de armazenamento de produtos químicos corrosivos.

O **alumínio** é um dos metais mais abundantes da crosta terrestre. Sua extração, principalmente da bauxita**, é relativamente cara por exigir grandes quantidades de eletricidade. Na engenharia, é normalmente misturado com pequenas quantidades de manganês, silício, cobre, magnésio ou zinco para formar ligas com maior resistência mecânica. É muito leve, com excelente relação força/peso. É fácil de trabalhar e de conformar. Tem mecanismo próprio de resistência à corrosão. Quando o alumínio é exposto ao ar forma-se uma dura camada de óxido na sua superfície, isolando o metal do meio ambiente. Outra vantagem é a sua elevada condutividade térmica e elétrica. Uma desvantagem é o seu custo relativamente elevado quando comparado ao do aço. Existem vários tipos diferentes de alumínio, cada um com diferentes propriedades. O alumínio 2024 é mais resistente, porém é mais susceptível à corrosão e é mais caro. Esse alumínio é usado na indústria aeronáutica. Os alumínios forjados com tratamento térmico são os mais utilizados para aplicações de alto desempenho, como é o caso da indústria automobilística e aeroespacial. O alumínio 7075 (5,1 a 6,1% Zn, 2,1 a 2,9% Mg, 1,2 a 2,0% Cu e pequenos percentuais de Si, Fe, Mn, Cr, Ti, etc.) apresenta elevada resistência mecânica, porém não pode ser soldado, além de ter alto custo. O alumínio 6061 é usado em aplicações gerais; tem cerca da metade da resistência mecânica do 7075, apresentando resistência elevada à corrosão, além de baixo custo relativo.

O **cobre** é um metal marrom avermelhado muito utilizado em aplicações onde é necessária alta condutividade elétrica. O cobre é dúctil e pode ser facilmente conformado; entretanto, apresenta limitações na sua resistência mecânica, não podendo ser usado em aplicações de engenharia estrutural. Um dos principais usos do cobre é em cabos elétricos. O cobre pode ser facilmente soldado usando soldadura de prata.

---

*TIG: Tungsten Inert Gás – Soldagem com eletrodo de tungstênio (wolfrâmio) em atmosfera de gás inerte.
**Bauxita: hidróxido de alumínio.

FIGURA 10.1 O cobre é um material muito utilizado pelas suas características de condução elétrica.
Fonte: zhangyang135769/iStock/Thinkstock

O **latão** é uma liga de cobre e zinco. É mais duro que o cobre, apresenta uma cor amarelada e perde o seu brilho rapidamente. O latão pode ser facilmente fundido e usinado e é usado principalmente em equipamentos elétricos.

O **magnésio** é um metal abundante na crosta terrestre, mas sua extração e purificação pedem processos eletrolíticos bastante onerosos. A principal vantagem do magnésio é a leveza, apresentando uma relação resistência mecânica/peso muito elevada. Devido ao valor relativamente baixo de resistência mecânica do magnésio puro, ele é geralmente usado para constituir ligas de alumínio, manganês ou zinco. Pelo seu baixo peso ele é muito utilizado em aplicações da indústria aeronáutica e aeroespacial. Entretanto, seu uso é limitado pelo fato de a resistência mecânica do alumínio ser bastante similar e ter custo menor, além de o magnésio ser mais frágil que a maioria das ligas de alumínio. A resistência à corrosão do magnésio é elevada, sendo melhor que a maioria dos aços, porém, não tão boa quanto a do alumínio. A exposição à água salgada ou a atmosferas marinhas pode ocasionar corrosão eletrolítica. A solda do magnésio deve ser feita usando processos de soldagem MIG ou TIG devido à tendência do magnésio de entrar em combustão quando aquecido no ar; no entanto, a sua facilidade de usinagem é excelente.

A madeira

A madeira é um material natural facilmente disponível. As madeiras podem ser classificadas como moles ou duras, dependendo do tipo de árvore da qual ela provém. As madeiras duras provêm de árvores que perdem as suas folhas no outono. As que permanecem verdes durante todo o ano são fontes de madeiras moles. Em geral as madeiras duras são também mais pesadas que as madeiras moles, porém há exceções.

A maioria das madeiras possui relações excelentes de resistência mecânica/peso quando comparada com os metais, porém elas perdem no quesito de resistência mecânica quando comparada com o aço, por exemplo. Essa característica limita o seu uso em aplicações de engenharia; entretanto, a madeira ainda é usada na construção de casas, prédios, pontes, postes de energia elétrica, embarcações, decks, isoladores elétricos, conversão em celulose e papel, etc.

Os plásticos

Os plásticos são materiais poliméricos, ou seja, constituídos de longas cadeias repetidas de moléculas com forma de estruturas de Mer, daí o seu nome. Os polímeros, como as borrachas, ocorrem naturalmente, entretanto os primeiros polímeros sintéticos que atendiam às necessidades de engenharia começaram a aparecer somente depois de 1910.

Um dos primeiros plásticos comerciais desenvolvidos foi a baquelite, usada para constituir a carcaça dos primeiros rádios. Durante a 2ª Guerra Mundial os plásticos como o nylon e o polietileno foram usados para substituir outros materiais por causa do desabastecimento dos materiais convencionais da época. Os primeiros plásticos artificiais não eram completamente estáveis e, portanto, não eram confiáveis. No entanto, os avanços das tecnologias de fabricação tornaram os plásticos uma classe importante e confiável de materiais para o projeto das soluções de engenharia.

As propriedades mecânicas dos plásticos tendem a ser inferiores à da maioria dos metais. Por isso, devem ser feitas cuidadosas verificações no uso em aplicações estruturais. Os plásticos reforçados com fibras de vidro são extensivamente usados quando as propriedades mecânicas do material plástico de base não atendem às especificações.

Os plásticos não são materiais baratos. O custo da matéria prima do material plástico é geralmente maior que o aço, porém menor que a do alumínio. Entretanto, os custos de processamento em larga escala são bem menores, o que pode resultar em produtos significativamente mais baratos. Existem duas famílias principais de plásticos, os **termoplásticos** e os **termestáveis**.

Os plásticos termestáveis são plásticos rígidos e resistentes a altas temperaturas quando comparados com os termoplásticos. Uma vez endurecidos, os plásticos termestáveis não podem ser remodelados. Existem vários tipos de plásticos termestáveis usados no dia a dia, por exemplo, epóxi e poliéster.

O **epóxi** existe na forma de resina e é curado e endurecido, processo após o qual não pode ser moldado novamente. O agente adicionado à resina para causar o início e a cura (endurecimento) pode alterar as características do plástico consideravelmente. O epóxi apresenta excelente resistência química e, além de ser duro e rígido, pode ser em alguns casos frágil. Ele possui uma propriedade excelente de aderência, também sendo usados como adesivos.

FIGURA 10.2 Os plásticos de engenharia são muito utilizados na construção civil na forma de tubulações e em aplicações elétricas, peças automotivas e na indústria química.
Fonte: Roman Milert/Hemera/Thinkstock

Os **poliésteres** são duros e frágeis, porém podem ser combinados com fibras de vidro para produzir um plástico reforçado que pode ser usado em chassis de veículos, iates e em móveis. O plástico reforçado com fibra de vidro pode ser usado em aplicações estruturais, porém tem custo elevado. Esse material está disponível em rolos flexíveis que são endurecidos quando aplicado um catalisador, produzindo uma placa forte e rígida.

Os termoplásticos ficam moles quando aquecidos. Eles podem ser facilmente moldados e remoldados sem sofrer uma degradação significativa. Eles consistem em longas cadeias moleculares sem estrutura regular (ou muito pequena). Alguns dos termoplásticos comuns disponíveis são: polietileno, poliestireno, policarbonato, nylon, acrílico e acetal.

O **polietileno** possui uma faixa de aplicações que vai desde pacotes de alimentos até tubulações de gás. Esses plásticos podem ser moldados por injeção ou extrusão e estão disponíveis em duas formas: o polietileno de alta densidade que é rígido, e o de baixa densidade que é resistente e flexível.

O **poliestireno** é fácil de ser trabalhado e está disponível em vários tamanhos apropriados para o uso em moldes de injeção e de sopro. Ele é relativamente barato e o seu padrão é rígido e quebradiço.

O **nylon** foi originalmente desenvolvido como um tecido, porém está disponível em muitas formas com propriedades totalmente diferentes. Os tipos de nylon de engenharia são fáceis de usinar com boa resistência a agentes biológicos. Lamentavelmente o nylon pode absorver umidade da atmosfera e se degrada quando exposto à luz do sol (instável em luz ultravioleta) a menos que seja adicionado com substâncias químicas estabilizantes. Esse material é fácil de moldar e possui uma superfície natural "oleosa" que atua como um lubrificante natural. O nylon é usado para praticamente tudo, desde roupas até engrenagens e rolamentos.

Os **acrílicos** estão disponíveis numa ampla gama de cores e podem ser opacos, translúcidos ou transparentes. Eles estão disponíveis em folhas, barras e tubos para uso em moldes de injeção, extrusão e outros. Aguentam o clima e são estáveis à luz do sol, produzidos em todas as cores. Os acrílicos transparentes podem ser usados até como vidros ópticos finos, permitindo o seu uso em equipamentos ópticos, como câmeras. Ainda é possível aumentar significativamente a sua resistência mecânica para uso em janelas de aviões.

As resinas de **acetal** são rígidas e apresentam boa resistência à umidade, calor e solventes. Essas resinas de engenharia requerem a adição de estabilizadores para uso ao ar livre. Elas podem ser usadas para uma grande faixa de aplicações, que vão desde cabos e chuveiros até aplicações industriais como engrenagens e molas.

Os compósitos

Os **compósitos** são uma combinação de dois ou mais materiais que resultam em um material com propriedades melhoradas em comparação à dos seus componentes individuais. Existem muitos tipos diferentes de materiais compósitos. Alguns materiais de alta tecnologia comuns são: a fibra de vidro, a fibra de carbono, o próprio aço e o concreto armado. Os materiais compósitos tendem a ser mais caros devido ao custo dos materiais e as ferramentas necessárias para conformá-los. Os materiais tendem a ter baixa densidade e elevada resistência térmica, mecânica, etc.

Classificação dos materiais de acordo com as suas propriedades

Os materiais de engenharia são selecionados de acordo com as suas propriedades para atender os requisitos técnicos. O engenheiro deverá ser hábil na seleção correta e consciente dos materiais que tornarão a sua solução tecnicamente eficaz, eficiente e segura, além de econômica.

Podem ser definidas cinco categorias principais de propriedades para os materiais de engenharia – elétricas, magnéticas, ópticas, mecânicas, térmicas e químicas –, que serão comentadas a seguir.

Propriedades elétricas

A definição das propriedades elétricas dos materiais serve para caracterizar o seu comportamento quando submetido a campos elétricos de várias magnitudes. Os campos elétricos se manifestam quando existe algum tipo de desequilíbrio energético de origem elétrica, seja ele estático ou dinâmico. Esses campos podem surgir de forma natural (p. ex., relâmpagos) ou artificial, e dentro destas últimas, de forma proposital (p. ex., bateria) ou acidental (p. ex., falha no isolamento elétrico).

A análise das propriedades elétricas dos materiais é importante quando se devem tomar decisões de seleção e processamento durante o projeto de um componente ou estrutura. Por exemplo, quando se considera o encapsulamento de um circuito integrado, os comportamentos elétricos dos diferentes materiais são diversos. Alguns precisam ter características de alta condutividade elétrica (por exemplo, os fios de conexão), enquanto que outros deverão apresentar capacidade de alta isolação elétrica (por exemplo, o encapsulamento de proteção dos circuitos internos).

As características elétricas dos materiais podem ser entendidas e explicadas através dos seguintes fenômenos: condução elétrica, semicondutividade, condutividade em cerâmicas iônicas e nos polímeros, comportamento dielétrico, ferroeletricidade e piezeletricidade.

Uma das mais importantes características elétricas dos materiais sólidos é a facilidade com a qual podem transmitir uma corrente elétrica. A **resistividade** é um parâmetro que permite quantificar a dificuldade, enquanto que o seu recíproco, a **condutividade,** serve para quantificar essa facilidade.

Os materiais apresentam uma grande faixa de condutividades na ordem de 30 ordens de magnitude. De acordo com o seu valor de condutividade os materiais são agrupados em condutores, semicondutores e isolantes. Os metais são bons condutores, com condutividades típicas de 10 MS/m a 10 kS/m. Os materiais com condutividades intermediárias na ordem de 10 kS/m a 1 µS/m são classificados como semicondutores (por ex.: carbono, silício, germânio, GaAs). Os materiais com condutividades inferiores a 1 µS/m são classificados como isolantes (por exemplo, plásticos e cerâmicas).

Alguns materiais no estado líquido são utilizados pelas suas propriedades condutivas, como é o caso dos eletrólitos das pilhas e baterias, e o mercúrio, no caso das lâmpadas fluorescentes, ou pelas suas características isolantes, como é o caso de alguns óleos usados nos transformadores de grande capacidade de isolação elétrica.

Tabela 10.1 Condutividade elétrica de alguns materiais

Material	Condutividade/MS · m^{-1}
Polietileno	10^{-21}
Concreto	10^{-15}
Aço	6
Alumínio	38
Cobre	60
Prata	68

Fonte: O autor.

Em alguns casos, materiais gasosos são utilizados para conduzir corrente elétrica de natureza iônica, como, por exemplo, argônio e neônio, que depois de ionizados, no estado de plasma, tornam-se condutores.

Alguns materiais usados como condutores para transporte de energia elétrica são o aço, o cobre, o alumínio, o ouro, a prata e o latão (70% Cu, 30% Ni). Algumas ligas usadas em cabos das instalações elétricas são as ligas de Cobre C11000 (99,9 Cu, 0,04 O) e Alumínio 1350 (99,50 Al, 0,10 Si, 0,05 Cu, 0,01 Mn, 0,01 Cr, 0,05 Zn, 0,03 Ga, 0,04 O) (COCIAN, 2009c).

Os materiais semicondutores possuem características que são muito úteis em algumas aplicações, já que pelo seu uso e construção podem ter as suas características de condutividade alteradas por campos elétricos externos, o que permite controlar a magnitude das correntes elétricas. Essa característica permitiu a criação dos transistores, que podem servir como chaves controladas, amplificadores de sinais elétricos ou memórias digitais.

Os sistemas eletrônicos de estado sólido substituíram na maior parte das aplicações o uso de válvulas para o controle das correntes elétricas. Os circuitos integrados são, em grande parte, resultado da miniaturização de circuitos que utilizam semicondutores no seu interior. Os semicondutores também são úteis como geradores de energia elétrica a partir da energia solar, assim como sensores de várias grandezas físicas, onde as correntes e tensões elétricas internas podem ser moduladas por variáveis físicas externas. O silício é amplamente usado como base fundamental dos circuitos integrados. Outros elementos também utilizados são o germânio, AsGa, InSb, CdS, CdTe, ZnS e ZnTe.

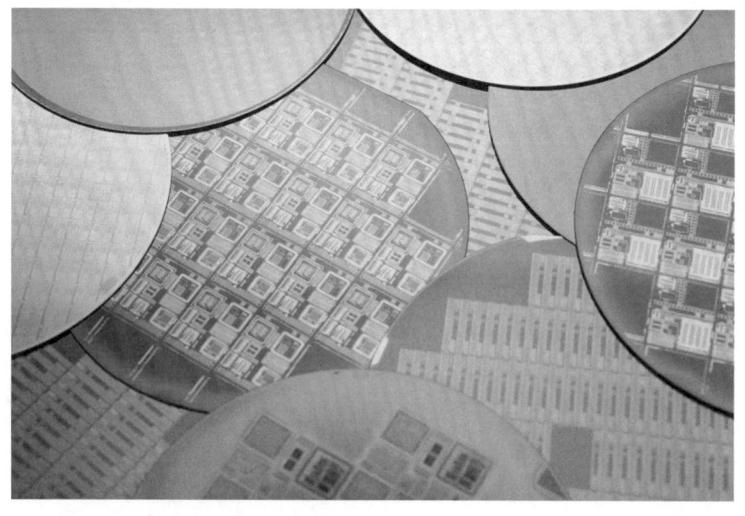

FIGURA 10.3 Os microcircuitos integrados são fabricados usando silício.
Fonte: Goodshoot/Goodshoot/Thinkstock

Os materiais cerâmicos e os poliméricos são, em geral, bons isolantes elétricos. Entretanto, quando a temperatura aumenta, há um aumento na condutividade. Os materiais cerâmicos iônicos e os polímeros condutores (por exemplo: poliacetileno, poliparafenileno, polipirrol e polianilina, quando dopados com AsF_5, SbF_5 ou iodo) apresentam condutividades extremamente elevadas.

Os materiais isolantes são úteis para suportar os campos elétricos sem produzir correntes elétricas e evitar a transformação da energia elétrica em outros tipos de energia onde não for conveniente.

Os materiais mais usados como isolantes (também denominados dielétricos) são as cerâmicas (por exemplo, titanatos, mica, porcelana), os polímeros (náilon, poliestireno, polietileno), madeira e os seus derivados (papel). A **permissividade** é um dos parâmetros de caracterização dos materiais dielétricos e o seu valor pode variar em função da frequência do campo elétrico aplicado.

As aplicações são várias, por exemplo, na proteção de pessoas e equipamentos de campos elétricos de alta intensidade e na fabricação de capacitores, que são amplamente utilizados nos dispositivos eletrônicos e nas instalações elétricas industriais.

A característica denominada **ferroeletricidade** se dá em alguns materiais dielétricos que apresentam uma polarização espontânea, mesmo sem a presença de um campo elétrico externo (por exemplo, o titanato de bário, sal de Rochelle, KH_2PO_4, $KNbO_3$ e $Pb[ZrO_3, TiO_3]$).

A **piezeletricidade** é um fenômeno não muito comum, apresentado por alguns materiais cerâmicos que apresentam polarização elétrica na aplicação de um campo de força mecânica externa. O efeito piezelétrico é reversível, isto é, no caso de aplicar um campo elétrico externo criará uma deformação mecânica do material. Esses materiais são usados como transdutores de energia mecânica e elétrica para construir sistemas de ultrassom, osciladores de alta frequência, tweeters, sensores de distância, etc. Alguns exemplos de materiais que apresentam essa propriedade são os titanatos de bário e chumbo, o zirconato de chumbo e o niobato de potássio.

A maioria dos metais puros quando resfriados a temperaturas perto de 0 K apresentam um decréscimo gradual da resistividade, alcançando um valor pequeno, porém finito. Entretanto, existem alguns materiais para os quais a sua resistividade cai abruptamente de um valor finito para praticamente zero a baixíssimas temperaturas, e que permanecem com essa característica de baixa resistividade quando se mantém o resfriamento. Os materiais que apresentam esse tipo de comportamento são denominados **supercondutores**, e a temperatura na qual eles alcançam a supercondutividade é denominada temperatura crítica (T_C).

Propriedades magnéticas

A definição das propriedades magnéticas dos materiais serve para caracterizar o seu comportamento quando submetido a campos magnéticos de várias magnitudes, ou quando as condições do próprio material criam um campo magnético espontâneo. Esses campos podem surgir de forma natural (ex. ímãs naturais de magnetita) ou artificial, e dentro destas últimas, de forma proposital (ex. solenoides) ou acidental (ex. interferências por acoplamento indutivo).

O magnetismo é um fenômeno pelo qual alguns materiais exercem forças mecânicas em outros ou produzem algum tipo de influência física, como por exemplo, a criação de campos elétricos e novos campos magnéticos. Muitas aplicações atuais fazem uso dos materiais que apresentam características magnéticas, por exemplo, geradores de energia elétrica, transformadores, motores elétricos, antenas, telefones, discos rígidos, alto-falantes, etc.

Os materiais mais comuns que apresentam características magnéticas são os compostos de ferro, incluindo alguns aços e outras ligas. Os materiais são classificados de acordo com as suas características magnéticas em diamagnéticos, paramagnéticos, ferromagnéticos, ferrimagnéticos e supercondutores.

A **permeabilidade** magnética é o parâmetro utilizado para definir a característica magnética de um determinado material, e define a magnitude do campo magnético que o material pode suportar para campos magnéticos externos aplicados.

O **diamagnetismo** é uma forma fraca de magnetismo que acontece de forma não permanente e persiste somente na existência de um campo magnético externo. A sua magnitude é pequena e o magnetismo induzido é oposto ao aplicado. Os materiais que apresentam essa característica são denominados não magnéticos. Alguns exemplos são: cobre, ouro, mercúrio, silício, prata e zinco.

O **paramagnetismo** é uma característica fraca de magnetismo apresentada por alguns materiais, de forma não permanente e que aparece somente na presença de um campo magnético externo. A diferença com relação ao diamagnetismo é que a direção do campo magnético induzido está na mesma direção ao aplicado. Os materiais desse tipo também são denominados não magnéticos. Alguns exemplos são: alumínio, cromo, molibdênio, sódio, potássio, titânio e zircônio.

Alguns materiais podem apresentar um magnetismo permanente, mesmo na ausência de um campo magnético externo, e estabelecer campos magnéticos bastante intensos, por um longo tempo. Essa característica é denominada **ferromagnetismo** e é observada nos metais de transição, como ferro, cobalto e níquel, assim como em algumas terras raras como o gadolínio.

O **ferrimagnetismo** é uma propriedade que apresentam algumas cerâmicas que exibem uma magnetização permanente, como é o caso das ferritas. As ferritas, por serem materiais cerâmicos, são bons isolantes, e por essa característica possuem aplicação em transformadores de alta frequência.

Os materiais ferromagnéticos e ferrimagnéticos, apresentam uma característica denominada **histerese**, que serve para indicar a diferença de magnetismo interno ao material, quando há variação do campo magnético externo aplicado. Quando o campo magnético aplicado estiver aumentando em magnitude ocasionará valores diferentes de campo magnético interno quando a estiver reduzindo. Alguns parâmetros utilizados para avaliar o desempenho magnético são a **remanescência** e a **coercitividade**. A remanescência é a densidade de fluxo magnético residual que ficou após o campo magnético externo ter sido retirado. A coercitividade é o campo magnético externo que deve ser aplicado para anular o campo magnético interno induzido após a ação de um campo magnético externo anterior.

A **densidade de saturação** é uma característica que indica a densidade máxima de fluxo magnético que se pode estabelecer em um determinado material, por um campo magnético externo. Os materiais ferromagnéticos e ferrimagnéticos podem ser classificados em *moles* ou *duros* dependendo das suas características de histerese.

Os materiais magnéticos moles são apropriados para uso com campos magnéticos harmônicos para reduzir as perdas por aquecimento. Em geral apresentam alta permeabilidade inicial e baixa coercitividade. Alguns exemplos são as ligas de ferrosilício, ferro-níquel e ferritas. Os materiais magnéticos moles são utilizados comumente em geradores, motores, dínamos e solenoides.

Já os materiais magnéticos duros são utilizados em ímãs permanentes, que devem apresentar uma alta resistência à desmagnetização. Os materiais magnéticos duros possuem alta remanescência, coercitividade e densidade de fluxo de saturação. Alguns exemplos de materiais magnéticos duros são: aço magnético, ligas de cunife (Cu-Ni-Fe), ligas de alnico (Al-Ni-Co), ferritas, e os produzidos com terras raras, tais como os de samário-cobalto e neodímio-ferro-boro.

Propriedades ópticas

As propriedades ópticas de um material estão relacionadas com o comportamento dele perante as ondas eletromagnéticas, principalmente nas frequências da luz visível, infravermelho e ultravioleta. O conhecimento dos mecanismos responsáveis pelas ópticas dos diversos materiais permite aos engenheiros conceber soluções em uma vasta área de aplicações, como em comunicações ópticas, máquinas de solda, impressoras, cirurgias oculares, furadeiras, leitores de códigos de barras, leitores de DVD, holografia, tratamento térmico, lâmpadas, microusinagem e microlitografia.

Quando a onda eletromagnética que se desloca em um meio atinge um segundo meio, distribui a sua energia de várias formas. Uma parte da energia pode ser transmitida para o segundo meio, outra pode ser dissipada na forma de calor (radiação infravermelha) e também pode ser em parte refletida. As propriedades que ajudam a identificar esse comportamento são a **transmissividade**, a **refletividade** e a **absortividade**.

Os materiais que são capazes de transmitir a onda eletromagnética com pequena absorção e reflexão são **transparentes** (ex. vidro do para-brisas), ou seja, pode se ver através deles. Os materiais **translúcidos** são aqueles

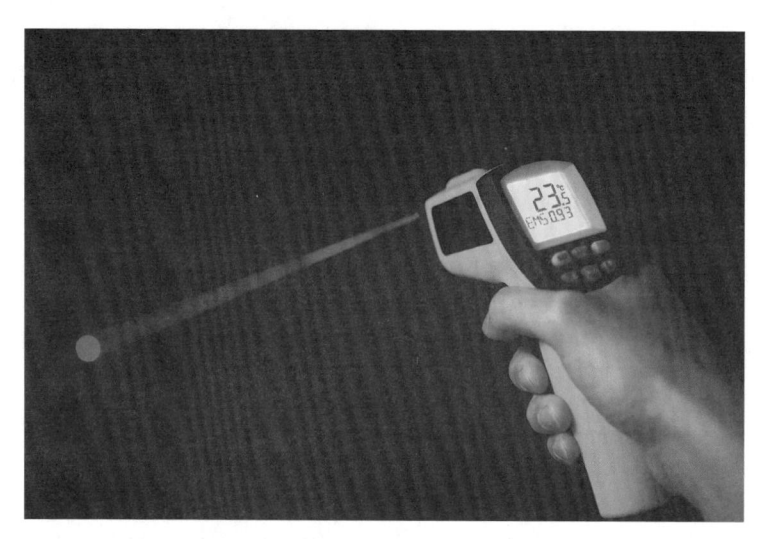

FIGURA 10.4 As propriedades ópticas dos materiais permitem aos engenheiros criar equipamentos de medição, equipamentos para cirurgias oculares e equipamentos de DVD.
Fonte: nikkytok/iStock/Thinkstock

através dos quais a luz é transmitida de forma difusa, ou seja, a luz é espalhada dentro do interior até o ponto em que os objetos não são mais reconhecidos quando vistos através do material. Os materiais que não permitem a transmissão da luz visível são denominados **opacos**.

Os metais sólidos são opacos para todo o espectro visível, isto é, a onda eletromagnética é quase totalmente refletida. Os materiais isolantes em geral podem ser construídos para serem transparentes.

A luz que é transmitida para o interior dos materiais transparentes experimenta um decréscimo da sua velocidade e, como resultado, altera a sua trajetória na interface. Esse fenômeno é conhecido como refração. O **índice de refração** define a taxa de alteração da velocidade da luz em um meio, com relação ao que seria no espaço livre, e depende das características elétricas do material, no caso da frequência, permissividade e da permeabilidade, como já comentado anteriormente.

Quando a luz atravessa a interface entre dois meios com diferentes índices de refração, uma parte é difundida entre ambos meios, mesmo que esses sejam transparentes. A **refletividade** representa a fração da onda de luz incidente que é refletida na interface.

Os materiais não metálicos podem ser opacos ou transparentes à luz visível. Se transparentes, eles frequentemente parecem coloridos. A fração da luz incidente que é transmitida através de um material transparente depende das perdas que acontecem na forma de absorção e reflexão.

Os materiais transparentes podem parecer coloridos como consequência de as frequências de luz serem absorvidas de forma seletiva. A cor final é o resultado da combinação de comprimentos de onda que são transmitidos. Se a absorção for igual para todos os comprimentos de onda visíveis, os materiais não apresentam cor definida, como é o caso dos vidros inorgânicos de alta pureza e os monocristais de safira e diamante.

— Importante

Como a cor final é o resultado da combinação de comprimentos de onda que são transmitidos, os materiais transparentes podem parecer coloridos. Alguns materiais são capazes de absorver energia e depois de um tempo reemitir luz visível, produzindo o fenômeno conhecido como **luminescência**. A luminescência é classificada de acordo com o intervalo de tempo entre a absorção e a reemissão. Se a reemissão ocorrer em intervalos menores que 1 segundo, o fenômeno é denominado **fluorescência**. Para intervalos maiores que um segundo, o fenômeno é denominado **fosforescência**. Um elevado número de materiais pode ser preparado para apresentar esses fenômenos, incluindo alguns sulfitos, óxidos, tungstatos e alguns materiais orgânicos.

Em algumas situações quando for aplicado um campo elétrico a uma junção de material semicondutor podem ser emitidas ondas eletromagnéticas na faixa visível ou do espectro infravermelho. Essa conversão de energia elétrica em energia luminosa é denominada **eletroluminescência** e é utilizada pelos dispositivos conhecidos como LEDs*, que são amplamente utilizados em lâmpadas, em telas de TV e de telefones celulares.

A condutividade dos materiais semicondutores depende do número de elétrons livres da banda de condução e do número de buracos na banda de valência. A criação de elétrons livres e buracos adicionais, pode ser estimulada por ondas eletromagnéticas que são absorvidas pelo material, proporcionando um aumento da condutividade, o que é conhecido como **fotocondutividade**. Esse fenômeno é utilizado em sensores de luz construídos com sulfeto de cádmio, por exemplo.

Os materiais semicondutores podem ser construídos para converter diretamente a luz em energia elétrica. É o caso das células solares, onde a energia eletromagnética é absorvida para criar pares de elétrons livres e buracos que podem ser recombinados através de um circuito elétrico externo.

Propriedades mecânicas

É de vital importância que os engenheiros entendam as várias propriedades mecânicas dos materiais que serão usados no projeto dos seus sistemas e estruturas, de forma que possam predizer o seu comportamento ante a

---

*Light-Emitting Diode (LED).

aplicação de forças mecânicas predeterminadas para evitar que aconteçam deformações não aceitáveis ou falhas catastróficas.

Muitos materiais estão sujeitos a forças ou cargas quando estão em operação ou serviço, como é o caso da estrutura de aço do chassi de um automóvel ou das polias e cordas de sustentação de um elevador. Nessas situações é necessário conhecer as características mecânicas dos materiais para projetar os componentes com dimensões que suportem forças sem que ocorra deformação excessiva e que tenham uma possibilidade muito pequena de fratura (COCIAN, 2009c).

O comportamento mecânico de um material caracteriza a resposta de um determinado material a uma força mecânica aplicada. As propriedades mecânicas dos materiais incluem a dureza, ductilidade, resistência, rigidez, densidade, resiliência e tenacidade. Os fatores a serem considerados incluem a natureza da carga aplicada, a duração da aplicação e as condições ambientais. As cargas mecânicas podem ser de compressão, tração, flexão ou cisalhamento, e essas podem agir de forma estática (constante no tempo) ou dinâmica (variante no tempo). No caso de fluidos, surgem algumas características especiais, como a **viscosidade** e **compressibilidade**.

Os engenheiros civis e mecânicos trabalham na determinação das tensões mecânicas nos componentes dos seus projetos, usando cargas pré-definidas. Em geral a tarefa da análise é acompanhada de técnicas experimentais, de modelos matemáticos e de simulações computacionais. Já os engenheiros metalúrgicos e de materiais se dedicam a produzir materiais que atendam às especificações mecânicas para atender às necessidades dos projetos dos demais engenheiros. Em geral, esse trabalho requer um profundo entendimento das relações entre a microestrutura dos materiais e as suas propriedades mecânicas.

Os materiais a serem usados em estruturas que devem suportar tensões ou pressões mecânicas são frequentemente escolhidos pelas suas características mecânicas, principalmente. Existem alguns casos em que as características mecânicas devem ser combinadas com características magnéticas e térmicas, como é o caso de aplicações em transformadores de potência.

Os materiais sólidos em geral se deformam geometricamente de alguma maneira quando é aplicada uma tensão mecânica na sua superfície. Essa deformação é aproximadamente proporcional à tensão mecânica aplicada até um determinado ponto, denominado **tensão de escoamento** (deformação elástica). A geometria é restaurada após cessar a tensão. A relação entre a tensão mecânica aplicada e a deformação resultante para um determinado material, é denominada **módulo de elasticidade** ou **módulo de Young**. O módulo de elasticidade representa a resistência de um material à sua deformação elástica. Quanto maior for o módulo de elasticidade, maior será a sua rigidez e menor será a sua deformação a uma força aplicada. As tensões mecânicas com valores maiores que a tensão de escoamento provocam deformações permanentes (deformação plástica) ou até a ruptura do material. A Tabela 10.2 mostra valores aproximados do módulo de Young e

Tabela 10.2 Módulo de Young e tensão de escoamento de alguns metais

Material	Módulo de Young/GPa	Tensão de Escoamento/GPa
Alumínio	69	25
Cobre	110	46
Aço	207	83

Fonte: O autor.

da tensão de escoamento para alguns materiais comumente usados nas aplicações de engenharia.

Muitos materiais de engenharia apresentam uma deformação mecânica, variável no tempo, que resulta em um escoamento contínuo da estrutura interna do material, em resposta a uma força aplicada de forma contínua. Quando o a tensão mecânica for retirada, a recuperação da geometria original leva um determinado tempo. Esse comportamento elástico variável no tempo é conhecido como **anelasticidade**. Nos materiais poliméricos essa característica é denominada **viscoelasticidade**.

No caso de um material no estado sólido, quando for aplicada uma tensão mecânica em um determinado sentido (tensão axial), ele se deformará na mesma direção aumentando ou diminuindo uma das suas dimensões, dependendo se for um esforço de tração ou de compressão. Considerando que o volume do material se mantém constante, esse aumento ou redução de uma dimensão resultará na correspondente redução ou aumento das dimensões em quadratura espacial à direção do esforço aplicado (tensão lateral), de forma a manter o volume constante. A relação entre as deformações axiais e laterais se denomina **coeficiente de Poisson**. Para os metais sólidos, o valor do coeficiente de Poisson é aproximadamente igual a -0,3. Os elastômeros (borrachas) e esponjas, assim como outros parecidos, apresentam diversas características próprias, diferentes dos metais.

A **ductilidade** é o grau de deformação plástica que o material pode suportar até a sua fratura. Os materiais que apresentam pequena deformação plástica até a sua fratura são denominados **frágeis**, e os que são capazes de grandes deformações são denominados **dúcteis**.

Tabela 10.3 Ductilidade percentual de alguns metais

Material	Ductilidade/%
Alumínio	40
Cobre	45
Aço	25

Fonte: O autor.

A **resiliência** é a capacidade de absorção de energia de um determinado material quando é deformado elasticamente. A propriedade relacionada com essa característica é conhecida como **módulo de resiliência**. A tenacidade é a capacidade de absorção de energia de um determinado material até a sua fratura. Como é praticamente impossível (ou inviável economicamente) fabricar materiais sem nenhum defeito estrutural, ou que seja totalmente imutável durante a sua operação, a tenacidade é um dos critérios principais do engenheiro na escolha dos materiais que apresentem as características mecânicas mais apropriadas.

A **dureza** é uma medida da resistência do material a uma deformação plástica localizada (por exemplo, a resistência do material a ficar marcado pela punção ou atrito de uma peça dura e afiada em sua superfície).

Os materiais no estado líquido apresentam uma resistência aos esforços de cisalhamento devido às forças de coesão moleculares, essa característica é denominada **viscosidade**. A **compressibilidade** é a propriedade dos gases de diminuir o seu volume quando submetidos a uma pressão determinada mantendo constante outros parâmetros. Os materiais no estado líquido e sólido possuem compressibilidade muito pequena.

— **Importante** —

Pela dificuldade de se fabricar materiais sem nenhum defeito estrutural ou imutáveis durante a operação, a tenacidade é um dos critérios principais do engenheiro na escolha dos materiais que apresentem as características mecânicas mais apropriadas.

Propriedades térmicas

As propriedades térmicas caracterizam o comportamento de um determinado material ante a aplicação de calor (energia térmica). Em geral, os materiais sólidos absorvem a energia térmica provocando um aumento das suas dimensões à medida que a temperatura aumenta. Na existência de um gradiente de temperatura em uma parte do corpo, a energia é transportada às regiões de menor temperatura. As principais propriedades térmicas são a **capacidade térmica** (ou **capacidade calorífica**), **condutividade térmica** e a **expansão térmica**.

Quando os materiais sólidos experimentam um aumento na sua temperatura, significa que alguma energia tem sido absorvida. A capacidade calorífica de um material indica a sua capacidade em absorver a energia térmica do meio onde se encontra e representa a quantidade de energia requerida para produzir o aumento de temperatura em um kelvin. Para representar a quantidade de calor específico por unidade de massa se utiliza a propriedade denominada **calor específico**.

A maioria dos materiais se expande no aquecimento e se contrai durante o resfriamento. A mudança nas dimensões de um determinado material é descrita pelo parâmetro denominado **coeficiente de expansão térmica** (ou **coeficiente de dilatação**). Esse coeficiente pode ser expresso em unidades de comprimento ou de volume.

A condução de calor é o fenômeno pelo qual o calor é transportado em uma substância das regiões de alta temperatura para as de baixa. A propriedade que caracteriza a facilidade de um material para transportar o calor é denominada **condutividade térmica**.

Quando um corpo é submetido a uma mudança de temperatura surgem tensões mecânicas induzidas, denominadas **tensões térmicas**, que podem levar o material à deformação plástica e até à ruptura. As tensões térmicas podem variar ao longo do volume do corpo de acordo com os gradientes de temperatura localizados nas diversas partes, podendo fazer com que algumas regiões de um volume se dilatem ou se contraiam de forma diferente do restante.

Propriedades químicas

O conhecimento das características de **reatividade** química dos materiais de engenharia ajuda a prever e tomar medidas para evitar as causas da degradação e corrosão dos materiais. A reatividade é a propriedade que indica a forma em que um material pode reagir em um determinado ambiente. Esse conhecimento pode ser utilizado para selecionar materiais que não sejam menos reativos, ou para estudar formas de protegê-los de uma deterioração precoce.

A maioria dos materiais experimenta algum tipo de interação nos mais diversos ambientes. Frequentemente essas interações delimitam a utilização de um determinado material pelo resultado da deterioração das suas propriedades físicas (por exemplo, aumento da resistividade elétrica, redução da resistência mecânica, alteração da composição, etc.)

Os mecanismos de deterioração são diferentes dependendo do tipo de material. Os metais apresentam deterioração por dissolução (corrosão) ou pela formação de filmes (oxidação). Os materiais cerâmicos são mais resistentes à deterioração que os metais, entretanto podem sofrer corrosão a temperaturas elevadas ou em ambientes muito agressivos. Já os polímeros podem ser dissolvidos quando expostos a solventes líquidos e podem ser degradados quando expostos às ondas eletromagnéticas nas faixas do infravermelho ao ultravioleta, que ocasionam alteração da sua estrutura molecular.

É importante entender que os materiais de engenharia são compostos de elementos químicos, que são formados para atender às especificações técnicas respectivas. A maioria dos materiais de engenharia é artificial, isto é, não está no seu estado natural. Eles ficam em um estado forçado pelas condições de preparação e por isso, naturalmente, sempre tenderão ao seu estado natural, no seu devido tempo. Cabe ao engenheiro conhecer o tempo de vida útil de cada material de engenharia para programar a manutenção, troca ou retirada de serviço, antes que a degradação comprometa o funcionamento seguro e eficiente.

Alguns materiais de engenharia são utilizados para acelerar as reações químicas, como é o caso dos catalisadores. O revestimento é uma técnica bastante utilizada para proteção. Por exemplo, uma estrutura de ferro pode ser revestida com uma pintura que isole mecanicamente o oxigênio do ar dos átomos de ferro. O tetróxido de chumbo foi bastante utilizado no passado para proteger os ferros e aços da oxidação.

Alguns materiais são pouco reativos por natureza. Um caso especial é o alumínio, que se oxida rapidamente em contato com o oxigênio do ar formando alumina. A alumina não permite o ingresso de novos átomos de oxigênio, isolando a estrutura de alumínio e protegendo-a de novas reações de corrosão. Por outro lado, a alumina dificulta o contato elétrico por ser pouco condutiva, nas aplicações de engenharia elétrica, principalmente nas junções e emendas, quando usado como cabos elétricos.

O revestimento protetivo pode ser feito diretamente sobre a superfície dos materiais sólidos, utilizando-se reações eletroquímicas com outros elementos, de forma a não alterar a estrutura interna. Um exemplo é a galvanização do aço (reação com zinco).

▬ A escolha dos materiais de engenharia

A seleção de materiais é muito importante na concepção e fabricação das soluções de engenharia. O engenheiro deverá ser hábil na escolha dos materiais que permitirão que a sua solução funcione adequadamente, podendo ser produzida com as tecnologias disponíveis e resultando em uma solução economicamente viável.

O processamento dos materiais pode, por vezes, alterar as suas propriedades, sendo mais uma variável que o engenheiro deve considerar nos seus projetos. Existe uma sequência de passos que você pode seguir para auxiliar o processo de seleção dos materiais mais adequados para um projeto de engenharia.

1. **Analise os requisitos de desempenho e o ambiente de serviço a serem atendidos pelos materiais:** determine onde, como e quem irá usar o material. Traduza as respostas em propriedades que devem ser atendidas. Por exemplo, a estrutura deve ser forte o suficiente para suportar ventos de 120 km/h; o material deve suportar corrosão em ambiente litorâneo marinho por cinco anos sem repintura.

2. **Procure pelos materiais adequados disponíveis:** compare as propriedades com as bases de dados de materiais de engenharia para selecionar alguns que apresentem propriedades e desempenho adequado para as condições definidas.

3. **Selecione os materiais:** estabeleça os critérios para comparar os materiais: desempenho, custo, produtibilidade e disponibilidade. Avalie as modificações necessárias a serem feitas aos materiais esco-

lhidos e as possíveis alterações nas suas propriedades. Verifique se o material está disponível em formatos e configurações adequados e a um custo aceitável.

O custo é um fator importante na seleção dos materiais e depende da disponibilidade deles (materiais raros versus comuns; oferta versus demanda) e da energia e tecnologia necessária para processá-los, transportá-los ou manipulá-los.

Resumo

É inevitável que, ao longo de sua carreira, o engenheiro muitas vezes se depare com a questão da escolha de materiais. Ter critérios claros e bem definidos para efetuar tais escolhas é fundamental: conhecer as condições da operação, as propriedades do material e o custo final do produto é o primeiro passo para uma escolha correta. Neste capítulo vimos as classificações a que são submetidos os materiais, segundo seu estado, sua natureza e suas propriedades, e como devem ser pesados os critérios de escolha para que a solução funcione adequadamente, que possa ser produzida com as tecnologias disponíveis e que resulte em uma solução economicamente viável.

Atividades

1. Identifique os tipos de materiais diferentes em um automóvel que você acha que sejam materiais de engenharia e que tenham sido escolhidos pelas suas propriedades mecânicas, elétricas, magnéticas, químicas e ópticas.

2. O aço é um material de engenharia utilizado em estruturas permanentes, fixas e móveis. Os aços são produzidos para atender às normas AISI/SAE e são classificados em 1020, 1045, 4140, Inox 304, etc. Pesquise sobre três desses tipos e compare as suas propriedades físicas.

3. O teflon (politetrafluoretileno ou PTFE) é um polímero de engenharia. Faça uma pesquisa sobre as suas propriedades físicas.

4. Os fogões de indução são compostos de vitrocerâmicas, polímeros e metais. Elabore uma pesquisa sobre a composição desses materiais e as suas propriedades físicas.

CAPÍTULO

11

Fontes de energia

A eficiência tecnológica na engenharia está associada ao bom aproveitamento da energia. É pensando nisso que os engenheiros se empenham em realizar projetos com energia renovável. Neste capítulo, serão amplamente analisados os tipos e as fontes de energia, recurso crucial nas soluções de engenharia.

Neste capítulo você estudará:

- Quais são as fontes de energia que utilizamos.
- As formas e os tipos de energia.
- Vantagens e desvantagens dos diferentes tipos de energia.

A energia é um dos recursos mais importantes da humanidade. Sem ela não se pode projetar, construir ou operar equipamentos, eletrodomésticos e veículos de passeio, ou processar alimentos, fabricar cimento e usar a internet! O engenheiro deve conhecer as fontes de energia disponíveis e o seu custo, já que a energia utilizada num determinado processo deverá ser repassada ao custo dos produtos e serviços das suas soluções.

Na física, se diz que um sistema possui energia quando é capaz de realizar trabalho. Quando a energia de um sistema se deve, de alguma forma, ao seu estado de movimento relativo, costuma ser chamada de energia do **movimento** ou energia **cinética**. Sabemos que um martelo quando elevado, mesmo sem movimento, possui energia associada. Essa energia é conhecida como **de posição** ou **potencial**. A energia de um pêndulo oscilante se transforma continuamente entre potencial e cinética ou vice-versa. Todas as formas de energia podem ser classificadas em várias proporções de ambos os tipos.

A energia existe em várias formas, incluindo a mecânica, térmica, química, elétrica, radiante e atômica. Todas essas formas são conversíveis pelos processos apropriados. Por exemplo, no da transformação de energia cinética em potencial, ou vice-versa, uma pode perder e a outra ganhar, embora a soma das duas fique constante. Pelo menos é isso que a prática experimental demonstra.

Um peso suspenso por uma corda possui energia potencial devido à sua posição, podendo produzir trabalho no processo de queda. Uma bateria elétrica possui energia potencial na forma química. Um pedaço de magnésio possui energia potencial armazenada na forma química, que é liberada na forma de calor e luz se ele for colocado em combustão.

A energia cinética mecânica do rotor de um dínamo se converte em energia cinética elétrica pela indução eletromagnética. Todas as formas de energia tendem a se transformar em calor, que é a forma mais transitória de energia.

As primeiras observações empíricas (COCIAN, 2009c) feitas no século XIX levaram à conclusão de que, apesar da energia poder ser transformada, ela não pode ser criada nem destruída. Esse conceito é conhecido como o princípio da conservação da energia e constitui uma das leis básicas da mecânica clássica. O princípio se mantém coerente com o princípio da conservação da massa quando os fenômenos ocorrem a velocidades pequenas, se comparadas com a velocidade da luz. À grande velocidade, perto da velocidade da luz, como acontece nas reações nucleares, a energia e a matéria são conversíveis uma na outra. No âmbito dos modelos da física moderna, os conceitos entre a conservação da energia e da massa estão unificados.

Os engenheiros precisam da maior parte da energia total para gerar luz, calor e para movimentar as máquinas. A energia também precisa ser transportada desde o ponto de geração até o consumidor. A implementação de usinas de energia, que fazem a conversão e a produzem em grandes quantidades, é uma alternativa econômica amplamente utilizada para diminuir os custos e otimizar os processos.

As fontes de energia

Cada fonte de energia possui um custo próprio associado, dependendo da sua natureza e do tipo de tecnologia utilizada na sua transformação, transmissão e distribuição. Alguns tipos de fontes geram resíduos após a sua utilização, o que pode aumentar o seu custo. O custo de cada tipo de energia deve ser computado no orçamento do projeto e repassado ao preço do produto final.

Energia armazenada na matéria

Existe energia armazenada nas ligações moleculares e atômicas da matéria. Essa energia pode ser liberada ou convertida em energia térmica ou luminosa, que são basicamente formas de energia eletromagnética.

A conversão pode ser feita por reações químicas, como a combustão. É o que ocorre com os combustíveis fósseis e derivados: petróleo, óleo diesel, gás e carvão mineral. O carvão natural e a madeira, assim como os demais resíduos

FIGURA 11.1 Fontes de energia.
Fonte: Steve Debenport/iStock/Thinkstock

industriais, residenciais e agrícolas, também são usados como combustível. A conversão de matéria orgânica em óleo combustível, por meio de reações químicas, é uma alternativa viável economicamente.

A combustão fornece calor, que também pode ser usado para a geração de energia mecânica, luminosa e elétrica. Os materiais usados têm baixo custo, embora a tecnologia possa ter custo elevado. Mas o processo de combustão deixa resíduos, como cinzas e gases tóxicos, que contribuem para o aquecimento global, podendo, por exemplo, produzir chuva ácida e esterilizar terrenos férteis.

Já a energia de alguns elementos químicos pesados é extraída por bombardeio de nêutrons dos núcleos, como na fissão nuclear. Esse processo gera grande quantidade de energia em instalações pequenas e compactas, mas deixa resíduos radiativos e suas instalações são custosas em termos de segurança.

Elementos leves, como hidrogênio, hélio e trítio, podem gerar energia eletromagnética, denominada energia de fusão nuclear, podendo ser usada diretamente ou reconvertida em energia mecânica e térmica. Ainda que grande quantidade de energia possa ser obtida em uma instalação compacta e com o mínimo de matéria, não se conhece técnicas eficientes para produzir a transformação de forma econômica e competitiva.

O hidrogênio é um elemento leve e versátil que pode ter a sua energia inerente aproveitada de várias outras formas. Entre elas, a combustão, para a geração de energia térmica ou mecânica, ou por meio de um processo eletroquímico que separa elétrons dos seus núcleos, gerando energia elétrica. É abundante, mas tem alto custo de obtenção.

Energia do movimento da matéria

A energia contida no movimento da água dos rios provém das moléculas acumuladas de vapor d´água no ar que precipitam pela diferença de temperaturas e pelo trabalho de transporte feito pelos ventos até as regiões mais altas. Por ação da força gravitacional do planeta, quando a condição termodinâmica do vapor d'água condensa para o estado líquido (mais denso que o ar), precipita na forma líquida ou sólida. Os rios são fluxos de água que se deslocam de um ponto mais alto e desembocam no mar, em algum lago ou lagoa. Vale dizer que o calor, seja proveniente do sol ou de outra fonte de calor, provoca a mudança de fase da água da superfície (rios, oceanos, solo, animais, etc.) para o seu estado de vapor. O fluxo de água dos rios depende, de forma resumida, da existência de calor de evaporação, ventos, precipitação em um lugar mais alto do que o nível do mar e calor de condensação. No caso dos rios, a energia na massa d´água é represada usando barragens de armazenamento e criando grandes lagos de retenção, sendo liberada aos poucos de acordo com a necessidade. As centrais hidrelétricas têm baixo custo de operação e a grande eficiência de conversão, mas enorme impacto ambiental e custos de implantação.

O vento é o movimento de ar produzido por diferenças de temperatura, densidades e composições de matéria na atmosfera e transferência de momento ocasionado pelo movimento rotacional da Terra. As diferenças de temperatura são causadas pelas variações da posição relativa do sol, diferenças de temperatura superficial, aquecimento da atmosfera por poluição e outros elementos naturais e artificiais e por outras fontes terrestres. A energia dos ventos é basicamente a força mecânica e pode ser aproveitada diretamente

FIGURA 11.2 As usinas hidrelétricas têm baixo custo de operação, mas enorme impacto ambiental.
Fonte: nicolasdecorte/iStock/Thinkstock

utilizando cata-ventos ou convertida em energia elétrica por um gerador elétrico, sem resíduos diretos. Mas, os ventos não são constantes em direção e força.

Nos oceanos, existem correntes marinhas, assim como rios internos oceânicos, que também podem ser utilizados para a geração de energia elétrica. A passagem de água do mar através de estreitos de terra pode ser igualmente aproveitada.

O movimento ondulatório das ondas do mar também pode ser aproveitado para recuperar energia mecânica e até gerar energia elétrica. As ondas são provocadas basicamente pela ação dos ventos, que transmitem um esforço cisalhante na superfície da água provocando oscilações de massa e transferência de energia na forma de movimento. As ondas podem ser provocadas por encontro de correntes marinhas com temperaturas, velocidades e densidades diferentes. O ponto negativo deste tipo de aproveitamento é o das condições ambientais severas para os equipamentos que provocam altos custos de instalação e manutenção.

O movimento relativo entre a Terra e a Lua provoca forças variáveis que podem deslocar a massa de água dos oceanos provocando as marés. Esse deslocamento pode ser aproveitado durante a maré alta para o enchimento de reservatórios, que são esvaziados durante o período de maré baixa. O esvaziamento pode se dar através da passagem por turbinas, que podem estar conectadas fisicamente a geradores elétricos para efetuar o aproveitamento da energia mecânica.

Energia da radiação e do calor

A fonte básica de luz e calor é o Sol. As plantas aproveitam a energia radiante para fazer o seu processo de fotossíntese e sequestrar o carbono do ar para poder crescer. Indiretamente, essa conversão de energia é utilizada para a produção de alimentos, borrachas naturais, bioplásticos e madeira.

A radiação calorífica é a ondulação eletromagnética com frequências na faixa do infravermelho, que produzem o que sentimos como aquecimento; sendo assim, é a manifestação do aumento da interação de moléculas em um material que ocasiona um aumento da temperatura. A radiação solar pode ser captada e transferida para um fluido de forma bastante eficiente através dos coletores solares para aquecer água nas residências ou nas piscinas térmicas nos clubes, ou pode ser utilizada diretamente para cozinhar alimentos ou secar roupas, por exemplo.

Outros componentes de frequência da radiação solar, inclusive a infravermelha, podem ser usados para converter a energia elétrica com a utilização de painéis fotovoltaicos. Neste caso, a energia elétrica pode ser armazenada em baterias para uso posterior. O ponto positivo desse tipo de geração é a facilidade de conversão. Os pontos negativos são vários, iniciando pelo alto custo dos painéis fotovoltaicos das tecnologias atuais, a baixa eficiência, além de vários problemas operacionais que tornam esse tipo de aproveitamento adequado para poucas aplicações.

FIGURA 11.3 Usina solar fotovoltaica.
Fonte: zhudifeng/iStock/Thinkstock

Os oceanos apresentam diferenças de temperatura entre o seu leito e a sua superfície. Essa diferença de temperatura pode ser convertida em energia mecânica através de um motor de calor. Em geral, a eficiência é baixa e o custo elevado, mas o lado bom é o fato de ser uma energia que pode ser convertida constantemente sem variações. Os processos que utilizam essa característica natural são denominados de OTEC.*

O interior do planeta Terra é muito quente devido às altas pressões originadas da massa comprimida pela ação gravitacional. O calor interior pode ser aproveitado direta ou indiretamente para a geração de energia elétrica. Assim, é denominada de energia geotérmica. Alguns locais apresentam altas temperaturas a baixas profundidades e podem aproveitar esse recurso de forma eficiente e competitiva. Para usufruir desse calor, pode ser injetada água fria em um poço profundo e coletar o vapor aquecido dela em outro, que retorna em alta velocidade e temperatura. Contudo, este tipo de aproveitamento tem alto custo de operação e manutenção.

Energia muscular

A energia dos músculos do homem e dos demais animais é, provavelmente, a mais óbvia e comum forma de energia mecânica. A força muscular tem origem em processos eletroquímicos biológicos que produzem energia mecânica e térmica. Essas energias podem ser transformadas em energia elétrica, ou aproveitadas diretamente, por exemplo, para deslocamentos, movimento de

---

*Ocean Thermal Energy Conversion

FIGURA 11.4 Usina solar térmica.
Fonte: peterscode/iStock/Thinkstock

máquinas, aquecimento local, etc. O ponto negativo desse tipo de energia é a baixa eficiência e disponibilidade.

Energias não exploradas comercialmente ou pouco exploradas

Algumas energias disponíveis ainda não são exploradas em razão dos altos custos de aproveitamento, ou por não haver tecnologias disponíveis que as tornem um recurso competitivo. Veja o caso dos relâmpagos, que são descargas elétricas de origem atmosférica muito comuns em certos lugares. Por serem fugazes, violentos e eventuais, têm difícil aproveitamento a um custo competitivo. Os relâmpagos provocam correntes elétricas e diferenças de potencial altíssimas, além de luz, calor e som. Nenhuma dessas energias é aproveitada.

O xisto, minério disponível em praticamente todas as regiões do planeta, acumula matéria orgânica fóssil na forma de gás natural. Novamente, altos custos de extração, transporte e processamento reduzem sua competitividade.

O calor e a força gerada pelos vulcões inativos ou pelos que estão em processo de erupção também são recursos não aproveitados, por inexistência de técnicas adequadas.

A força mecânica, elétrica e térmica gerada pelo movimento das placas tectônicas, terremotos e maremotos em geral também não é aproveitada, por serem fenômenos eventuais e extremamente energéticos.

Outras energias disponíveis em grande quantidade, porém não aproveitadas diretamente, são as correntes marinhas, o magnetismo terrestre e a diferença da temperatura do ar com a altura em relação à superfície.

Os tipos de energia

Alguns critérios ajudam a classificar os tipos de energia: **eficiência na geração e no transporte**, **capacidade de renovação** e **existência de resíduos**.

Pela eficiência na geração e transporte, as fontes de energia podem ser classificadas como nobre e não nobre. Pela característica de renovação, podem ser renováveis ou não renováveis. Pelas suas características de gerar resíduos após a sua utilização, podem ser classificadas em energias limpas ou sujas.

Eficiência na energia e no transporte

De acordo com o conceito de eficiência no processo como um todo (produção e distribuição) pode-se classificar os tipos de energia em **nobres** e **não nobres**. A energia elétrica é a forma mais nobre, pois a eficiência de transporte e geração é a mais elevada quando comparada com as outras. A energia térmica, embora mais fácil de ser obtida, é uma das menos nobres, pois não há como transportá-la sem perdas consideráveis.

Energias renováveis e não renováveis

De acordo com critérios de sustentabilidade ou esgotamento pelo uso crescente, as fontes de energia podem ser classificadas em duas categorias: fontes de energia renovável e não renovável. Veja, por exemplo, o caso de um automóvel, cujo motor é impulsionado por combustão a etanol:

- Reação do etanol queimado no motor: $2C_2H_5O + 6O_2 \rightarrow 4CO_2 + 5H_2O$
- Crescimento da cana de açúcar: $CO_2 + H_2O \rightarrow$ açúcar $\rightarrow$ etanol novamente

Nesse caso, existe um ciclo renovável (reversível), já que o produto da conversão de energia química em energia mecânica resulta em substâncias que entram no ciclo de crescimento da cana de açúcar, que é um vegetal bastante utilizado para a obtenção do etanol. Veja agora o exemplo de um automóvel com motor de combustão a gasolina:

- Queima do octano: $2C_8H_{18} + 26O_2 \rightarrow 16CO_2 + 18H_2O$

Nesse caso, gera-se um ciclo não renovável, pois não há como processar o CO_2 + H_2O para restaurar o octano diretamente.

As energias não renováveis são aqueles recursos que se esgotam, que sofrem transformações irreversíveis ou que existem em quantidade limitada. Podem ser subclassificados da seguinte forma:

- Combustíveis fósseis
    - Petróleo
    - Carvão mineral
    - Gás natural
        - Convencional
        - Sedimentos marinhos hidrogenados
        - Xisto
- Combustíveis de fissão nuclear
    - Urânio
    - Plutônio

As fontes de energia renováveis são aqueles recursos cuja fonte aparenta ser de quantidade infinita para efeitos práticos ou que sofrem transformações reversíveis. Podem ser subclassificados da seguinte forma:

- Energia solar
    - Fotovoltaica
    - Fototérmica
- Biomassa
    - Lixo
    - Resíduos agrícolas
    - Resíduos industriais
- Energia hidroelétrica
    - Pluvial
    - Oceânica
        - Ondas
        - Marés
        - Térmica
- Energia eólica
- Energia geotérmica
- Energia de fusão nuclear

Importante

O consumo de energia

Quando o poder aquisitivo das pessoas aumenta, aumenta também o consumo de energia. A Figura 11.5 mostra como a evolução do consumo acompanha a tecnologia. O aumento do consumo leva a um aumento da demanda de energia, o que por sua vez pode levar a um aumento dos custos.

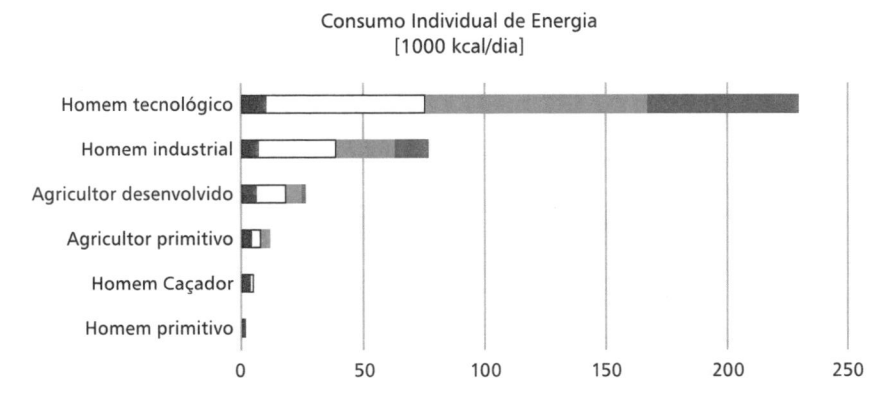

FIGURA 11.5 Consumo de energia por fase de desenvolvimento.
Fonte: Sassin (1981).

A proporção dos recursos utilizados pelo homem na atualidade pode ser vista na Figura 11.6. Pode-se observar uma predominância do petróleo, gás e carvão mineral em torno de 80% do total; todos esses são recursos exauríveis. Os recursos energéticos ditos renováveis não ultrapassam 15% do total.

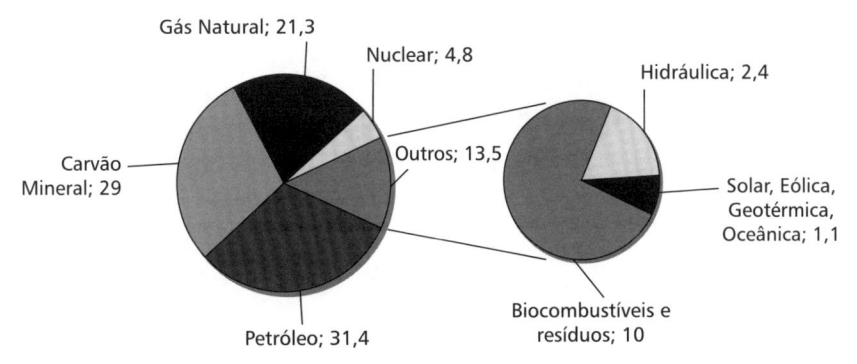

FIGURA 11.6 Fornecimento de energia no mundo por tipo de fonte [2].
Fonte: International Energy Agency (2014).

Os combustíveis fósseis

Toda a economia mundial da atualidade está baseada no uso de fontes de energia baratas e não renováveis. Os combustíveis fósseis, produzidos pelos remanescentes de plantas e animas convertidos por processos naturais de milhões de anos, estão no topo da lista. **Carvão natural**, **petróleo** e **gás natural** são as nossas principais fontes de energia, usados para gerar energia elétrica nas termoelétricas, para impulsionar veículos e para aquecer fornos. Também são usados na indústria petroquímica para fabricar plásticos, borrachas, tintas, vernizes, adesivos e muitos outros compostos.

Lamentavelmente, essa fonte de energia se esgota com rapidez. Com as reservas diminuindo, a busca por mais fontes de combustíveis fósseis continua, enquanto o aumento do lobby ambiental contra o uso de combustíveis poluentes fica cada vez mais forte. Como resultado, os preços pressionados pela demanda tornarão outras fontes mais competitivas.

Um grande efeito colateral do uso dos recursos fósseis é a produção de CO_2, que produz aquecimento global, chuvas ácidas e outras agressões ao meio ambiente. A Figura 11.7 mostra as emissões de CO_2 por região econômica na atualidade.

O petróleo

O petróleo*, ou óleo cru, está constituído, na sua forma natural, de um líquido oleoso e betuminoso formado de vários compostos químicos chamados de

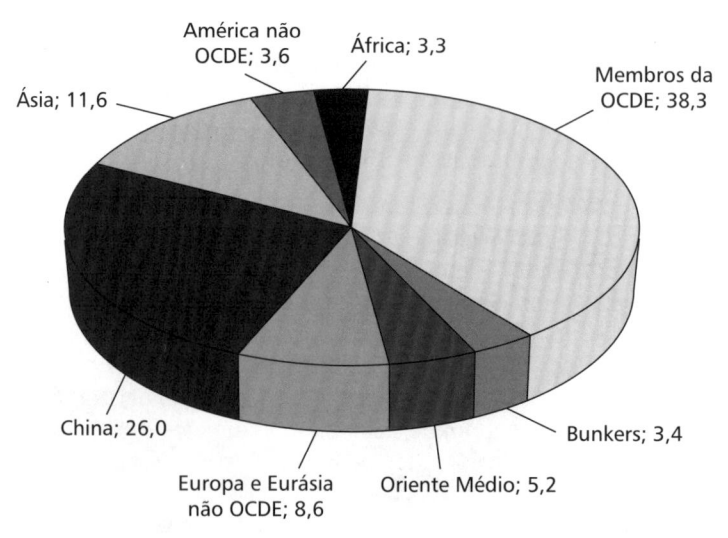

FIGURA 11.7 Produção de dióxido de carbono por região geográfica [2].
Fonte: International Energy Agency (2014).

---

*Petróleo: palavra originária do latim *petroleu, [petro + oleum]*, ou óleo da pedra.

hidrocarbonetos. Ele é encontrado em grandes quantidades sob a superfície da terra e é usado como combustível e matéria-prima da indústria petroquímica. Seus derivados são também usados na fabricação medicinal e de fertilizantes, material plástico, materiais de construção, tintas, vestimenta e, também, para gerar eletricidade.

O crescimento de qualquer economia leva a um aumento do consumo do petróleo. Os objetivos globais de muitos países em desenvolvimento consistem em explorar os seus recursos naturais para fornecer alimentos para as populações mais pobres, o que geralmente é baseado no pressuposto de disponibilidade eterna do petróleo. Porém, nos últimos anos, a disponibilidade global de petróleo tem começado a declinar e o custo relativo dele tem aumentado de forma muito rápida.

Existem três grandes classes de petróleo: os parafínicos, asfálticos e misto. O tipo parafínico é composto por moléculas onde o número de átomos de hidrogênio é sempre duas vezes maior que o dobro de átomos de carbono. Nos tipos asfálticos, as moléculas predominantes são os naftenos, compostos de duas vezes mais átomos de hidrogênio do que de carbono. O calorífico do petróleo varia de reservatório para reservatório.

O petróleo não se encontra na natureza como se estivesse dentro de um barril gigante enterrado no planeta. Ele, na realidade, permeia grandes extensões de areia, ficando embebido num estado que mais parece um mingau grosso. Essa mistura pode estar ao ar livre, como acontece em grandes regiões do Canadá e da Rússia, ou encapsulada em regiões rodeadas por rocha sólida, na forma de um reservatório subterrâneo.

Para a extração dos reservatórios subterrâneos, bombeia-se água dentro deles, de forma que a água, além de ocupar espaço, desloque o petróleo, que tem densidade menor, para a parte superior. Como em qualquer sistema físico, existe um tempo necessário para que o petróleo possa subir à parte superior do reservatório e ser bombeado para a superfície.

Gás natural

Sempre existe certa quantidade de gás natural nos depósitos de petróleo, e eles são trazidos juntos para a superfície quando um poço é perfurado. O gás natural contém elementos orgânicos que são importantes para o seu uso como matérias-primas para as indústrias petroquímicas. Antes que o gás natural possa ser usado como combustível, são extraídos, na sua forma líquida, os hidrocarbonetos mais pesados, como a gasolina natural, o butano e o propano. Os constituintes remanescentes são chamados de gás seco, que é distribuído para o uso no consumo doméstico e industrial, usado como combustível. O gás seco é composto por hidrocarbonetos leves, como metano e etano, e é usado na fabricação de plásticos, produtos farmacêuticos e matrizes.

O carvão mineral

O carvão mineral é originário das plantas. Em tempos geologicamente remotos, e em especial no período Carbonífero, que ocorreu há 300 milhões de anos, o planeta era coberto por uma vegetação exuberante. Muitas dessas plantas eram do tipo das atuais samambaias, porém, tão grandes quanto o tamanho das árvores. A vegetação morria e ficava submersa na água, onde gradualmente entrava em decomposição. Assim que a decomposição começava, a matéria orgânica vegetal perdia átomos de oxigênio e hidrogênio, deixando um depósito de altos percentuais de carbono. Com a passagem do tempo, camadas de areia e pó se depositavam sobre esse material. A pressão das camadas sobrepostas, assim como o movimento da crosta terrestre que, às vezes, era somado ao calor vulcânico, atuava para comprimir e endurecer esses depósitos, formando carvão.

O carvão pode ser transformado em grafite pela aplicação de pressão e calor – que é o elemento de carbono mais puro. Outros componentes do carvão mineral são hidrocarbonetos, enxofre, nitrogênio e minérios que permanecem nas cinzas depois que o carvão é queimado. Alguns produtos da combustão do carvão apresentam efeitos em detrimento do meio ambiente. A queima dele produz dióxido de carbono, entre outros produtos. Alguns cientistas acreditam que, devido ao uso crescente dos combustíveis fósseis, a quantidade de dióxido de carbono na atmosfera da Terra está provocando alterações climáticas significativas. O enxofre e o nitrogênio presentes no carvão formam óxidos durante a combustão, que contribuem para a formação da chuva ácida.

Todos os tipos de carvão têm algum valor industrial. Durante séculos, a turfa foi usada como combustível em fogueiras e, mais recentemente, a turfa e a lignina têm sido adaptadas em blocos para serem queimadas em fornos. A indústria de geração elétrica utiliza mais de 80% de carvão betuminoso. A indústria metalúrgica usa o carvão metalúrgico ou coque, que é um combustível destilado constituído do mais puro carbono.

A energia de fissão nuclear

A fissão aproveita a energia liberada quando o núcleo de um átomo é dividido. Na fissão, a energia requerida para dividir o átomo é maior que a produzida. Porém, existe uma situação na qual, bombardeando o núcleo de um elemento pesado levemente instável (ex. o urânio 235) com um nêutron de alta energia, consegue-se a transformação da energia na forma de fótons e a emissão de outros nêutrons que podem atingir outros núcleos, gerando uma reação em cadeia e liberando grandes quantidades de energia.

Num reator nuclear, a reação em cadeia é controlada pelo uso de barras de controle feitas de grafite que bloqueiam as partículas de alta energia controlando a reação em cadeia. O calor produzido da reação de fissão é transferido, através de gases arrefecedores, para um trocador de calor que aquece a água, criando vapor e movendo turbinas acopladas mecanicamente a geradores elétricos.

A fissão nuclear é muito perigosa e os rejeitos do processo são materiais perigosamente radioativos, muito difíceis de armazenar de forma segura. A produção comercial de eletricidade a partir da fissão nuclear requer mine-

FIGURA 11.8 Barras de controle de um reator de fissão nuclear.
Fonte: Barczak (2010).

ração, perfuração e transporte do urânio, *enriquecimento* e encapsulamento de forma adequada, construção e manutenção do reator e do equipamento de geração, e tratamento e armazenamento do combustível usado. Essas atividades requerem processos industriais extremamente sofisticados e altamente especializados.

A taxa da fissão é controlada usando barras de controle, que são feitas de materiais absorvedores de nêutrons (por exemplo, grafite ou boro). Inserindo ou retirando-se as barras dentro do reator, pode-se alterar a produção de energia do nível máximo ao desligamento do reator. Uma dessas barras é mostrada na Figura 11.9.

A energia de fusão nuclear

A fusão nuclear é, em teoria, a resposta a todas as necessidades do ser humano. Na fusão nuclear, os núcleos de átomos são fundidos uns com os outros, liberando energia. A água pode ser usada como fonte de combustível; porém, no estágio atual da tecnologia, somente pode se produzir fusão por períodos muito curtos, e a quantidade de energia necessária para iniciar a reação é muito maior do que a energia liberada.

A fusão ocorre quando átomos leves (por exemplo, de hidrogênio) são combinados sob grande pressão e temperatura para formar um átomo mais pesado. A fusão é a fonte de energia das estrelas e as grandes quantidades de energia liberadas por elas são resultado da conversão de matéria em energia.

A energia solar

O termo energia solar não é uma tecnologia energética única, mas um grande conjunto de tecnologias energéticas renováveis. A sua característica é que,

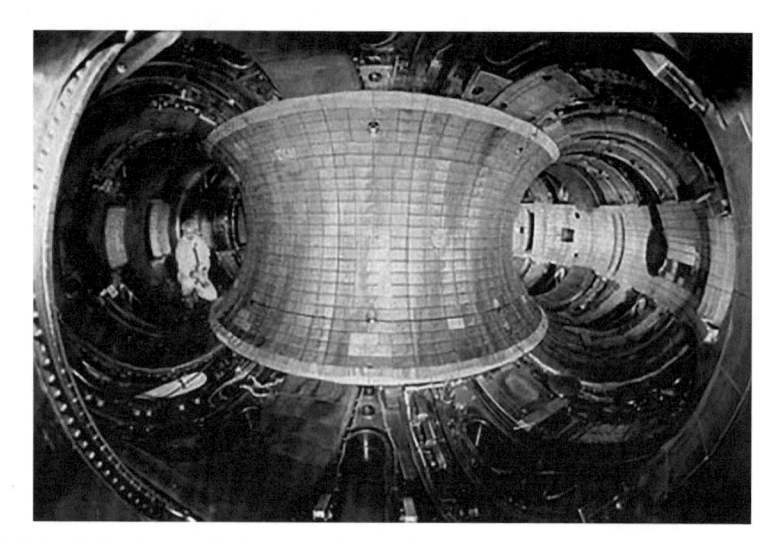

FIGURA 11.9 Reator de fusão nuclear Tokamak.
Fonte: Carlisle (2010).

diferente do petróleo, gás natural, carvão mineral e fissão nuclear, ela é inexaurível. A energia solar pode ser dividida em três grupos principais: aplicações de aquecimento e resfriamento, geração de eletricidade e combustão de biomassas.

Uma grande quantidade de energia solar chega à Terra a cada dia, mesmo em países frios, onde a incidência pode ser de até 500 W/m^2. Em certos pontos, pode-se extrair valores pico de até 1 kW/m^2. De um ponto de vista heurístico, pode-se dizer que praticamente todas as formas de energia usadas na atualidade derivam da energia solar. A energia solar é necessária para o crescimento dos microrganismos e vegetais que produziram o petróleo e que produzem a biomassa. Ela é necessária para o crescimento dos animais, assim como a produção do urânio em tempos remotos. A energia solar produz as alterações climáticas na pressão da atmosfera que gera ventos e tormentas. Ela aquece a água que evapora e precipita posteriormente, e que alimenta os rios, gera as correntes marinhas e interfere nas erupções vulcânicas e nos gêiseres. Podemos dizer que o Sol é a mãe da nossa energia.

A forma mais simples do uso da energia solar para a geração de eletricidade é o uso de um arranjo de coletores que aquecem água e produzem vapor para movimentar uma turbina. Existem muitas instalações desse tipo no mundo, produzindo aproximadamente 200 MW de potência.

Outras fontes de eletricidade derivadas da energia solar envolvem opções de alta tecnologia que ainda permanecem economicamente inviáveis para uso em grande escala. As células fotovoltaicas que convertem a luz do sol diretamente em energia elétrica são utilizadas em locações remotas, como em satélites espaciais, bombas de irrigação, regiões agrícolas aonde não chega rede elétrica, telefones de emergência em autoestradas remotas e em boias sinalizadoras em alto mar; dessa forma, muito progresso ainda é necessário no desenvolvimento dessas tecnologias para ampliar o seu uso.

As células fotovoltaicas (ou células solares) convertem a luz do sol diretamente em eletricidade. Uma célula fotovoltaica consiste de um material semicondutor que absorve a luz do sol. Os fótons de luz solar atingem elétrons que são afastados dos seus átomos, permitindo o seu fluxo através do material quando conectado a um circuito fechado. As células fotovoltaicas comerciais são tipicamente fabricadas em módulos de aproximadamente 40 células. Dez desses módulos são montados na forma de uma rede fotovoltaica, usados para gerar eletricidade para um prédio ou, em números maiores, em usinas de geração fotovoltaica. Algumas usinas de geração fototérmica usam um sistema de concentração de energia solar, coletando-a e focalizando-a através de espelhos, criando uma fonte de luz e de calor de alta intensidade. O calor produz vapor ou energia mecânica que impulsiona um gerador para gerar eletricidade.

A energia da biomassa

Biomassa é a abreviação para "massa biológica", que é uma quantidade de matéria resultante de entidades biológicas existentes na superfície terrestre. O termo é mais comumente usado para descrever a energia combustível que pode ser derivada direta ou indiretamente de fontes de origem biológica.

A energia proveniente da madeira, resíduos agrícolas e esterco ainda permanece como fonte primária de energia em várias regiões do planeta. Em alguns lugares, a biomassa se constitui numa das mais importantes fontes de

FIGURA 11.10 Planta de energia de biomassa.
Fonte: Nostal6ie/iStock/Thinkstock

energia do país como, por exemplo, no Brasil, onde o suco da cana-de-açúcar é convertido em combustível etanol, e na província chinesa de Sichuan, onde é extraído gás combustível a partir de esterco.

A biomassa (ou matéria orgânica) pode ser usada para fornecer calor, fabricar combustíveis, produtos químicos e para gerar eletricidade. Diferentemente de outras fontes renováveis, a biomassa pode ser convertida diretamente em combustíveis líquidos para usar nos nossos sistemas de transporte. Os dois biocombustíveis mais comuns são o etano e o biodiesel. O etanol, (um álcool), é feito pela fermentação de qualquer biomassa rica em carboidratos, como o milho ou a cana-de-açúcar, através de um processo parecido com o da produção de cerveja. Esse composto é usualmente usado como aditivo ao combustível fóssil para diminuir as emissões de monóxido de carbono e outras emissões que ocasionam poluição do ar. O biodiesel, um éster, é feito usando óleos vegetais, gordura animal, algas ou ainda gorduras de cozinha recicladas. Ele pode ser usado como um aditivo ao óleo diesel para reduzir as emissões veiculares ou na sua forma pura para impulsionar os veículos.

O calor pode ser usado para converter a biomassa em óleos combustíveis, que são queimados de forma igual ao petróleo para gerar eletricidade. A biomassa pode ser queimada diretamente para gerar vapor para a produção de eletricidade ou nos processos de manufatura. Nas usinas de geração de eletricidade, uma turbina captura o vapor e o gerador converte o torque mecânico em energia elétrica. Na indústria de celulose e papel, as cascas das árvores são diretamente queimadas em caldeiras para produzir água quente necessária para o processo de fabricação, ou até para aquecimento em prédios. Algumas usinas termelétricas usam biomassa como fonte de energia suplementar em caldeiras de alta eficiência para reduzir significativamente as suas emissões nocivas.

Além disso, também pode ser produzido gás para a geração de eletricidade e calor. Os sistemas de gasificação usam altas temperaturas para converter a biomassa em gás (uma mistura de hidrogênio, monóxido de carbono e metano). Esse gás combustível impulsiona uma turbina similar a um motor a jato, que, no lugar de impulsionar um avião, impulsiona um gerador elétrico.

A decomposição da biomassa também produz metano, que pode então ser queimado numa caldeira a fim de produzir vapor para a geração de eletricidade ou para os processos industriais.

As novas tecnologias tendem ao uso de materiais e produtos químicos biobaseados para fazer produtos como anticongelantes e plásticos, que hoje são produzidos a partir do petróleo. Em alguns casos, esses produtos podem ser totalmente biodegradáveis.

Existem vários projetos de pesquisa para desenvolver novas formas de energia a partir de resíduos biológicos, mas a competição econômica com o petróleo tem mantido esses desenvolvimentos nos estágios iniciais.

A energia hidráulica

O uso da energia do movimento da água data dos tempos da Grécia e Roma antiga, onde eram usadas rodas de água (pequenas turbinas) para moer o milho. A grande disponibilidade e o pequeno custo do uso de escravos e de animais para gerar energia mecânica restringiram por muito tempo a disseminação das aplicações da energia hidráulica até o século XIII. Durante a Idade Média, foram desenvolvidas grandes turbinas que desenvolviam potências de saída de até 50 HPs. O projeto inicial das turbinas modernas deve-se ao engenheiro civil John Smeaton, que foi o primeiro a construir grandes turbinas usando ferro fundido.

A energia da água deriva do movimento de massa de fluido de um nível mais alto para um mais baixo, e é convertida através de uma turbina hidráulica ou uma roda de água. A energia hidráulica é uma fonte natural, disponível sempre que há volume suficiente de fluxo de água. O desenvolvimento de usinas geradoras requer grandes construções, lagos de armazenamento, represas, canais de escoamento e instalações de grandes turbinas e geradores elétricos. O custo de desenvolvimento requer grandes quantidades de capital de investimento e, por isso, pode não ser economicamente viável em regiões onde o petróleo ou o carvão mineral são baratos. Apesar disso, o aumento da preocupação com o impacto ambiental das usinas termelétricas e hidrelétricas leva a uma necessidade de contabilizar o "custo ambiental escondido" que não se considerava na hora de calcular a tarifa real da energia. Tentando avaliar o custo escondido, surge uma tendência em tornar mais viáveis as tecnologias renováveis e de pequeno impacto ambiental.

A energia hidrelétrica converte a energia potencial gravitacional da água armazenada numa represa em eletricidade. É criado um grande lago em áreas onde existe bastante ocorrência de precipitações que consigam manter o seu nível. A água é liberada através de um sistema de tubulações na represa que, passando por ela e movimentando turbinas acopladas a geradores elétricos, produzem eletricidade. Apesar de o custo inicial da instalação da usina ser bastante elevado, o custo de produção é extremamente baixo.

Ao contrário das usinas hidrelétricas de grande porte, as de pequeno porte produzem impacto ambiental muito menor, boa confiabilidade e custo reduzido. Elas podem ser conectadas à rede elétrica de distribuição, ou em sistemas afastados e isolados.

A energia eólica

A energia do vento (ou eólica) é uma alternativa energética limpa, mas com algumas limitações técnicas. A energia gerada pelas turbinas de vento tem capacidade limitada, geralmente com potência insuficiente para consumo em grande escala. Uma solução é a criação de usinas eólicas onde centenas de aerogeradores são ligados numa rede. Essas usinas precisam de vento constante e, por isso, normalmente são construídas no topo de um morro ou no mar.

A energia eólica é produzida pela energia solar. A radiação do sol atinge diferentes partes da Terra com diferentes intensidades, tanto nas partes onde é dia ou noite quanto em diferentes superfícies como terra e água, que absorvem e refletem quantidades diferentes de energia. Essas diferenças ocasionam o aquecimento diferenciado da atmosfera. O ar quente sobe, reduzindo a pressão atmosférica na superfície da Terra, e o ar frio desce para substituí-lo, resultando em vento (movimento de massas de ar). O ar possui massa, e quando se movimenta, contém energia cinética. Uma parte dessa energia pode ser convertida em outras formas, como a mecânica ou elétrica.

Os sistemas de energia que aproveitam o vento transformam a sua energia cinética em força mecânica, que pode ser aproveitada para bombear água em poços rurais de locais remotos, para impulsionar navios, moer grãos ou, se acoplada a um gerador eletromecânico, para gerar eletricidade.

Para aproveitar a energia dos ventos para a geração de energia elétrica, se usa uma turbina. Existem dois tipos básicos de turbinas elétricas: as de eixo vertical e as de eixo horizontal. As de eixo horizontal são as mais comuns nos dias de hoje.

As pás da turbina atuam como asas de um avião. Quando o vento atinge as pás, forma-se uma região de baixa pressão na parte traseira da pá. Essa região puxa a pá a favor do vento provocando a rotação do rotor. A força resultante da baixa pressão é muito mais forte que a de empuxo, provocada pelo vento na parte frontal da pá. A combinação das forças de pressão e de arrasto ocasiona a rotação do rotor de forma parecida com uma hélice de propulsão.

FIGURA 11.11 Aerogeradores em uma usina eólica.
Fonte: JoseManuelLuna/iStock/Thinkstock

A eletricidade gerada por uma turbina usualmente é enviada até as linhas de transmissão, onde é misturada com a energia elétrica de outras usinas e, então, distribuída aos consumidores.

A energia gerada por uma turbina de vento depende do tamanho dela e da velocidade do vento que movimenta o rotor. As turbinas de vento são fabricadas atualmente para desenvolver potências de geração de 250 W até 5 MW. Por exemplo, uma turbina de 10 kW pode gerar em torno de 10 MW h por ano, num local onde o vento tem a velocidade média de 20 km/h, suficiente para alimentar uma residência. Já uma turbina de 2 MW pode gerar mais de 6 TW h em um ano, suficiente para alimentar mais de 500 residências.

A velocidade do vento é um elemento crucial no desempenho projetado para a turbina e, por isso, são necessárias medições das velocidades médias do vento na região, nas quatro estações, antes da construção do sistema. Em geral, é necessária uma média superior aos 4 m/s para movimentar pequenas turbinas elétricas. As turbinas para geração em grande escala precisam de ventos de no mínimo 6 m/s.

A energia disponível no vento é proporcional ao cubo da sua velocidade. Teoricamente, isso significa que dobrando a velocidade do vento aumenta a potência disponível pelo fator de oito. Dessa forma, a operação de uma turbina num local onde a média da velocidade do vento é de 7 m/s gera 38% mais energia que uma outra onde a média é de 6 m/s. Isso acontece porque o cubo de 7 (7^3 = 343) é 38% maior que o cubo de 6 (6^3 = 216) – na prática, a turbina não produz muito mais do que 15% para a diferença de 1 m/s. O importante é ver que uma pequena mudança na velocidade do vento pode corresponder a uma grande diferença na energia disponível e na eletricidade produzida, resultando em diferenças ainda maiores no custo desta última.

As torres das turbinas são feitas de aço de forma tubular. As pás são feitas de fibra de vidro reforçadas com poliéster ou de madeira aglomerada com epóxi. Os tamanhos do rotor das turbinas grandes para produção em grande escala variam de 50 m a 110 m e com torres de mais de 140 m de altura.

O grande problema da geração eólica é quando há intermitência no vento. Para medir a produtividade dos sistemas de geração de energia, se utiliza o **fator de capacidade**. Esse fator compara a produção de energia durante um determinado período de tempo com aquela que poderia ter sido produzida operando na sua máxima capacidade.

A energia geotérmica

A energia geotérmica provém do calor interno do planeta. Ela é um recurso energético limpo e sustentável. Os recursos geotérmicos são tão diversos quanto a existência de água quente perto da superfície terrestre, rochas quentes encontradas a poucos quilômetros de profundidade e o magma com temperaturas extremamente elevadas nas profundezas do planeta.

Em quase todo o planeta, a superfície terrestre (desde o solo e até 3 metros de profundidade) mantém uma temperatura constante entre 10 °C e

16 °C. Uma bomba de calor geotérmica pode ser usada para aquecer ou resfriar prédios e residências. Ela consiste de uma bomba de calor (um sistema de dutos para distribuição de ar) e um trocador de calor (um sistema de tubulações aquecidas no subsolo perto do prédio). No inverno, a bomba de calor remove calor do trocador de calor e o bombeia para o sistema interno de distribuição. No verão, o processo é revertido e a bomba move o calor do ar do interior do prédio para o trocador. Esse calor no verão pode ser usado para fornecer uma fonte de água quente.

As instalações para a geração de eletricidade consistem em escavações de reservatórios subterrâneos. Algumas usinas geotérmicas de geração de eletricidade utilizam o vapor de um reservatório para impulsionar uma turbina e um gerador, enquanto outras usam a água quente para ferver outro fluido que evapora, e, então, gira uma turbina. A água quente localizada perto da superfície pode ser usada diretamente para aquecimento. Algumas aplicações diretas incluem o aquecimento de prédios, crescimento de plantas em estufas, secagem de grãos, aquecimento de água em pisciculturas e muitos outros processos industriais, como a pasteurização de leite.

Existem rochas quentes 5 a 10 km abaixo da superfície terrestre, em todos os lugares do mundo (e até em menor profundidade, em alguns casos). O acesso a esses recursos energéticos envolve o uso de injeção de água fria, fazendo-a circular através da rocha perfurada, e retornando água aquecida para a superfície. Hoje, ainda não há muitas aplicações comerciais que usem esse recurso, sendo que as existentes são em aplicações pontuais. A tecnologia existente ainda não permite extrair o calor diretamente do magma, que é o maior recurso de energia geotérmica.

A energia oceânica

A energia dos oceanos é suprida pelo sol e através da força gravitacional do sol e da lua. Perto da superfície do oceano, o vento induz a ação das ondas, causando correntes de água de aproximadamente 3% da velocidade do vento. As marés produzem fortes correntes nas bacias costeiras e nos rios. A superfície do oceano é aquecida pela luz solar em 70%, adicionando energia térmica e causando expansão e fluxo de massas de água.

Os oceanos contêm dois tipos básicos de energia: energia térmica do aquecimento do sol e energia mecânica das ondas e marés. O oceano cobre mais de 70% da superfície terrestre, fazendo do planeta um gigantesco coletor solar. O sol aquece a superfície da água a uma temperatura muito superior àquela das profundezas, e essa diferença de temperatura armazena energia térmica. Essa energia é usada para muitas aplicações, incluindo a geração da elétrica.

Existem três tipos de sistemas de conversão térmica em eletricidade: o de ciclo fechado, o de ciclo aberto e o híbrido. Os sistemas de ciclo fechado usam uma superfície de água aquecida da superfície para vaporizar um fluido com baixo ponto de evaporação, como a amônia. O vapor expande e movimenta uma turbina que está conectada mecanicamente a um gerador

FIGURA 11.12 Planta geotérmica na Islândia.
Fonte: OSORIOartist/iStock/Thinkstock

elétrico. Os sistemas de ciclo aberto fervem a água do mar pela aplicação de baixas pressões. Isso produz vapor que passa através de uma turbina. Nos sistemas híbridos, há a combinação de ambos os tipos anteriores.

A energia mecânica dos oceanos é muito diferente da sua energia térmica. Embora se pense que o Sol afeta toda a atividade oceânica, as marés são influenciadas principalmente pela atração gravitacional da lua, e as ondas são geradas pelos ventos. Normalmente, são usadas barragens para converter a energia das marés em eletricidade, forçando a água através de turbinas que ativam um gerador. Para a conversão da energia das ondas, existem três sistemas básicos: os sistemas em canal, que afunilam as ondas em reservatórios, os sistemas flutuantes, que movimentam bombas hidráulicas, e os sistemas de colunas de água oscilantes, que usam as ondas para comprimir ar dentro de um vaso de pressão. A energia mecânica gerada desses sistemas pode ativar diretamente um gerador ou transferir força para um fluido, água, ou ar que movimente uma turbina acoplada a um gerador. As aplicações comerciais atuais ainda não estão bem desenvolvidas.

▬ Resumo

A eficiência tecnológica está associada ao bom aproveitamento de energia. Disponível em diferentes formas, cada tipo de energia tem custos próprios associados, dependendo da natureza, da transformação, transmissão e distribuição e até do resíduo que gera. Vimos neste capítulo as diferentes fontes de energia, sua classificação e seu aproveitamento.

Atividades

1. Elabore uma resenha sobre dois tipos de fontes energéticas dentre as tratadas neste capítulo, indicando os seus pontos positivos e negativos.

2. Faça uma pesquisa sobre fontes energéticas que não tenham sido tratadas neste capítulo. Compare as suas vantagens e desvantagens.

3. O armazenamento de energia em grande escala é um dos gargalos tecnológicos da atualidade. Faça uma pesquisa sobre esse assunto.

CAPÍTULO

12

Habilidades de liderança, trabalho em equipe e tomada de decisão

Durante a sua formação, os futuros engenheiros são motivados a executar projetos de forma individual e em equipes. No mundo das empresas, trabalhar de forma colaborativa é uma necessidade diária. Mas o que é um grupo? Por que formar um grupo? Este capítulo irá fortalecer os seus conhecimentos nesse aspecto e fornecer o suporte necessário para que você chegue mais perto da tão sonhada liderança.

Neste capítulo você estudará:

- As características de grupos e de equipes.
- Como organizar grupos e equipes.
- Ferramentas para planejamento, métodos e cálculos probabilísticos para tomada de decisões.

Um grupo pode ser definido como "[...] *um conjunto de pessoas que, em benefício dos seus próprios interesses, influencia uma organização, esfera ou atividade social [...]*" (REAL ACADEMIA ESPAÑOLA, 2015). No âmbito da formação na escola de engenharia, um grupo pode ser definido como "[...] *conjunto, ou equipe, organizado pelo professor ou pelos próprios estudantes para realizar uma tarefa comum*". Existem muitos tipos de grupos*. O trabalho em gru-

---

*Alguns profissionais diferenciam os significados de trabalho em grupo e em equipe. Para eles, o trabalho em grupo enfatiza as características individuais, tanto de execução quanto de responsabilidade, enquanto que o trabalho em equipe tem característica cooperativa, incluindo o compartilhamento de responsabilidades. Para efeitos da discussão desta seção, não foi considerada essa diferença, ou seja, trabalho em grupo ou em equipe tem o mesmo significado, e é considerado sempre cooperativo e integrado, mesmo que algumas das tarefas e responsabilidades sejam individuais. O engenheiro deverá ser hábil em desenvolver o trabalho cooperativo entre os seus subordinados, criando uma percepção de compartilhamento de responsabilidades, mesmo que ele seja o único responsável legal pelos resultados do projeto.

po facilita o cumprimento de objetivos pelo favorecimento da criatividade, resultando em melhores decisões. Por outro lado, a "preguiça social" é uma preocupação a ser levada em conta. A preguiça social é uma tendência das pessoas em grupos de não trabalhar tão duro quanto fariam individualmente. Quanto mais pessoas estiverem envolvidas em uma mesma atividade, menor será o esforço de cada uma delas (ZENHAS, 2015).

Características dos grupos

Os grupos de pessoas podem ser avaliados segundo três características principais: funções, normas e coesão. A formalização das funções pode ser feita por um professor, facilitador ou por um diretor. As funções informais são menos óbvias, mas podem ser mais influentes em um grupo. Os grupos mais duradouros geralmente têm dois tipos básicos de funções (BREHM; KASSIN, 1990): a função de colaborar para concluir as atividades e a função de fornecer suporte emocional e manter a moral elevada. Um membro do grupo pode executar ambas as funções. Entretanto, diferentes indivíduos assumem funções diferentes em diferentes momentos.

As normas são as regras de conduta dos membros do grupo. Assim como as funções, elas podem ser formais ou informais. Alguns membros podem não conhecer as normas e ainda assim ser influenciados por elas. Por exemplo, em uma sala de aula, um grupo de estudantes tem como norma nunca questionar as conclusões e decisões do instrutor, mas os demais não sabem explicar por que são tão passivos. Esse tipo de norma pode ser benéfico em alguns casos, mas pode ser prejudicial quando se precisa de ideias criativas ou pontos de vista diferentes.

Todos os grupos possuem algum tipo de coesão. A coesão é a característica que descreve o quanto o grupo é unido. Uma grande coesividade no grupo é um fator positivo, exceto no caso em que ideias geradas de forma externa ao grupo não sejam aceitas. Às vezes, um grupo altamente coesivo com normas disfuncionais pode tomar decisões que fazem sentido somente para o grupo, e não para as demais pessoas. Em alguns casos extremos, isso pode levar ao desastre em uma organização. Nesses casos, do ponto de vista da sociedade, as decisões tomadas por esse grupo podem ser consideradas equivocadas ou antiéticas.

Comportamentos interpessoais

Os comportamentos interpessoais em uma equipe afetam tanto a coesão do grupo quanto o desempenho das atividades. A Tabela 12.1 contém uma lista de alguns comportamentos construtivos (BRUNT, 1993), e a Tabela 12.2 lista alguns comportamentos considerados destrutivos para as equipes. Tanto uns quanto outros aparecem sempre de tempos em tempos. Esteja ciente dos seus

Tabela 12.1 Comportamentos considerados construtivos

Comportamento pessoal	Percepção dos demais membros
Cooperativo	Interessado nos pontos de vista e diferentes perspectivas dos demais membros e disposto a se adaptar pelo bem da equipe.
Esclarecedor	Apresenta vontade de esclarecer todas as questões dos membros do grupo, ouvindo, resumindo e focalizando as discussões.
Inspirador	Motiva o grupo, encoraja a participação e o progresso.
Harmonizador	Motiva a coesão do grupo e a colaboração. Utiliza o bom humor para aliviar uma discussão acalorada.
Cuidadoso	Questiona os membros do grupo sobre os problemas do processo, como cronogramas, pontos a esclarecer, métodos de tomada de decisão, uso da informação, etc.
Ousado	Disposto a arriscar-se, mesmo podendo obter eventuais prejuízos ou cobranças pessoais pelo bem da equipe ou pelo sucesso do projeto.

Fonte: O autor.

comportamentos e dos comportamentos dos outros. Um pouco de humor, quando se trabalha em equipe, pode ajudar a evitar alguns comportamentos destrutivos.

Etapas de desenvolvimento da equipe

O processo de atuação do grupo até o desenvolvimento das atividades pode ser dividido em quatro etapas principais: formação, organização, normatiza-

Tabela 12.2 Comportamentos considerados destrutivos

Comportamento pessoal	Percepção dos demais membros
Dominante	Utiliza muito tempo da reunião para expressar pontos de vista e opiniões pessoais. Tenta assumir o controle pelo uso de poder, tempo, etc.
Precipitado	Incentiva o grupo a seguir em frente antes da tarefa ficar concluída. Parece cansado para ouvir os demais e trabalhar em equipe.
Descompromissado	Costuma omitir-se nas discussões ou na tomada de decisões; recusa-se a participar.
Desconsiderador	Ignora ou menospreza as ideias e sugestões individuais ou da equipe.
Divagador	Diverge, conta histórias e desvia o grupo dos assuntos principais.
Obstrutor	Impede o progresso do grupo pela obstrução de ideias e sugestões.

Fonte: O autor.

ção e execução*. Esses estágios são usados para tentar explicar a dinâmica do relacionamento entre pessoas. Um determinado grupo pode experimentar dois desses estágios de forma simultânea, principalmente nos momentos em que houver a passagem para um nível mais elevado de desenvolvimento.

1. **Formação**: A principal atividade do primeiro estágio é a orientação do grupo. Os membros começam a se conhecer e a descobrir como cada um pode se encaixar na equipe. Em geral, as pessoas apresentam o seu melhor comportamento nesta etapa. Esse é o momento de praticar as suas habilidades de comunicação, pois as próximas etapas serão cada vez mais importantes, conforme o desenvolvimento do grupo.

2. **Organização**: As atividades da segunda etapa têm característica organizativa. Os membros do grupo estão preocupados com questões de poder, controle, responsabilidades individuais e estruturação das atividades. É natural que cada membro do grupo tenha uma percepção diferente do que deve ser feito e como deve ser feito. Portanto, haverá conflitos. Nessa situação você deve tentar chegar a um consenso e manter o foco em alcançar as metas do grupo.

3. **Normatização**: Após o grupo ter passado da etapa de organização, ele ingressa em um período de tempo de maior abertura entre os seus membros. Essa abertura pode ser positiva ou negativa, pois os membros já não apresentam o seu melhor comportamento. Há um aumento no compartilhamento de sentimentos em relação aos riscos, e você poderá se sentir desconfortável. Ponha em prática suas habilidades de comunicação, de olho nos objetivos do grupo. Esta é a chance de conhecer melhor as pessoas com as quais você está trabalhando.

4. **Execução**: Esta é a etapa mais produtiva e construtiva. O grupo adquire coesão e se preocupa com o sucesso das atividades, começando um trabalho cooperativo e eficiente. Cada membro se envolve com as ideias, conhece melhor os processos e as atividades dos demais membros.

Se você ingressar em um grupo já formado, e que já tenha passado por todas as etapas de desenvolvimento, tenha em mente que deverá passar por todas as mesmas fases de forma individual, para poder se adaptar a tal grupo. Você deverá conhecer a dinâmica do grupo e os comportamentos e desejos dos demais membros da equipe para poder desenvolver as suas atividades de forma eficiente. Você deve se integrar a ele utilizando as suas habilidades de comunicação e demonstrando interesse em ajudar a equipe, mesmo que ocupe um cargo hierárquico ou tenha responsabilidades superiores às dos seus colegas membros da equipe. Para poder alterar as regras, primeiro você deve dominá-las.

---

*Alguns autores identificam as etapas como formação, tormenta (ou conflito), normalização e desempenho (TUCKMAN, 1965). No caso de grupos não permanentes, pode haver uma etapa final, a interrupção (ou desintegração) (BREHM; KASSIN, 1990).

As reuniões

A reunião propicia a interação entre os membros do grupo. Deve ser periódica ou eventual, dependendo da necessidade. As reuniões devem ter um dos seguintes objetivos: discutir ou resolver problemas; escolher uma linha de ação; decidir por alguma opção ou executar e concluir uma tarefa urgente. As reuniões têm um elevado custo e, para que o processo se torne sustentável, os seus benefícios devem prevalecer. Por isso, as reuniões de caráter meramente informativo devem ser substituídas por outras formas de comunicação: *e-mail*, *posts* em grupos privados das redes sociais, *chats* internos, murais eletrônicos, blogs, etc.

Funções comuns dos membros da equipe em reuniões

Alguns membros podem assumir diferentes funções durante as reuniões da equipe a fim de alcançar as metas definidas. Por exemplo, normalmente há pelo menos três funções básicas diferentes: membro, facilitador e escrivão. Pode haver alternância de funções em cada reunião, para que todos tenham a oportunidade de trabalhar. As características desejadas no desempenho de cada função são comentadas a seguir.

Membro: Deve se envolver nas discussões. Portanto, expresse as suas ideias e opiniões. Escute os demais. Contribua para as atividades da equipe. Assuma responsabilidades. Seja voluntário. Não pense que os outros sabem mais do que você.

Facilitador: Nesta função, deve-se atuar como guia ou líder da equipe. O facilitador deve trabalhar antes, durante e depois da reunião. Deve preparar materiais para que o grupo mantenha as discussões dentro do planejado, mantendo-se neutro e lembrando aos demais sobre os objetivos da reunião e da equipe, principalmente quando o grupo desvia a atenção para outros assuntos não relevantes ou não previstos.

Escrivão: Deve anotar as decisões da equipe, os tópicos discutidos e as listas de itens de ação.

Métodos de tomada de decisão

As equipes podem tomar decisões de várias maneiras. Cuidados: evitar a tentativa de dominação de algum membro, atrasos e pressão para se conformar. Não existe um método único para tomar a melhor decisão; no entanto, alguns métodos podem ser melhores que outros dependendo do tempo disponível, dos condicionantes, das metas da equipe, das normas da equipe e da cultura organizacional predominante. Como regra geral, tenta-se chegar ao consenso nas principais decisões do projeto. Alguns métodos são:

Top down: A pessoa com maior hierarquia toma as decisões.*

---

*No caso de decisões técnicas de engenharia, onde pode haver danos ou prejuízo às pessoas ou ao patrimônio, o engenheiro responsável técnico será considerado sempre como sendo o único tomador de decisão, do ponto de vista legal, independente do seu nível hierárquico.

Regra da maioria: As ideias concorrentes são votadas; ganha a que obtiver maior número de votos.

Regra da minoria: A decisão é designada a um subgrupo.

Membro experto: A equipe defere a tomada de decisão a um experto no assunto.

Consentimento unânime: Todos os membros aceitam de forma unânime. Todos ficam totalmente satisfeitos.

Consenso: Todos os membros aceitam apoiar a decisão, ou seja, nenhum membro se opõe a ela. O consenso não é uma aceitação unânime, mas é uma situação aceitável para todos. Requer cooperação e pode levar mais tempo que os demais métodos. No entanto, as decisões de consenso podem ajudar a ganhar tempo durante a execução.

Os conflitos nas equipes

"Onde todos pensam igual é porque ninguém pensa muito"

Walter Lippmann

Em geral, o conflito nas equipes é saudável e construtivo. Ele mostra que os membros estão comprometidos e que compartilham as suas ideias individuais de forma honesta e aberta. Mas há vezes em que o conflito pode ser ruim. Quando a equipe trava em desacordos emocionais e as tentativas de chegar a um consenso falham, deve-se procurar um mediador neutro. O grau do conflito em uma equipe pode ser medido pelo grau de racionalidade, emoção e autocontrole dos seus membros (veja Figura 12.1).

Alcançando o consenso

Para tentar o consenso, podem ser seguidos os seguintes passos:

Isolar o problema: Esclarecer o conflito, o problema ou a decisão a ser atingida. Esclarecer também as metas de forma que todos trabalhem para alcançar o mesmo objetivo. Muitas vezes, as dificuldades surgem pelo fato de alguns membros da equipe designarem prioridades diferentes para diversas atividades, sem compartilhar tal informação com os demais.

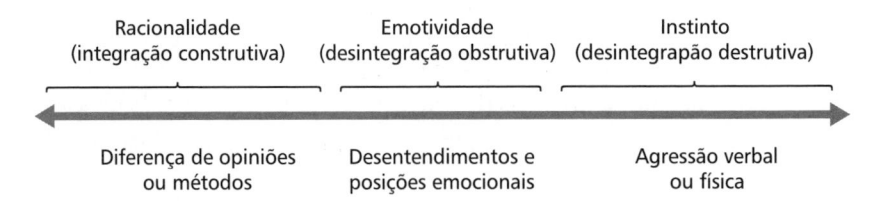

Racionalidade (integração construtiva)	Emotividade (desintegração obstrutiva)	Instinto (desintegrapão destrutiva)
Diferença de opiniões ou métodos	Desentendimentos e posições emocionais	Agressão verbal ou física

FIGURA 12.1 Os conflitos das equipes e as suas características.
Fonte: O autor.

Identificar a posição atual de cada um dos membros: Deve-se tentar achar um ponto comum entre as posições dos membros da equipe: perguntar a cada um quais são as suas prioridades e por quê. É importante compreender buscar similaridades entre as opiniões ou áreas de consentimento que possam ser usadas para construir uma aceitação consensual. Não se detenha em analisar as diferenças, mas sim as similaridades.

Brainstorm: Podem ser feitas atividades de *brainstorming** para definir alternativas que satisfaçam as opiniões diferentes estabelecidas pelos membros, fazendo perguntas, como: o que se pode fazer para que todos, sem exceção, tenham a suas prioridades efetivamente cumpridas? O que se pode alterar para que essa alternativa seja aceitável para você? Qual alternativa você pode aguentar melhor? Após o *brainstorming*, devem ser avaliadas as alternativas usando como critério atender as necessidades básicas de cada membro. Definida uma alternativa, ela deve ser novamente verificada com todos os membros.

Planejamento e atribuição de responsabilidades

Dificilmente na vida pessoal e profissional temos à disposição todos os recursos que gostaríamos para alcançar um determinado objetivo (tempo, dinheiro, equipamentos, pessoal e informações). Sendo assim, procure coordenar os recursos existentes da forma mais eficaz possível para alcançar suas metas. Isso exigirá que você e sua equipe conheçam as limitações existentes e os recursos disponíveis.

Existem técnicas que podem ajudar a compreender os passos necessários para alcançar os objetivos traçados, e algumas delas serão discutidas a seguir. Sem uma séria consideração e uma boa compreensão desses passos, a probabilidade de sucesso de um projeto em tempo hábil será significativamente reduzida. Depois que uma série de passos forem estimados e definidos (você provavelmente só conhecerá esses passos de forma precisa perto do final do projeto), será possível estimar a duração de cada um deles, a fim de atingir os objetivos no tempo definido. O tempo é recurso difícil de administrar. Não é incomum na prática da engenharia levar o triplo do tempo estimado para concluir um projeto inédito. A principal razão para essa dificuldade de planejamento do tempo é que se conhece pouco sobre o projeto em si e as suas implicações, em uma fase inicial, como mostra a Figura 12.2.

Seria ótimo se um grande projeto de engenharia, depois de planejado, pudesse ser executado conforme o esperado. Mas muitas variáveis somente são conhecidas no decorrer do projeto. Se for necessária a interação com fornecedores, por exemplo, você terá de computar esse tempo no projeto: fornecedor ocupado com outros projetos, atrasando entregas; fornecedor com

---

*O *brainstorming* é um método de geração de ideias sobre um determinado assunto, sem aplicar nenhum tipo de condição, limitação ou restrição. Os participantes livremente lançam ideias de forma aleatória que servem de sementes para outras ideias.

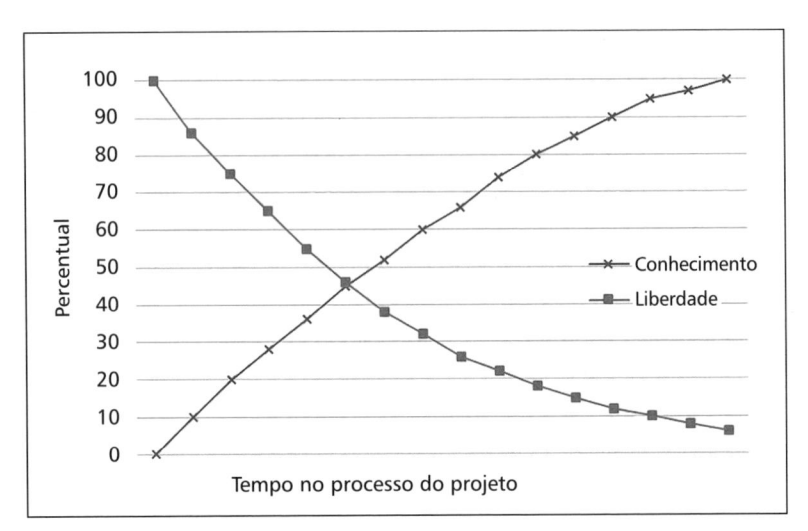

FIGURA 12.2   O paradoxo do processo do projeto [5].
Fonte: Brunt (1993).

senso de urgência menor que o seu; ausência de estoque do material que você necessita. Você pode tentar coletar o máximo de informações para um planejamento eficiente, mas nunca conhecerá todas as dificuldades do percurso até que elas apareçam.

Uma boa solução é informar aos seus fornecedores sobre o projeto e fazer com que eles se comprometam contratualmente em entregar os materiais ou serviços nos momentos indicados no cronograma, ou alocar uma quantidade maior de tempo para que esses imprevistos não alterem a data de conclusão prevista. As grandes corporações podem fazer exigências, mas isso não vale para todos. As pequenas empresas devem saber administrar esse tipo de problema sem estender demais os cronogramas.

Ferramentas para assistência no planejamento

Existem várias técnicas que ajudam a entender os passos envolvidos em um projeto e que podem auxiliar no planejamento do tempo de projeto. Algumas técnicas muito utilizadas em projetos de engenharia são os diagramas de Ishikawa*, CPM**, PERT e Gantt.

Os diagramas de **Ishikawa** permitem explorar as várias opções ou alternativas disponíveis para as atividades e, ainda, visualizar seus efeitos. Normalmente, inicia-se listando um objetivo específico ou atividade. Então são desenhados ramos com os itens que afetam esse objetivo. O proces-

---

*Também conhecido como diagrama de Espinha de Peixe, Causa-Efeito, Grandal, Causal, etc.
**Também conhecido como diagrama de rede.

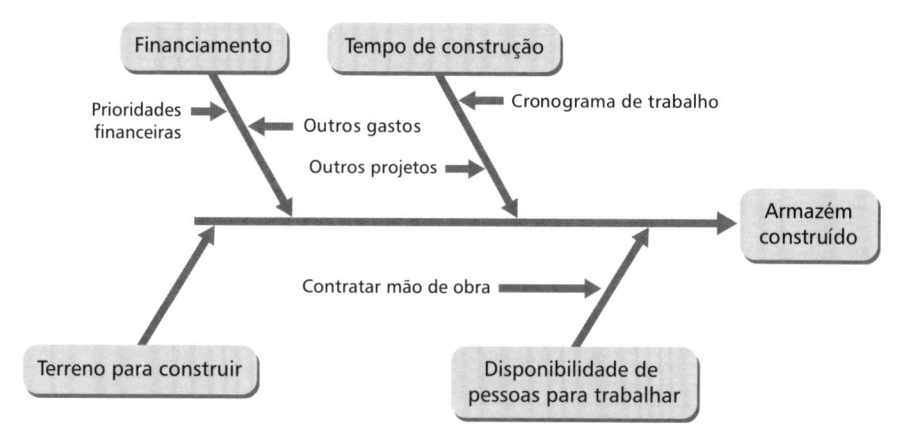

FIGURA 12.3 Diagrama de Ishikawa para a construção de um armazém.
Fonte: O autor.

so continua até o nível de detalhamento desejado, como mostra a Figura 12.3, onde é mostrado um diagrama para a construção de um armazém hipotético.

As cartas **CPM*** e **PERT**** são técnicas utilizadas para explorar e entender os passos necessários para alcançar metas. Ambos os métodos são praticamente idênticos, exceto pela forma como se estima o tempo de cada atividade.

Visualizando as sequências em que os passos são efetuados pode-se identificar o caminho crítico e, com isso, estimar realisticamente a duração da execução do projeto e a quantidade de recursos necessários para atender os requisitos de tempo.

Para desenhar essas cartas, primeiro são desenhadas as atividades necessárias para atender a um objetivo, normalmente usando quadros de texto. A seguir, esses quadros são conectados com linhas ou setas para indicar a sequência entre as atividades – aquelas que devem acontecer antes são colocadas mais à esquerda. Caso alguma atividade não tenha predecessora, ela é colocada à esquerda da carta. As cartas são desenhadas para facilitar a visualização das relações temporais entre as atividades. A própria elaboração desse tipo de diagrama já permite visualizar a falta de alguma atividade necessária que tenha passado despercebida. Se a cada atividade for associado um intervalo de tempo, você pode estimar o tempo mínimo que levará para atingir a meta, e esse arranjo é denominado *caminho crítico*. A Figura 12.4 mostra o exemplo de um diagrama PERT/CPM da construção de uma estrutura civil hipotética.

---

*CPM: *Critical Path Method* (Método do Caminho Crítico).
**PERT: *Project Evaluation and Review Techniques* (Técnicas de Revisão e Avaliação de Projetos).

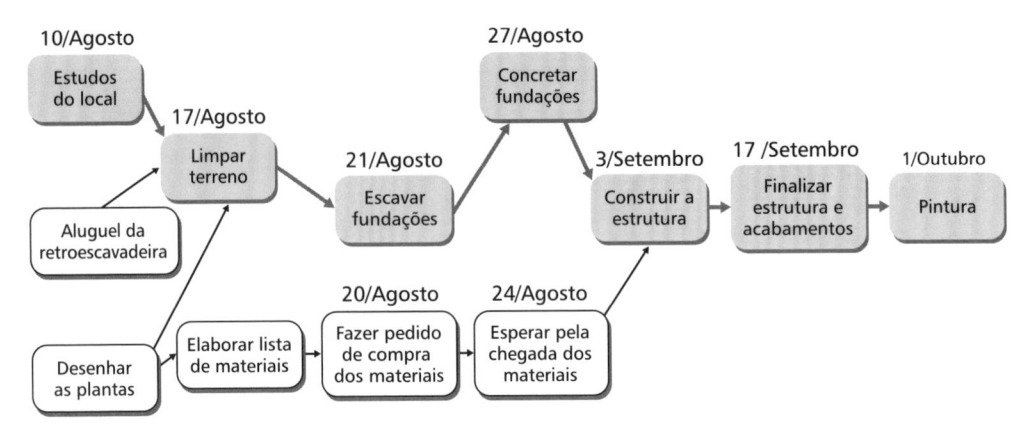

FIGURA 12.4 Carta PERT/CPM dos passos da construção de um armazém.
Fonte: O autor.

O método PERT utiliza técnicas estatísticas para o cálculo probabilístico do tempo, usando estimativas otimistas e pessimistas da duração de cada atividade. As variáveis para a estimativa de tempo são:

t_a: estimativa otimista do menor tempo que pode demorar uma atividade.

t_b: estimativa pessimista do maior tempo que pode demorar uma atividade.

t_m: tempo mais provável que uma atividade pode levar para ser concluída.

t_e: tempo esperado de uma atividade (equivalente ao tempo do caminho crítico calculado usando o método PCM). É resultado do cálculo da média ponderada:

$$t_e = \frac{t_a + 4\,t_m + t_b}{6}$$

O desvio padrão do tempo esperado é calculado por:

$$\sigma = \frac{t_a - t_b}{6}$$

As cartas de Gantt são usadas na maioria dos projetos para fazer a gestão do seu progresso. As atividades são listadas em colunas na parte esquerda da carta e o eixo horizontal é dividido em intervalos de tempos (horas, dias, semanas ou meses). Do lado direito de cada atividade é desenhada uma barra horizontal desde a data do início ao fim dela em uma escala de tempo geométrica, crescente para a direita. Dessa forma, fica em evidência se o projeto está cumprindo o cronograma previsto ou não. Alguns ajustes podem ser feitos para assegurar a finalização das atividades dentro do previsto. Para isso, pode ser necessário eliminar algumas tarefas que são menos críticas, ou realocar o pessoal para acelerar alguma outra atividade.

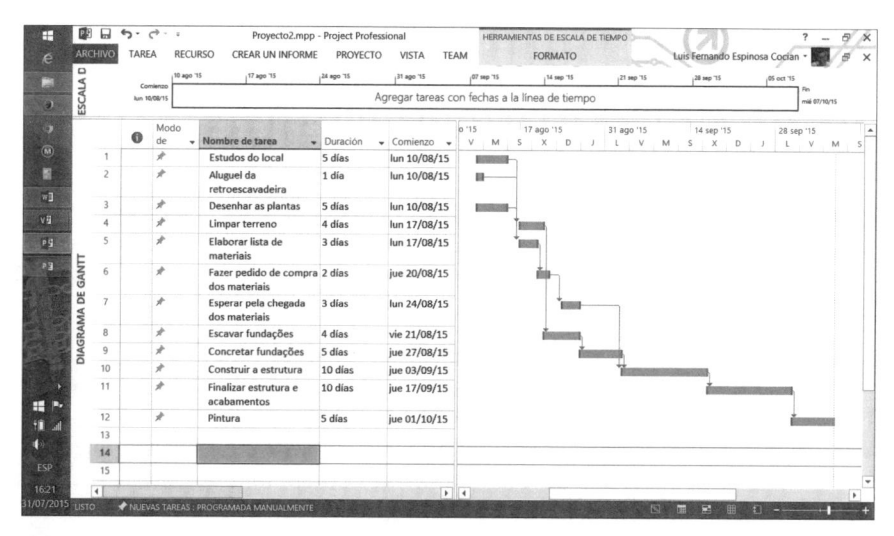

FIGURA 12.5 Exemplo de carta de Gantt.
Fonte: O autor.

▪ A divisão do trabalho

Planejadas as ações, as atividades devem ser divididas em pequenas tarefas. Essa divisão pode ser boa e ruim. Cada membro da equipe esperará receber uma tarefa do problema para que se possa chegar a pelo menos uma boa solução. O risco aparece quando as tarefas individuais de uma atividade são resolvidas, porém não se encaixam corretamente umas nas outras para formar uma solução efetiva.

É importante que os membros da equipe entendam o quanto as tarefas contribuem para o objetivo geral, e a definição e implementação das soluções das tarefas individuais devem ser feitas ou conhecidas por toda a equipe durante todo o processo do projeto. O trabalho em equipe e a boa comunicação são vitais para alcançar as metas nos projetos, cumprindo os cronogramas e orçamentos previstos.

Quando participar de uma equipe, você precisará se preocupar com o sucesso das atividades e deverá ajudar os seus companheiros no momento em que eles precisarem. Da mesma forma, quando você precisar, deverá confiar em seus companheiros de equipe e permitir que eles lhe ajudem, pois nem sempre será fácil concluir as tarefas designadas nos tempos previstos.

Atribuindo atividades e responsabilidades

A distribuição de atividades e responsabilidades pode ser feita de diversas maneiras e dependerá de como a equipe for estruturada. Na estrutura hierárquica tradicional, há um líder de equipe que delega tarefas e responsabilidades e, dependendo do tamanho do projeto, ele pode delegar áreas de responsabilidades para subgrupos, com respectivos líderes que também delegarão tarefas e responsabilidades. Esse tipo de forma de trabalho requer que os líderes conheçam os recursos disponíveis e as habilidades que o seu pessoal tem ou pode desenvolver.

Outra forma de atribuição de atividades e responsabilidades pode ser baseada em consenso (no caso em que os membros da equipe são considerados iguais), pedindo voluntários para cada uma das tarefas e estabelecendo algum tipo de método para distribuir as tarefas restantes.

Independentemente da forma, é importante que fique claro os critérios, já que essa escolha pode afetar o desenvolvimento do projeto. Os membros precisam se comprometer com as suas escolhas e sentir que o resultado do seu trabalho será uma contribuição importante para os objetivos gerais do projeto. A equipe deverá avaliar periodicamente o sucesso do método escolhido de atribuição de tarefas e responsabilidades.

No caso em que as atividades principais forem divididas em tarefas ou subatividades, deverá ser formalizada alguma forma de comunicação de cada grupo com os demais. Na avaliação final, os subsistemas devem funcionar conjugados de forma efetiva para se constituir em um sistema único.

Desenvolvendo habilidades de liderança

Desenvolver habilidades de liderança é importante para que o engenheiro obtenha o melhor desempenho da sua equipe durante o desenvolvimento de projetos. Os engenheiros também assumem cargos de direção e coordenação de grandes organizações e devem saber trabalhar junto a outros líderes de forma eficaz e eficiente.

Quando se trata de projetos que envolvem responsabilidade profissional, os engenheiros deverão ser os tomadores das decisões técnicas finais, independentemente do seu nível hierárquico. É comum acontecer conflitos entre as decisões administrativas e as decisões técnicas. Quando as decisões administrativas são tomadas em níveis hierárquicos superiores, o engenheiro deverá ser hábil ao argumentar a importância das suas decisões técnicas e as possíveis consequências de não atendê-las. Nos casos em que ele não seja hábil na dissuasão, ou no caso em que não seja ouvido, deverá recusar a responsabilidade técnica, mesmo sob risco de perder o emprego ou o cargo.

Pode-se definir a **liderança** como o conjunto de habilidades gerenciais ou administrativas que uma pessoa possui para influenciar o jeito de ser de um conjunto de pessoas, fazendo com que elas executem atividades com entusiasmo para alcançar certos objetivos ou resultados. Também pode ser entendida como a capacidade de tomar a iniciativa, gerir, convocar, promover, incentivar, motivar e avaliar um projeto de forma eficaz e eficiente, seja esse de cunho pessoal, gerencial ou institucional.

Tipos de liderança e formas de exercê-la

Alguns especialistas afirmam que existem alguns tipos diferenciados de liderança enquanto que outros acreditam que a liderança é única. Existe uma regra fundamental em matéria de liderança, simples, fácil e muito efetiva: o líder deve colocar-se no lugar das pessoas, e não tentar colocá-las no lugar do líder.

Ser líder implica não concordar com as ideias da maioria, pois exige ser responsável para argumentar corretamente e debater ideias que inspirem segurança. Ser um bom líder implica ser responsável pelo bem-estar do grupo, por isso, alguns membros do grupo poderão não gostar de algumas ações e decisões. Mas querer ganhar a simpatia de todos é um sinal de mediocridade.

Quando os subordinados deixarem de apresentar os seus problemas ao líder, sua liderança terá terminado. A confiança foi perdida. Os bons líderes se mostram sempre acessíveis e se colocam à disposição dos seus subordinados.

A liderança é solitária. Seja um engenheiro presidente de empresa, seja um diretor de engenharia, ou coordenador de um setor de pesquisa e desenvolvimento de uma grande empresa, a responsabilidade toda será unicamente dele. Mesmo quando envolver a participação de subalternos, a decisão deverá ser unipessoal, inclusive quando se trata de tomadas de decisões difíceis que poderão influenciar o destino de outras pessoas.

Habilidades na tomada de decisões

Para tomar a decisão mais eficaz e eficiente, deve-se ter a informação necessária. Sem a informação adequada, não se deveria tomar decisões. A tomada racional de decisão se baseia na informação adequada e oportuna (MAYOR, 2001). Em muitas ocasiões, o engenheiro deverá tomar decisões sem cumprir esse requisito básico, quando não houver tempo hábil para obter as informações necessárias. Às vezes, demorar muito para tomar uma decisão pode significar perder o negócio ou reduzir o lucro da empresa. Em geral, é bom avaliar se os riscos a correr são menos custosos que as oportunidades a ganhar.

O risco das decisões

Ao tomar uma decisão sem ter todas as informações necessárias, aceita-se correr um risco. Esse risco deve estar equilibrado com o prêmio ou benefício que se deseja obter. Se não existe equilíbrio, o senso comum e a teoria da probabilidade indicam que o risco não vale a pena. Uma decisão final deverá ser tomada pelo engenheiro. A **esperança matemática***é um número resultante da multiplicação da probabilidade de conseguir um objetivo pelo benefício que esse objetivo representa. Se o resultado for positivo, existe benefício provável. Se for negativo, o prejuízo será mais provável.

---

*Também conhecido como *valor esperado* ou *expectância*.

Muitas vezes, nas decisões de engenharia, deve-se equilibrar o risco com o benefício esperado. Por exemplo, no contrato firmado com uma empresa que contratou os nossos serviços pode haver uma cláusula de multa por algum objetivo não alcançado no tempo ou no custo previsto. Apesar dos cálculos iniciais, sempre poderá existir a possibilidade de que algum dos objetivos não seja alcançado de acordo com o previsto, resultando no compromisso de pagar uma multa. Para balancear essa situação, é necessário que o ganho ou benefício a ser obtido seja igual ou superior à provável multa que se tenha de pagar.

A equação a ser resolvida é: *valor esperado = probabilidade × benefício esperado*

Para tomar a decisão mais correta de forma racional, é necessário conhecer as probabilidades dos sucessos que afetam as variadas situações. O problema reside, então, em calcular essas probabilidades.

O conceito de probabilidade

Quando não se dispõe de toda a informação para tomar uma decisão de engenharia, não se pode deixar nas mãos da sorte para alcançar um objetivo proposto. Existem ferramentas matemáticas que podem aproximar suficientemente ao estado ideal o que se precisa decidir. Para isso, podem ser usados dados históricos próprios ou de casos semelhantes.

A tomada de decisões requer dominar uma ferramenta matemática, conhecida como teoria das probabilidades. Essa ferramenta permite tomar decisões racionais, mesmo desconhecendo quase toda a informação necessária.

Para entender a racionalidade por trás da tomada de decisões em condições imperfeitas devem ser apresentados alguns conceitos básicos. O conceito de probabilidade está relacionado com eventos aleatórios. Para ilustrar, pode-se imaginar a probabilidade de que do lançamento de um dado resulte, por exemplo, o valor 4. O dado tem seis faces e cada uma teria a mesma probabilidade de acontecer. Neste caso, a probabilidade de cada face será de uma em seis:

$$\frac{casos\ favoráveis}{casos\ possíveis} = \frac{1}{6}$$

A probabilidade de resultar em um dos seguintes números: 1, 4 e 6 será a soma das três probabilidades, no caso $1/6 + 1/6 + 1/6 = 1/2$. A probabilidade pode ser expressa em percentual do total de eventos possíveis, no caso, uma probabilidade de 0,5 representa 50% de probabilidade que aconteça o esperado.

Por exemplo, analisando o caso de uma fábrica de reatores eletrônicos, verifica-se que a cada 100 reatores fabricados, dois apresentam falhas (2%). Assim, em uma produção de um lote de 5.000 reatores espera-se que $5.000 \cdot 0,02 = 100$ apresentarão falhas. Isso não quer dizer que em todos os lotes de produção de 5.000 peças haverá 100 delas com defeito, pois é possível que em alguns lotes haja mais falhas e em outros menos. Porém, a média de peças defeituosas por lotes resultará em 100.

Possibilidade e probabilidade

É importante entender a diferença entre possibilidade e probabilidade. Na linguagem comum, os termos podem ser usados de forma indistinta. A probabilidade de um acontecimento é uma característica quantitativa, enquanto que a possibilidade é qualitativa.

Para calcular a probabilidade da ocorrência de um evento é necessário calcular o número de casos possíveis e de casos favoráveis. Dividindo-se o segundo pelo primeiro, encontra-se um valor entre 0,0 e 1,0. O principal problema, portanto, é encontrar o número de casos favoráveis (CF) e o de casos possíveis (CP). Existem situações simples em que esses números são encontrados facilmente, porém, em outros casos, pode se tornar um complicado caso de análise combinatória.

Por exemplo, um dado, cujas ocorrências foram anotadas em uma tabela, é lançado 360 vezes, como mostra a Figura 12.6.

A probabilidade resultante é maior para a face 3. Isso pode ser indicativo de algum problema na qualidade de produção.

Veja agora um exemplo, um pouco mais complicado, com dois dados para analisar a frequência da ocorrência de eventos de todas as combinações possíveis:

As ferramentas estatísticas

Os engenheiros desenvolvem atividades que implicam sempre em algum tipo de risco. Quanto maior conhecimento houver sobre a situação, maior será a probabilidade de tomar decisões corretas. A estatística trabalha com variáveis cujos valores não estão definidos, pois podem apresentar diferentes valores, cada um com determinada probabilidade. À diferença dos dados que somente possuem seis faces e, portanto, seis valores possíveis, os casos de que

Face	Teórico	Real	Diferença
1	60	54	−6
2	60	56	−4
3	60	70	10
4	60	62	2
5	60	58	−2
6	60	60	0
Total	360	360	0

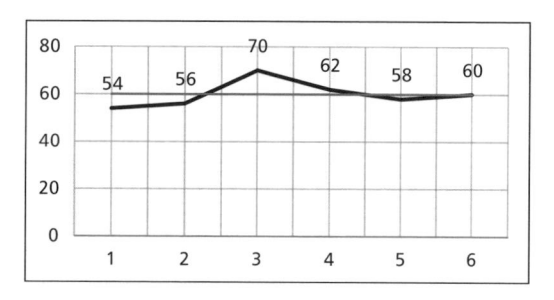

FIGURA 12.6 Exemplo de cálculo de probabilidades para um dado.
Fonte: O autor.

Soma das Faces	Combinações	Probab.	Teórico	Real	Dif.
2	1|1	1/36	10	8	−2
3	2|1 ou 1|2	2/36	20	17	−3
4	1|3 ou 2|2 ou 3|1	3/36	30	26	−4
5	1|4 ou 4|1 ou 2|3 ou 3|2	4/36	40	33	−7
6	1|5 ou 5|1 ou 2|4 ou 4|2 ou 3|3	5/36	50	51	1
7	1|6 ou 6|1 ou 2|5 ou 5|2 ou 3|4 ou 4|3	6/36	60	67	7
8	2|6 ou 6|2 ou 3|5 ou 5|3 ou 4|4	5/36	50	54	4
9	3|6 ou 6|3 ou 4|5 ou 5|4	4/36	40	42	2
10	4|6 ou 6|4 ou 5|5	3/36	30	32	2
11	5|6 ou 6|5	2/36	20	22	2
12	6|6	1/36	10	8	−2
Totais		1	360	360	0

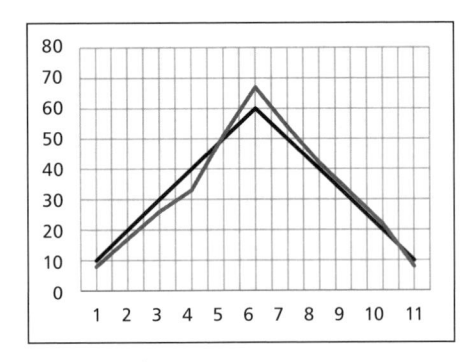

FIGURA 12.7 Exemplo de cálculo de probabilidades para dois dados.
Fonte: O autor.

trata a estatística se referem àqueles em que o número de valores que pode ter uma variável é muito grande e, em alguns casos, infinito. Para calcular a probabilidade de ocorrência de um evento nessas condições, não é possível aplicar diretamente o mesmo princípio do cálculo das probabilidades.

Pode se dizer que a estatística é uma área da matemática que pode ajudar na hora de tomar decisões em situações em que a probabilidade de ocorrência de eventos se obtém a partir de estudos e análises dos dados obtidos na observação de um determinado fenômeno ou situação (MAYOR, 2001).

Por exemplo, na fabricação de parafusos de ½ polegada para a indústria metalomecânica, a medida deles nem sempre é 0,5 polegada, exceto valores como: 0,51; 0,52; 0,48; 0,49 etc. Quando se vende um pacote de parafusos de ½ polegada, deve-se dar aos clientes certa segurança de que todos os parafusos medirão perto do comprimento indicado. A estatística permite precisar o grau de aproximação alcançado ao comprimento especificado.

Para obter essa informação, registram-se os valores da variável desejada (neste caso, o comprimento dos parafusos), e destes derivarão alguns valores que servirão para a tomada de decisões. Costuma-se utilizar o termo **população** para se referir a todos os elementos (neste caso, todos os parafusos) em estudo. É comum, no caso de haver uma quantidade muito grande de elementos, que se tomem amostras para cada lote (menor do que a população) para se derivar deles os dados utilizados para a tomada de decisão.

O valor médio

Para poder trabalhar quantitativamente com valores que não são constantes, ou seja, que variam dentro de certos limites, é necessário criar uma variável e designar a ela um valor que represente de forma aproximada os diferentes valores que se pode chegar a receber. Por exemplo, o setor de controle de qualidade de uma fábrica de peças mecânicas rejeita certa quantidade de peças defeituosas a cada dia, e essa quantidade varia. Ao final do mês, são contadas todas as peças rejeitadas e o total da soma é dividido pelo número de dias do mês, por exemplo, 30, indicando a *média de peças defeituosas rejeitadas por dia*. Esse valor, ou seja, o valor médio, fornece uma ideia do desempenho do sistema de produção. Se for necessário efetuar uma análise sobre o modelo de produção das peças, para tentar melhorar a produtividade, poderá ser usado o valor médio atual como meio de comparação nas posteriores ações de melhoria.

Em praticamente todas as atividades diárias, há situações em que os valores das variáveis que serão usadas para tomar decisões variam continuamente e, nesse caso, é necessário substituí-los por um valor que melhor represente a faixa de variação, isto é, o seu valor médio. Às vezes, o valor médio é calculado sobre toda a população (quando ela for pequena), ou sobre uma amostra dela. Por exemplo, um engenheiro ambiental pode tomar amostras das águas residuais que uma planta industrial devolve a um rio com o objetivo de comprovar se esta está dentro dos limites de contaminação preestabelecidos. De acordo com os resultados da análise, o engenheiro deverá tomar a decisão de recomendar a interdição da planta ou deixá-la continuar operando. No caso em que qualquer uma das amostras apresentar valores acima dos aceitáveis, ele poderá decidir por tomar mais amostras e repetir as análises.

Moda e mediana

Em algumas situações, pode ser conveniente definir a característica do conjunto de valores usando outros indicadores numéricos, por exemplo, a moda e a mediana.

A **moda** é o valor que ocorre com maior frequência em um conjunto de números. A mediana é o valor central do conjunto de números. O cálculo da moda é simples, permite uma clara interpretação e, como depende somente das frequências, pode ser usado também para avaliar variáveis qualitativas. Os pontos negativos são que o seu valor depende da maior parte dos dados, e pode variar muito para dados amostrados, além de nem sempre o valor ficar no centro da distribuição. Pode também haver mais de uma moda para frequências de dois ou mais valores que apresentem a mesma frequência.

A **mediana** é o valor central de um conjunto de valores. Ela pode ser utilizada quando o conjunto de valores tende a ser mais frequente nas extremidades de um intervalo, onde o valor médio não representa muito bem a tendência central. A Figura 12.8 mostra os conceitos básicos da média, moda e mediana.

Por exemplo, para um conjunto de valores dado por: {1, 2, 2, 3, 4, 7, 9}, a média é igual a 28; a moda é igual a 3; e a mediana é igual a 2.

Histograma

O valor médio de uma população ou amostra fornece uma ideia do valor mais provável da variável em estudo, porém não oferece uma visão clara sobre a dispersão dos seus valores. Uma informação relevante é saber o quão aproximado é o valor médio calculado com relação ao conjunto de valores.

Por exemplo, no caso de lâminas de alumínio de 1 mm de espessura, o cliente pode exigir que 95% da superfície delas tenham espessuras entre 1,05 e 0,95 mm, pois, caso isso não aconteça, não servem para o processamento de manufatura dos seus produtos. Para analisar o resultado da produção de lâminas, o engenheiro deverá medir as espessuras em vários pontos e construir uma tabela, como mostra a Tabela 12.3, onde apareça o total de medições para cada intervalo. Assim, o cliente poderá verificar a quantidade a adquirir ou decidir se comprará ou não. Os valores se apresentam na forma de diagramas, como mostra a Figura 12.9, chamados de **histogramas**.

Para a construção do histograma, os dados são agrupados em intervalos; contam-se as medições que resultaram em cada intervalo e desenha-se um diagrama de barras, onde cada barra tem altura proporcional ao valor medido. Assim, se obtém um gráfico composto de retângulos de alturas desiguais que indicam quantos elementos do conjunto existem em cada intervalo.

A área de cada coluna (altura × intervalo) define a probabilidade de uma placa ter a espessura do intervalo correspondente. Para calcular essa probabilidade, o único jeito é medir o valor da área da barra que corresponde ao intervalo desejado e dividir pela área total do histograma. Isso permite obter o valor da probabilidade, que pode ser fundamental para tomar uma decisão racional.

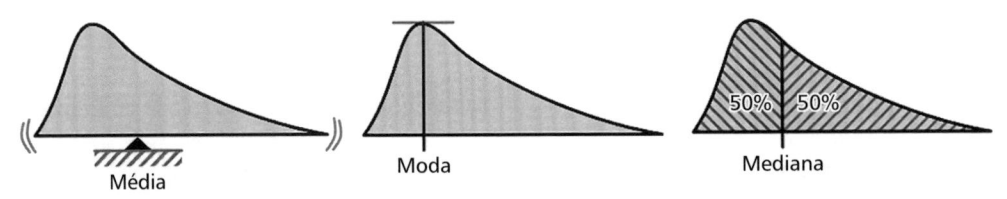

FIGURA 12.8 Média, moda e mediana.
Fonte: O autor.

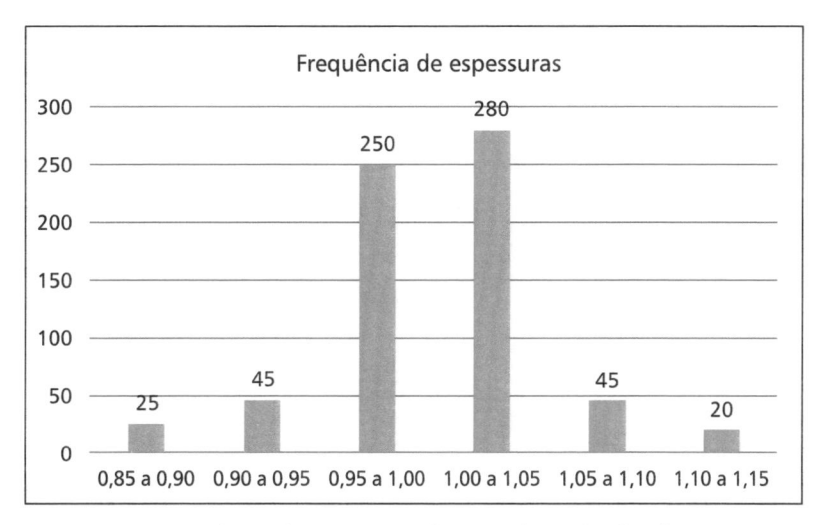

FIGURA 12.9 Frequência de espessuras de uma chapa de alumínio.
Fonte: O autor.

Desvio padrão

O valor médio é uma descrição representativa de uma determinada população; entretanto, não fornece uma ideia de como os valores estão agrupados, se estão dispersos ou concentrados, de forma uniforme ou localizada. Para ter uma ideia aproximada da dispersão dos valores, costuma-se descrever a população por mais uma quantidade, que complementa a descrição do valor médio. Essa quantidade é denominada **desvio padrão** e mostra a dispersão dos valores individuais com relação ao valor médio. A equação usada para calcular o desvio padrão é:

$$\sigma = \sqrt{\frac{\sum_{i=1}^{N}(\overline{X}-x_i)^2}{N-1}}$$

Onde $\overline{X}$ é o valor médio dos dados; x_i é o valor de um dado particular; e N é a quantidade de dados. A Tabela 12.4 mostra o cálculo de desvio padrão para um conjunto de amostras de medições de espessura de uma placa de alumínio.

Tabela 12.3 Medições de espessura de chapas de alumínio

Intervalo	0,85 a 0,90	0,90 a 0,95	0,95 a 1,00	1,00 a 1,05	1,05 a 1,10	1,10 a 1,15
Frequência de espessuras	25	45	250	280	45	20

Fonte: O autor.

Tabela 12.4 Medida de espessura de placas de alumínio

Amostra	Espessura	$\bar{X} - x_i$	$(\bar{X} - x_i)^2$
1	1,01	−0,0100	0,0001
2	1,02	−0,0200	0,0004
3	0,98	0,02000	0,0004
4	0,87	0,1300	0,0169
5	0,92	0,0800	0,0064
6	1,02	−0,0200	0,0004
7	1,04	−0,0400	0,0016
8	1,10	−0,1000	0,0100
9	1,05	−0,0500	0,0025
10	0,99	0,0100	0,0001
11	1,00	0,0000	0,0000
Média	1,00		
		Soma	0,0388
		σ =	0,06 mm

Fonte: O autor.

A distribuição normal

Se for escolhido um conjunto de parafusos com a mesma especificação de comprimento, por exemplo, e eles forem medidos, tendo os seus valores registrados em uma tabela, e desses valores desenharmos um histograma, será observado que o gráfico é parecido com o mostrado na Figura 12.10. Esse gráfico apresenta uma aparente simetria entre a barra central e as extremidades laterais.

As variáveis que adotam esse tipo de característica apresentam uma distribuição de frequências conhecida como distribuição normal ou gaussiana. Esse tipo de distribuição tem ocorrências iguais acima e abaixo do valor médio e cai rapidamente à medida que se afasta dele, e é encontrado muito frequentemente em uma grande quantidade de situações da engenharia.

Alguns exemplos de variáveis que apresentam distribuições normais estão nas medições de grandezas físicas em geral, na avaliação do tempo de conclusão da montagem de automóveis usando robôs em uma montadora, nos tempos de chegada de voos comerciais, etc.

Se a largura (intervalo) das barras do histograma for reduzida até um ponto, o histograma se converterá em uma curva parecida com um sino (função gaussiana). A função gaussiana é uma curva simétrica com referência a um eixo vertical que passa pelo valor médio, como mostra a Figura 12.10. A equação da curva normal é:

$$f(x) = \frac{1}{\sigma\sqrt{2\pi}}\, e^{\frac{-(x-\mu)^2}{2\sigma^2}}$$

– onde μ é o valor médio.

Se forem traçadas duas linhas verticais em ambos os lados do valor médio, a uma distância dele de ± 1σ, obtém-se uma área embaixo da curva cujo valor é igual a 68% da área total. Se as linhas forem traçadas a ± 2σ, a área é igual a aproximadamente 95%. Para distâncias de ± 3σ ou maiores, a área ficará maior que 98% do total. A Figura 12.11 mostra a distribuição de frequências de acordo com valores múltiplos do desvio padrão.

Caso o valor médio aumentar ou diminuir, a curva se deslocará horizontalmente mantendo a sua forma. No entanto, se o desvio padrão mudar, a forma da curva irá se alterar, tornando-se mais achatada à medida que σ aumenta, e mais aguda quando σ diminui. Portanto, um valor pequeno de σ indica que os valores da variável diferem pouco do valor médio e que um valor elevado implica em uma grande dispersão.

A área sob a curva normal, de $-\infty$ a $+\infty$, é igual a 1. Do ponto de vista das probabilidades pode-se interpretar que a área sob a curva é a probabilidade de que um evento ocorra. Por exemplo, a probabilidade de a lâmina de alumínio do exemplo anterior ter qualquer espessura é 1, ou seja, é uma certeza. Seguindo o mesmo raciocínio, caso se deseje conhecer a probabilidade de medir uma espessura que seja de exatamente 1,0044 mm, pode-se responder que a probabilidade de ocorrência é igual a zero neste caso. Entretanto, se for necessário saber o valor da probabilidade de que a espessura se encontre entre 0,95 mm e 1,05 mm, ela pode ser calculada facilmente se for conhecida a curva de distribuição de frequências.

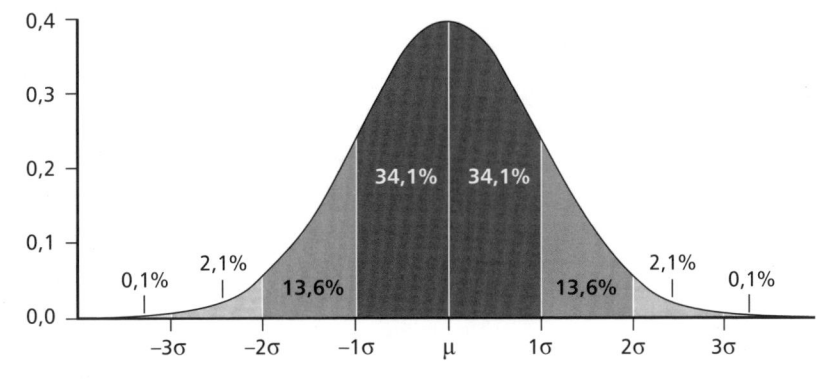

FIGURA 12.10 Distribuição de frequências.
Fonte: O autor.

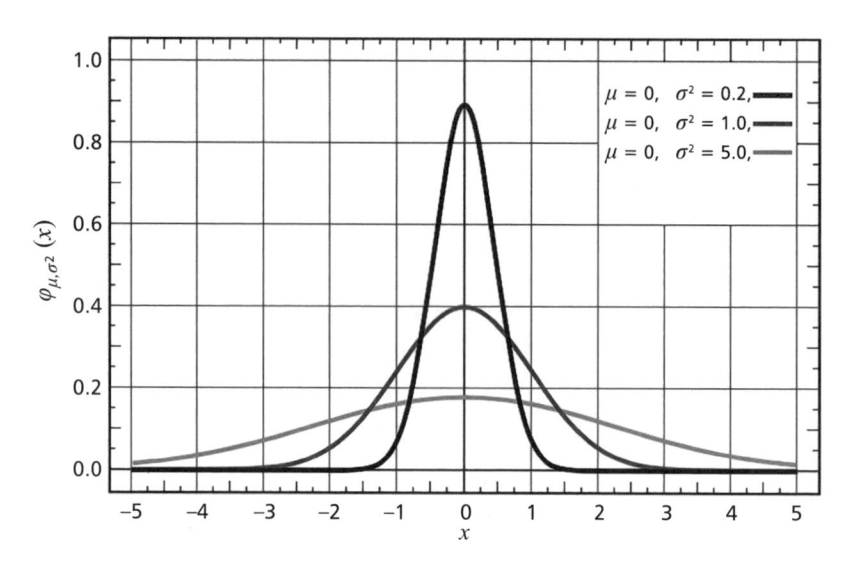

FIGURA 12.11 Exemplo de distribuição normal para diferentes valores de σ.
Fonte: O autor.

A equação para calcular a área sob a curva normal no intervalo entre **a** e **b** é a seguinte:

$$F(x) = \int_a^b \frac{1}{\sigma\sqrt{2\pi}} e^{\frac{-(x-\mu)^2}{2\sigma^2}} \cdot dx$$

Substituindo

$$z = \frac{x-\mu}{\sigma}$$

pode-se obter a curva normalizada para o valor médio igual a zero e o desvio padrão igual a 1. Nessas condições, calcula-se a área sob a curva e dela obtém-se a probabilidade de que aconteça determinado valor.

O erro padrão

O erro padrão é uma medida de confiança que se tem do valor médio de uma série de medições. Quando se mede o valor de uma variável um certo número de vezes, obtém-se uma distribuição das medições que pode ser representada por uma distribuição normal. Calcula-se, então, o valor médio e o desvio padrão, podendo descrever a série de medições. Em termos práticos, o erro padrão indica o número de dígitos significativos com que se pode expressar o valor médio. A equação para o cálculo do erro padrão é a seguinte:

$$\frac{\sigma}{\sqrt{N}}$$

Quanto maior for o número de vezes que se repetir a medição, menor será o erro padrão, então a confiança no valor médio aumentará.

Por exemplo, em uma série de medidas de massa, foi encontrado um valor médio igual a 50,04216 g. O desvio padrão é igual a $2,1 \times 10^{-4}$ g. A medição foi repetida três vezes, sendo que o erro padrão é igual a

$$e = \frac{\sigma}{\sqrt{N}} = \frac{2,1 \times 10^{-4}}{\sqrt{3}} = 0,00012$$

Como o primeiro dígito significativo está na quarta casa decimal, o valor médio se expressa usando quatro casas decimais, no caso, 50,0421. Assim, o erro médio fica na faixa de incerteza do valor médio, podendo ser expresso como $50,0421 \pm 2,1 \times 10^{-4}$.

▶ Resumo

Neste capítulo, tratamos da importância do trabalho em equipe na engenharia. Vimos que a organização dos grupos é regida por três aspectos: as funções exercidas pelos membros, sejam elas de colaboração ou de suporte emocional; as normas que definem a conduta do grupo; e a coesão, presente em todos os grupos, em maior ou menor grau, e que determina sua união. Estudamos as etapas de desenvolvimento de uma equipe e também as ferramentas que auxiliam no planejamento do tempo e na atribuição de responsabilidades para seus membros. Vimos ainda as questões relacionadas à tomada de decisão, envolvendo cálculos de probabilidades e ferramentas de estatística que são úteis para dar suporte ao líder na avaliação de riscos.

Atividades

1. Que tipo de problemas podem provocar a falha de um projeto de engenharia feito em equipe durante a sua formação?
2. Qual é o método mais apropriado para fazer a tomada de decisão nos trabalhos em equipe durante a sua formação?
3. Em uma empresa de montagem de computadores foram levantadas as seguintes características: para cada centena de microprocessadores falham em média 3; para cada 100 teclados, 2 saem com defeito; e uma tela em cada 300 não funciona de forma adequada. Calcule a probabilidade de embalar um equipamento completo que não funcione.

CAPÍTULO

13

Ética e responsabilidades

Os engenheiros criam produtos e processos para melhorar a produção de alimentos, para fornecer abrigo, energia, comunicações, transporte, saúde e proteção contra os desastres naturais, além de fornecer conveniências, comodidades e beleza para o nosso dia a dia. Eles se esforçam ao máximo para realizar aquilo que inicialmente parecia impossível. Porém, isso nem sempre é possível. Alguns erros podem ter sérias consequências. Neste capítulo, veremos algumas situações em que isso ocorreu e como garantir que os riscos tecnológicos não ofusquem os seus benefícios.

Neste capítulo você estudará:

- O significado de ética na engenharia.
- A complexidade moral nas decisões.
- Os passos para resolver dilemas éticos.

A engenharia tem transformado o nosso senso de conexão com a natureza e nos levado a um mundo artificial onde qualquer sonho pode ser alcançado e qualquer problema pode ser resolvido. É claro que as tecnologias têm implicações. De um lado, geram benefícios; de outro, sua aplicação pode ter consequências negativas. Por exemplo, a exploração espacial proporcionou novos conhecimentos, que foram usados para desenvolver produtos. Entretanto, os desastres dos ônibus espaciais Challenger e Columbia levantaram novamente a discussão da importância de decisões baseadas em valores morais, colocando a segurança e o bem-estar das pessoas acima das eventuais perdas econômicas ou do não atingimento de metas.

A ética envolve avaliar ganhos e riscos de forma racional, assumindo as devidas responsabilidades. A seguir, vamos discutir a complexidade moral em decisões na engenharia, e a importância de aceitar e compartilhar a responsabilidade moral dentro do ambiente corporativo, onde a maior parte das atividades de engenharia acontece.

Responsabilidade na engenharia

Assim como os médicos aderem ao Juramento de Hipócrates, os engenheiros aderem a guias de conduta profissional. As responsabilidades profissionais dos engenheiros são estabelecidas em códigos de ética, que definem diretrizes de comportamento. As responsabilidades legais são aquelas relacionadas ao cumprimento dos contratos. Alguns engenheiros que trabalham como consultores estabelecem contratos diretos com os seus clientes e ficam legalmente comprometidos a conviver com os padrões de desempenho estabelecidos nesses contratos. A maioria dos engenheiros (diferente de outros profissionais, como médicos e dentistas) não trabalha como profissional liberal. Eles frequentemente trabalham como empregados nas grandes empresas e, dessa forma, comprometem-se a atuar no interesse da empresa e a cumprir com as respectivas obrigações contratuais.

Os engenheiros também têm responsabilidades sociais. Entretanto, as atividades de engenharia sempre envolvem algum tipo de risco e, nesses casos, os engenheiros têm a obrigação de informar à sociedade sobre os riscos inerentes (MARTIN; SCHINZINGER, 2010). A relação risco-benefício deve ser avaliada baseada nos impactos social, individual e ambiental.

Ética e profissionalismo

Os valores morais devem estar incorporados aos projetos de engenharia como um padrão de excelência, e não somente como módulo extra, e integrados com segurança, eficiência e respeito pelas pessoas e pelo ambiente. Os valo-

FIGURA 13.1 Em 2001, uma série de explosões na plataforma P36, da Petrobras, matou 11 pessoas e levou ao seu afundamento.
Fonte da imagem: Green (2010).

res morais são numerosos e podem dar origem a dilemas éticos: situações nas quais as razões morais entram em conflito ou quando a aplicação dos valores morais é problemática, e, portanto, não fica muito claro como proceder.

As razões morais podem ser obrigações, direitos, bens, ideais ou considerações similares. As habilidades técnicas e o julgamento do que é considerado moralmente bom precisam se mesclar na solução dos dilemas éticos. Essas combinações foram identificadas pelos gregos antigos pela palavra *areté**, ou excelente, ou como uma virtude. Assim como em outras profissões, a excelência e a ética andam juntas.

Questões micro e macro

Nos dias atuais, os engenheiros precisam estar preparados para lidar com questões de micro e macro abrangência. Nas questões micro, por exemplo, estão incluídas demandas que envolvem decisões de indivíduos ou empresas no desenvolvimento dos seus projetos. Já as questões macro incluem problemas mais abrangentes, como as direções ideais do desenvolvimento tecnológico, as leis que devem ou não ser promulgadas e as responsabilidades coletivas em grupos, como as das associações profissionais de engenharia e de grupos de consumidores. Ambas as questões são importantes na ética da engenharia, e frequentemente estão entrelaçadas.

Considere a indústria automobilística. Um exemplo de problema pontual ocorreu com o VW Fox brasileiro no ano de 2008. Seu sistema de rebatimento do banco traseiro decepou e esmagou os dedos de vários proprietários, por um erro de projeto. Mesmo diante do grande número de ocorrências, a empresa se negou a efetuar o *recall*, comunicando por meio da imprensa que

FIGURA 13.2 Vazamento de hidrogênio causou incêndio no dirigível Hindenburg, em 1937, matando 35 pessoas.
Fonte: Cox (2013).

---

*Em um conceito mais amplo, implica um conjunto de qualidades cívicas, morais e intelectuais.

"[...] *os procedimentos do manuseio do sistema de rebatimento encontram-se descritos no Manual do Proprietário*" (MACHADO, 2008). Cabe dizer que o sistema de rebatimento do VW Fox modelo de exportação possui um sistema diferente, totalmente seguro.

Essa seria a questão micro. Do ponto de vista macro, uma tentativa de resolver situações similares a essa poderia ser uma lei que obrigasse as montadoras de automóveis a certificarem os seus produtos de acordo com normas de segurança UL, que, entre outros aspectos, trata da segurança na manipulação dos acessórios internos dos automóveis.

Complexidade moral dos sistemas de engenharia

Os engenheiros se defrontam com problemas morais e técnicos em todas as suas atividades: em relação a materiais, à qualidade dos serviços de colegas ou fornecedores, a prazos e custos, e a relações de hierarquia e autoridade. A Figura 13.3 mostra as atividades de engenharia na concepção e construção de um produto.

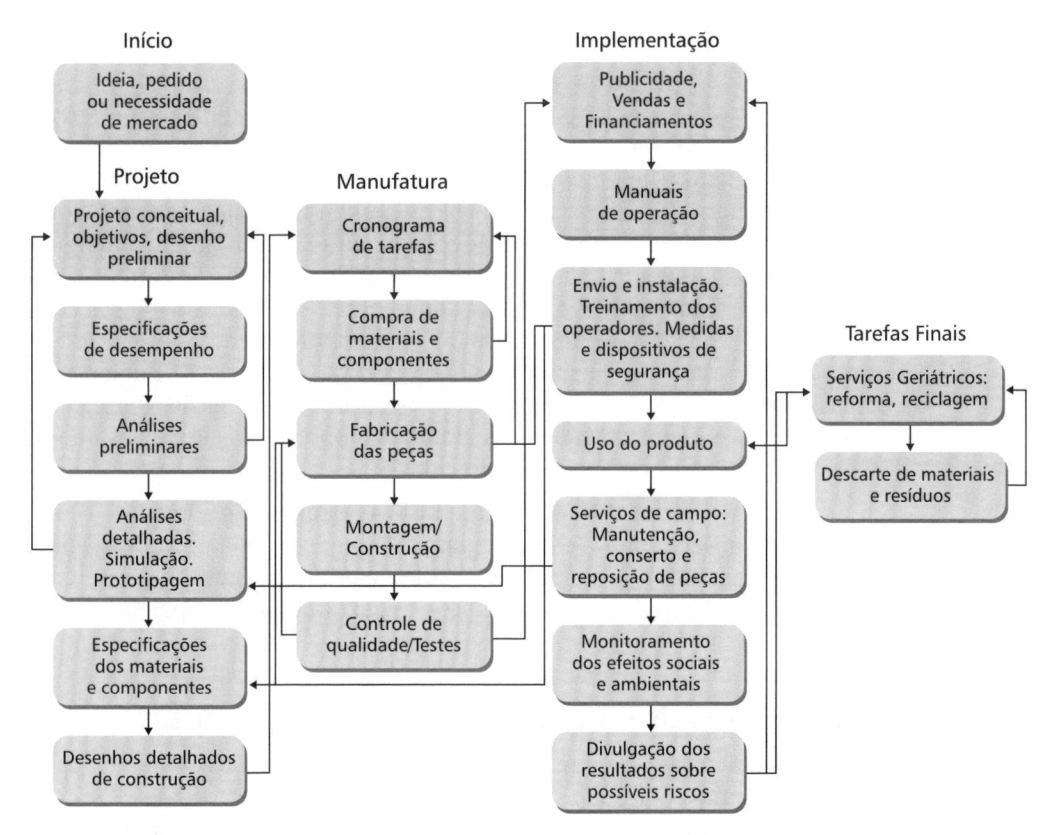

FIGURA 13.3 Diagrama da sequência de tarefas de um produto, desde a ideia, o projeto, a manufatura, a venda, o uso e o descarte.
Fonte: Martin e Schinzinger (2010).

Um novo produto começa com um projeto conceptual que contém especificações de desempenho. Em seguida, há uma análise detalhada, possivelmente assistida por simulações computacionais, e a construção de protótipos. O produto final da tarefa de projeto mostrará as especificações pormenorizadas e os desenhos detalhados da construção para todos os componentes.

A manufatura é a tarefa principal. Ela envolve os cronogramas e o planejamento da sequência de execução das tarefas de compra dos materiais e componentes, a fabricação das peças e as suas montagens, e, finalmente, a montagem final e os testes de desempenho do produto.

A venda, ou a distribuição, é o próximo passo, se o produto é resultado de um contrato anterior. Depois disso, os engenheiros do fabricante ou do cliente executam a instalação, treinam os operadores, efetuam a manutenção, o conserto e, por último, o descarte ou a reciclagem.

É muito raro que o processo se desenvolva de uma forma direta e sem recorrências. Em vez disso, à medida que cada estágio se desenvolve, pode haver a necessidade de voltar atrás em modificações e, a partir daí, prosseguir até o final. Os erros precisam ser detectados e corrigidos. As alterações podem ser necessárias para melhorar o desempenho do produto ou para atender aos requisitos de custo e tempo.

É comum que o engenheiro comece o processo sem ter muito claro o conjunto de objetivos e de soluções alternativas. Estes emergirão durante o processo de projeto. Uma das primeiras tarefas é esclarecer os objetivos e começar a procurar pelas alternativas. Os engenheiros são normalmente forçados a parar durante uma tentativa de solução ao se defrontarem com alguma dificuldade ou quando decidem por um método melhor. Então retornam aos primeiros estágios com as alterações em mente. Tais reconsiderações das tarefas iniciais não necessariamente se iniciam e finalizam nos mesmos estágios durante as fases subsequentes do projeto, da manufatura e da implementação. Isso porque o retorno é motivado pelas últimas informações derivadas das experiências atuais, somadas aos resultados obtidos nas iterações anteriores e à experiência com projetos parecidos.

As alterações feitas durante uma etapa ou estágio não somente afetarão as etapas subsequentes, mas também podem exigir uma nova avaliação das decisões anteriores. Lidar com essa complexidade requer uma forte cooperação entre os engenheiros de muitos departamentos e especialidades diferentes.

Problemas morais potenciais

Como discutido anteriormente, os processos de projeto consistem em uma progressão de etapas que são interrompidas por alguns retrocessos. O processo de iteração durante o projeto é parecido com laços de realimentação, e, assim como em qualquer sistema de controle realimentado a engenharia leva em consideração os ambientes naturais e sociais que afetam o produto e as pessoas que o utilizam (MARTIN; SCHINZINGER, 2010).

Os problemas morais podem surgir por falhas dos engenheiros, dos seus supervisores, de vendedores ou de operadores do produto. As causas fundamentais podem ter diferentes formas. Alguns problemas morais que podem surgir são os seguintes (JANIS, 1982):

- ***Falta de visão***, quando se aponta o túnel de visão apenas para alternativas tradicionais, ignorando alternativas possíveis.
- ***Incompetência*** entre os engenheiros que executam tarefas técnicas.
- ***Falta de tempo ou falta de materiais adequados***, devido à má gestão.
- ***Mentalidade de silo*** que mantém a informação compartimentada em vez de compartilhá-la entre os diferentes departamentos.
- ***Falsa ideia*** de que existem engenheiros de segurança *em algum lugar e momento do processo do projeto* para detectar e corrigir problemas potenciais.
- ***Uso ou descarte incorreto*** do produto por um proprietário ou usuário desavisado.
- ***Desonestidade*** em qualquer atividade do processo do projeto e pressão da gerência para tomar atalhos.
- ***Desatenção*** com o modo de utilização do produto após a sua venda e durante o seu uso.

Embora essa lista não esteja completa, ela sugere uma faixa de problemas que podem gerar desafios morais aos engenheiros. Ela também indica que os engenheiros precisam prever situações problemáticas e ter cuidado,

FIGURA 13.4 O desastre da usina nuclear de Chernobyl, em 1986, é considerado o pior acidente nuclear da história.

imaginando, especialmente, quem pode ser afetado indiretamente, de forma positiva ou negativa, pelos seus produtos e decisões.

Ética na engenharia

A palavra ética possui vários significados. Um deles informa que ética é sinônimo de moralidade. Refere-se aos valores morais que são importantes ou razoáveis, às ações ou políticas que são moralmente exigidas (direitos) e ao moralmente admissível, ou moralmente desejável (bom). Assim, a *ética na engenharia consiste em responsabilidades e direitos que devem ser* assumidos *por aqueles que se envolvem nas profissões da engenharia, e, também, dos ideais desejáveis e compromissos pessoais no exercício da profissão.*

A ética na engenharia se refere a valores moralmente justificados na engenharia, mas o que são valores morais? O que é moralidade? As definições de moralidade são em geral, incompletas e ambíguas, sendo que cada pessoa pode ter a sua própria percepção do que é certo ou errado, dependendo da sua cultura, do seu ambiente ou de vivências passadas. Assim, a moralidade não é um termo fácil de definir de forma abrangente. Pode-se pensar, talvez, em valores morais universais, como coragem, compaixão, generosidade, honestidade e justiça. Entretanto, no momento em que se precisa fornecer uma definição mais compreensiva da moralidade, ingressamos no campo da ética teórica. Por exemplo, se for considerado que a moralidade consiste em promover o *bem maior*, trata-se da área da teoria ética denominada **utilitarismo**. Se for considerado que a moralidade consiste nos direitos humanos, trata-se da área da teoria ética do direito. Se for considerado que a moralidade é essencialmente relacionada ao bom caráter, trata-se da área da teoria ética da virtude.

A ética está relacionada com a ação de inquirir o que está certo e errado, considerando-se vários pontos de vista, além do seu próprio, para poder julgar e decidir alguma ação futura.

--- **Definição** ---

A ética, de forma geral, é a atividade de analisar a moralidade. Ética na engenharia é o estudo das decisões, políticas e valores que são moralmente desejáveis na prática da engenharia.

A importância do estudo da ética da engenharia

O objetivo do estudo da ética da engenharia é melhorar a habilidade do engenheiro de se defrontar efetivamente com a complexidade moral recorrente das decisões e ações do exercício profissional. Assim, o estudo da ética da engenharia reforça a habilidade do engenheiro de raciocinar de forma clara e cuidadosa sobre as questões morais. O objetivo principal é melhorar a sua autonomia moral. A autonomia moral pode ser vista como a habilidade e o

Tabela 13.1 Tarefas de engenharia e possíveis problemas

Tarefas	Possíveis Problemas
Projeto conceitual	Cegueira para novos conceitos. Violação de patentes ou segredos industriais. Produto a ser usado de forma ilegal.
Objetivos; especificações de desempenho	Suposições irreais. O projeto depende de materiais não disponíveis ou não testados.
Análises preliminares	Desigual: excessivamente detalhado na área do projetista e deficiente em outras áreas.
Análises detalhadas	Uso descuidado de dados e programas de computador baseados em metodologias não identificadas.
Simulação e prototipagem	Testes do protótipo feitos somente sob condições mais favoráveis, ou incompletos.
Especificações de projeto	Pouco flexíveis para ajustá-las durante a manufatura e uso. Alterações de projeto mal verificadas.
Programação das tarefas	Promessa de datas de finalização não realísticas, baseadas na falha de previsões de eventos inesperados.
Compras	Especificações definidas direcionadas para um único fornecedor. Teste inadequado das peças compradas.
Fabricação das partes	Qualidade variada de materiais e mão de obra. Não detecção de materiais e componentes inadequados.
Montagem/construção	Insegurança no local de trabalho. Desconsideração do trabalho com movimentos repetitivos. Controle insuficiente dos resíduos tóxicos.
Controle de qualidade/testes	Não independente e controlado pelo gerente da Produção, resultando em testes mal feitos e resultados reais alterados.
Publicidade e vendas	Publicidade enganosa (adequação, qualidade). Características excessivas do produto para as necessidades ou disponibilidades dos clientes.
Envio, instalação, treinamento	Produto muito grande para ser enviado por terra. Instalação e treinamento terceirizados com supervisão inadequada.
Medidas e dispositivos de segurança	Dependência de dispositivos de segurança complexos e à prova de falhas. Falta de sistemas simples de segurança.
Uso	Uso inapropriado ou em aplicações ilegais. Sobrecarga. Manuais de operação incompletos ou inexatos.
Manutenção, conserto, reposição de peças	Fornecimento inadequado de peças de reposição. Hesitação para fazer *recall* do produto quando for encontrada uma falha.
Monitoramento dos efeitos do produto	Inexistência de procedimentos formais para acompanhar o ciclo de vida do produto, os seus efeitos na sociedade e no ambiente.
Reciclagem/descarte	Falta de atenção no desmantelamento final, no descarte do produto e na divulgação pública dos seus perigos.

Fonte: O autor.

hábito de pensar de forma racional sobre as questões éticas com base nas preocupações e nos compromissos morais. Algumas habilidades relacionadas com a ética da engenharia são:

- Consciência moral: proficiência em reconhecer os problemas e as questões morais na prática da engenharia.
- Raciocínio moral convincente: compreensão, esclarecimento e avaliação de argumentos de lados opostos das questões morais.
- Coerência moral: pontos de vista consistentes e compreensivos baseados em fatos relevantes.
- Imaginação moral: discernimento das respostas alternativas às questões morais e busca de soluções criativas para as dificuldades práticas.
- Comunicação moral: precisão no uso da linguagem ética comum, uma habilidade necessária para expressar e defender os próprios pontos de vista de forma adequada e confiante.
- Razoabilidade moral: disposição e habilidade de ser moralmente razoável.
- Respeito pelas pessoas: preocupação verdadeira pelo bem-estar do próximo, assim como o seu próprio.
- Tolerância à diversidade: amplo respeito pelas diferenças étnicas e religiosas, assim como a aceitação de diferenças razoáveis nas percepções morais.
- Esperança moral: valorização elevada das possibilidades do uso de diálogos racionais na solução de conflitos morais.
- Integridade: manutenção da integridade moral e junção da vida profissional com as convicções pessoais.

Profissionais, profissões e empresas responsáveis

Responsabilidades são obrigações, ou seja, tipos de ação que são consideradas moralmente obrigatórias. Algumas obrigações recaem diretamente sobre cada um de nós, como ser honesto, justo e decente. Outras são responsabilidades da função, adquiridas quando ocupamos alguma posição especial, seja como pais, seja como empregados, seja como profissionais. Assim, por exemplo, um engenheiro de segurança pode ser responsável por efetuar inspeções regulares sobre as condições de trabalho de uma grande indústria.

Ser responsável significa ser moralmente confiável. Isso implica ter uma capacidade geral de pensar e agir de forma moral. Isso também implica ter que responder no cumprimento de obrigações especiais, isto é, passível de ser responsabilizado por outras pessoas em geral ou por ações de pessoas específicas quando em posição de autoridade. Uma pessoa responsável pode ser chamada a explicar por que agiu da forma que agiu, fornecendo, talvez, uma justificativa ou desculpas razoáveis.

As transgressões à moralidade podem se dar de duas formas principais: por transgressão voluntária e por negligência não intencional. A transgressão voluntária ocorre quando se sabe que o que está sendo feito é errado sem haver coerção. Pode ser ocasionada por imprudência, isto é, negligenciando responsabilidades e riscos conhecidos, ou por fraqueza de vontade, quando não se resiste a uma tentação ou não se faz esforço suficiente, o que gera falhas. Por outro lado, a negligência não intencional ocorre quando se falha de forma involuntária em exercer o devido cuidado em cumprir com as responsabilidades. Neste caso, pode não se saber o que foi feito, entretanto, deveria. Os produtos de engenharia que resultam em baixa qualidade devido à pura incompetência caem normalmente nessa última categoria.

No contexto da engenharia, fica claro que a responsabilização pelas transgressões é um problema, e neste caso "responsável" se torna um sinônimo de "culpado". No contexto onde fica claro que a conduta tomada foi a mais correta, "responsável" é um sinônimo de "admirável". Por exemplo, a pergunta: quem é o responsável pelo projeto da torre da antena? Essa pergunta pode ser usada para saber quem é o culpado pelo colapso da torre, ou para saber quem merece reconhecimento por ela ter suportado uma tormenta severa.

Responsabilidades profissionais

A engenharia é uma forma de trabalho que envolve conhecimento especializado, autorregulação e oferece um conjunto de serviços destinados ao bem público (BAYLES, 1989). As profissões da engenharia requerem habilidades sofisticadas e conhecimento teórico para poder exercer julgamento em situações que não são rotineiras ou suscetíveis à mecanização.

As associações e outras entidades profissionais são autorizadas pela sociedade a desempenhar normas para a admissão à profissão, estabelecer códigos de ética, reforçar normas de conduta profissional e representar a profissão perante a sociedade e o governo. Frequentemente essa característica é denominada "autonomia da profissão", que forma a base para que os indivíduos tomem decisões profissionais autônomas no exercício da profissão.

Todas as profissões servem de alguma forma importante ao bem comum, ou a um aspecto deste, e isso é feito por meio de um esforço concentrado em manter altos padrões éticos. Por exemplo, a medicina é direcionada a promover a saúde, o direito é direcionado à proteção dos direitos das pessoas, e a engenharia é direcionada a criar soluções tecnológicas aos problemas relacionados com o bem-estar, segurança e saúde. Os objetivos e diretrizes a serviço do bem público são detalhados nos códigos de ética profissionais correspondentes. A maneira como esses critérios são entendidos e aplicados envolve julgamentos sobre valores comuns.

De fato, a maioria dos engenheiros é moralmente comprometida, porém eles precisam do apoio das associações profissionais. As profissões e os seus respectivos profissionais precisam pensar em termos de *ética preventiva*

(MARTIN; SCHINZINGER, 2010), isto é, refletir e agir de forma ética para prevenir prejuízos morais e outros problemas desnecessários dessa natureza.

A ética nas empresas

Alguns autores sugerem que o controle das empresas é o principal dilema ético confrontado pelos engenheiros, já que se apresenta um conflito entre a independência profissional e a lealdade burocrática, sendo que a função dos engenheiros inclui um conflito de compromissos entre os ideais profissionais e as demandas empresariais (LAYTON JR., 1986).

Os movimentos de responsabilidade social no mundo dos negócios têm sido alvo de críticos que acreditam que as empresas devem se concentrar somente em maximizar os lucros para os seus acionistas sem levar em conta nenhuma responsabilidade adicional para com a sociedade, clientes ou empregados. A prática tem mostrado que a sociedade espera que as empresas contribuam para o bem comum da comunidade e que protejam o meio ambiente. Quando a sociedade percebe que as empresas são indiferentes a tudo, com exceção do lucro, ela produz leis que dificultam a lucratividade. Por outro lado, quando a sociedade percebe que as empresas assumem um alto grau de compromisso social, ela fica melhor disposta a cooperar, flexibilizando leis e comprando seletivamente os produtos daquelas empresas que agem como socialmente responsáveis. Além disso, muitos investidores são mais propensos a manter os seus investimentos em empresas cujos compromissos éticos prometem sucesso duradouro nos negócios.

Um forte fundamento ético e os bons negócios andam juntos. Assim, o comportamento moral dos engenheiros e das empresas são simbióticos, mesmo que haja tensões eventuais entre engenheiros e gerentes. Como resultado das diferentes experiências, educação e funções, os altos gerentes tendem a enfatizar eficiência e produtividade. Por outro lado, os engenheiros e outros profissionais tendem a enfatizar a excelência em criar produtos úteis, seguros e de boa qualidade. Entretando, essas diferenças de ênfase tendem a se somar, no lugar de se opor.

No que se refere às responsabilidades, todas as normas que se aplicam a um indivíduo também se aplicam às empresas. Assim como as pessoas têm responsabilidades (obrigações), as empresas também as têm com os seus clientes, empregados e acionistas. As empresas são comunidades de indivíduos estruturados dentro de marcos legais, possuem estrutura interna definida em estatutos, regimentos e manuais que designam responsabilidades às pessoas. Quando essas pessoas agem de acordo com as suas responsabilidades, a empresa atua como uma única entidade. As empresas também têm a capacidade de ser moralmente responsáveis porque elas são capazes de responder por si mesmas como se fossem uma entidade. As ações da empresa são levadas a cabo por seus indivíduos e subgrupos, de acordo com os organogramas e políticas definidas.

Escolhas morais e os dilemas éticos

Como os engenheiros devem reagir quando confrontados com decisões que podem colocar os seus próprios valores pessoais ou profissionais em conflito com os dos seus empregados e clientes? As decisões de engenharia podem envolver negociações para poupar tempo ou dinheiro, porém essas ações também podem colocar em perigo a vida humana ou reduzir a qualidade do meio ambiente.

O desafio em resolver tais dilemas éticos é muito real para os engenheiros. Se um chefe ou cliente não está disposto a enfrentar ou discutir conflitos éticos, o engenheiro terá um desafio ainda maior em definir até onde ir e a quem recorrer para discutir o dilema.

Algumas empresas, para ajudar os engenheiros a resolver os dilemas éticos, instituíram procedimentos que os encorajam a levar as suas preocupações até a alta direção. Os problemas percebidos devem ser relatados através de canais de comunicação que respeitam o anonimato. Os problemas então são investigados e corrigidos. Nessas empresas, um dos objetivos é assegurar que a cultura da empresa, incluindo seus valores éticos, a conduta dos colaboradores e as normas que orientam a tomada de decisão, seja transmitida a todos os seus empregados e fornecedores. Quando os empregados da empresa trabalham em um ambiente onde os problemas são levantados de forma confidencial, e corrigidos, eles ficam mais comprometidos com o grupo.

É do interesse dos engenheiros, empregadores e gerentes aprenderem como reconhecer e resolver os dilemas éticos no trabalho. A criação de canais para discussão interna desses problemas é um primeiro passo importante. Em algumas empresas, um comitê permite que uma pessoa fora da hierarquia de autoridades discuta os problemas éticos em um ambiente não ameaçador. Essa pessoa ou comitê deve ter influência suficiente na empresa para resolver o problema.

A comunicação clara da procura em alcançar altos padrões éticos em uma empresa ajuda o engenheiro a tomar decisões difíceis. Se a cultura da empresa funciona de forma que, independentemente das pressões, tanto a sua reputação como a qualidade e a integridade são de maior importância, os engenheiros ficarão encorajados a expor os seus dilemas éticos e tomarão as decisões corretas. No caso de práticas questionáveis ou falhas, onde não tenham conseguido alterá-las ou influenciá-las, os engenheiros ficarão mais propensos a fazer denúncias aos órgãos fiscalizadores do governo, de forma a cumprir com as suas obrigações morais perante a sociedade e a sua profissão.

Ocasionalmente, surgem tensões quando os engenheiros, que são leais às suas empresas e dependentes delas para receber seus salários, recebem oportunidades de promoção e outros benefícios, aumentando as chances de um conflito entre as práticas da empresa e a própria consciência social. Em alguns casos, o empregado decide notificar alguém fora da empresa sobre os perigos potenciais ou comportamento antiético dentro da empresa. O empregado pode relatar o problema a um órgão de imprensa, ou a uma agência de regulação, na tentativa de provocar pressão pública nesta para corrigir as suas práticas. Os engenheiros têm o direito de executar essa ação quando sentem que a empresa não responde às suas preocupações no que se refere à segurança das pessoas ou do meio ambiente.

Os dilemas éticos ocorrem mais comumente quando os engenheiros colocam os cronogramas na frente da qualidade. Os procedimentos de teste e inspeção fornecem a segurança de que o produto atende aos padrões de qualidade. Entretanto, sob a pressão dos supervisores para atender aos cronogramas previstos, o engenheiro pode considerar eliminar ou encurtar algum desses procedimentos.

As denúncias em alguns casos serviram para alertar o público e confrontar a empresa com um perigo real. Apesar de a sua consciência os compelir a falar, os denunciantes não se tornam heróis elogiados pela sociedade. Frequentemente, têm dificuldades de obter emprego em outras empresas, visto que ficam rotulados como criadores de problemas. Os denunciantes devem pensar muito cuidadosamente sobre os riscos em que incorrerão e os caminhos alternativos existentes para tentar provocar a mudança necessária. Em alguns países, há projetos de lei para proteger denunciantes para que não percam os seus empregos.

Passos para resolver dilemas éticos

As soluções razoáveis para os dilemas éticos devem ser claras, informadas e bem pensadas. O termo "claras" se refere à clareza moral: está relacionado à identificação de quais valores morais estão em jogo e como eles se relacionam com a situação. O termo "informadas" se refere ao conhecimento e à apreciação das implicações dos fatos moralmente relevantes. Significa também ser consciente das consequências possíveis para qualquer alternativa de ação. O termo "bem pensadas" se refere a ter sido exercitado um bom julgamento ao integrar os valores morais com os fatos, para se chegar a qualquer solução moralmente correta. Essas características das soluções razoáveis também entram como passos na solução de dilemas éticos a seguir.

Clareza moral

Identifique os valores morais relevantes. O passo principal ao se defrontar com dilemas éticos é preocupar-se com eles. Isso inclui a identificação dos valores morais e as razões que se aplicam à situação ao mantê-los em mente durante a solução do dilema. Esses valores e razões podem ser obrigações, direitos, bens, ideais (que podem ser desejáveis e não necessariamente obrigatórios), ou outras considerações de ordem moral. Um possível recurso a ser aproveitado é conversar sobre o assunto com colegas que podem ajudar a pensar melhor sobre o que está em jogo na situação. Os recursos mais úteis para identificar os dilemas éticos na engenharia são os códigos de ética profissional.

Clareza conceitual

Seja claro sobre os conceitos-chave. O profissionalismo exige mostrar-se uma pessoa confiável e obediente para o seu empregador. Espera-se que o engenheiro faça o que é melhor para a empresa a longo prazo, pois nem sempre só fazer o que o seu supervisor manda fazer, por exemplo, é a melhor alternativa. São duas coisas diferentes, principalmente quando o supervisor do engenheiro adota um ponto de vista de curto prazo e que pode ameaçar os interesses de longo prazo da empresa. Em geral, nunca faça nada que possa colocar em risco a segurança e a saúde das pessoas. Nunca minta e seja confiável para todos, e não somente para os seus chefes. Se você possui prévia informação sobre possíveis efeitos prejudiciais para algumas pessoas, estas devem ser informadas do risco de forma imediata.

Estar bem informado

Obtenha as informações relevantes. Isso significa buscar a informação que é pertinente à luz dos valores morais aplicáveis. Às vezes, a principal dificuldade na solução dos problemas morais está mais na incerteza sobre os fatos do que no conflito dos valores em si.

Conhecer as alternativas

Considere todas as opções viáveis. Inicialmente, os dilemas éticos parecem forçar para uma escolha entre apenas duas opções: fazer ou não fazer. Devem ser procuradas formas alternativas de opções, na forma de opções principais, secundárias e terciárias, de forma que todas as opções possíveis possam ser consideradas.

Ser razoável

Tome decisões razoáveis. Chegue a um julgamento com muito cuidado, fundamentando-o por meio de fatos morais relevantes. Não existe uma solução ideal, procure por uma solução satisfatória.

Nem sempre os códigos de ética fornecem uma solução direta para os dilemas éticos. Os códigos não são um livro de receitas, mas trazem diretrizes de comportamento, sem substituir o julgamento moral justo, honesto e responsável. O desenvolvimento de bons julgamentos morais faz parte do desenvolvimento da experiência na engenharia.

A importância dos códigos de ética profissionais

Os códigos de ética estabelecem as responsabilidades morais dos engenheiros pelo ponto de vista dos profissionais. Por expressarem um compromisso coletivo da profissão com a ética, os códigos adquirem enorme importância, não somente para completar ainda mais as responsabilidades dos engenheiros, mas também para apoiá-los nas liberdades necessárias para cumprir essas responsabilidades.

Os códigos de ética desempenham vários papéis essenciais (MARTIN; SCHINZINGER, 2010): servir e proteger à sociedade; orientar as ações; oferecer inspiração; estabelecer normas comuns; apoiar os profissionais responsáveis; contribuir com a educação; desencorajar posturas duvidosas ou ilegais e fortalecer a imagem da profissão.

O não atendimento dos códigos

Quando os códigos não são levados a sério pelos profissionais, acabam prejudicando a imagem da profissão perante a sociedade. Ainda pior, os códigos são ocasionalmente ignorados ou restringidos a tão somente manter uma imagem tímida e a proteger o status da profissão. O esforço em manter somente a imagem da profissão pode acabar silenciando o diálogo e a crítica saudável. Um excesso de interesse em proteger o status pode levar à desconfiança nos métodos da engenharia tanto pela população quanto pelos órgãos governamentais.

A melhor forma de melhorar a confiança é encorajando e ajudando os engenheiros a falar de forma livre e responsável sobre a segurança pública e o bem-estar social. Isso inclui a tolerância das críticas aos próprios códigos, em vez de aceitar que os códigos sejam escrituras sagradas que devem ser aceitas e seguidas sem objeções.

Limitações dos códigos

Os códigos não substituem as responsabilidades individuais no enfrentamento com dilemas concretos. A maioria dos códigos fica restrita a diretrizes gerais e, dessa forma, inevitavelmente contém informações que podem ser pouco claras. Assim, eles podem ser pouco úteis para resolver diretamente uma determinada situação. Ao mesmo tempo, as frases pouco claras ou específicas são a única forma de adaptar as ideias às novas formas de desenvolvimento tecnológico e às mudanças culturais e sociais.

Outras incertezas podem surgir quando algumas diretrizes entram em conflito com outras, dentro do próprio código. Em geral, os códigos não estabelecem prioridades entre as suas diretrizes. Alguns conflitos podem surgir, por exemplo, entre as responsabilidades dos engenheiros para com os seus empregadores e para com a sociedade. A confidencialidade pode ser um dos assuntos a provocar um dilema moral.

Outra limitação pode ser recorrente da proliferação de diferentes códigos preparados por diferentes sociedades de engenharia, o que pode fazer com que os seus membros entendam que a conduta ética é mais relativa e variada do que realmente é. A unificação dos códigos de ética de diferentes associações profissionais pode ser uma forma de consolidar as normas de comportamento ético profissional mais importantes.

Junto a isso, os códigos nem sempre são completos e conclusivos. Eles podem ter falhas. Há alguns anos, por exemplo, os códigos não mencionavam as responsabilidades dos engenheiros para com o meio ambiente de forma explícita.

Compromisso com a segurança

A sociedade exige produtos e serviços seguros, e alguém deve pagar por essa segurança. Esse é um assunto subjetivo, pois o que pode ser seguro para uma pessoa pode não ser para outra (MARTIN; SCHINZINGER, 2010); existem diferentes percepções do que é seguro ou podem existir situações diferentes de exposição ao risco. Por exemplo, um parafuso em um brinquedo pode não representar um risco para um adulto, mas pode ser um grande perigo para uma criança.

Para ter uma noção melhor do significado de segurança, deve-se definir algum ponto de referência objetiva, além do nosso próprio ponto de vista. Ou seja, o conceito de segurança está intimamente ligado às percepções e valores do grupo.

Uma opção é simplesmente avaliar a segurança como a ausência de qualquer risco. Lamentavelmente isso não se aplica a nossa vida e muito menos à engenharia. Assim, assumindo que qualquer atividade ou produto tenha algum tipo de risco, estes podem ser definidos como seguros quando seus riscos são totalmente conhecidos e considerados aceitáveis por uma quantidade significativa de pessoas à luz da razão, dos princípios e dos valores morais estabelecidos.

No âmbito da engenharia, o conceito de segurança está associado diretamente aos produtos, aos serviços, aos processos e à proteção contra desastres.

Riscos

Diz-se que uma coisa não é segura quando ela expõe as pessoas a um risco inaceitável. Porém, o que significa a palavra "risco"? Um risco é simplesmente a possibilidade de ocorrer algo indesejado ou perigoso.

No que se refere à engenharia, os riscos e perigos incluem situações que podem resultar em possíveis danos à saúde das pessoas, perdas econômicas ou degradação ambiental. Essas situações indesejadas podem ser ocasionadas por falhas nos produtos ou sistemas, soluções economicamente inadequadas, soluções ambientalmente danosas ou por falhas na operação ou manutenção dos processos.

As boas práticas da engenharia têm sempre se preocupado com a segurança completa das suas soluções. Além dos perigos mensuráveis e identificáveis provenientes do uso de produtos de consumo e dos processos de produção das fábricas, até alguns efeitos negativos menos óbvios da tecnologia são, nos dias de hoje, de conhecimento público. Dentre eles, alguns riscos não eram identificáveis por desconhecimento dos seus efeitos negativos.

Por outro lado, os perigos da natureza ainda continuam ameaçando a vida e o patrimônio das pessoas. A tecnologia tem ajudado a reduzir o efeito negativo de alguns desses perigos, como o das enchentes e tormentas, mas, ao mesmo tempo, tem aumentado a vulnerabilidade a outros perigos naturais, como os terremotos, pelos frágeis e antigos sistemas de distribuição de água, energia elétrica, medicamentos e alimentos. Outras consequências preocupantes relacionadas com a tecnologia são os serviços de coleta de esgoto, aterros sanitários, recuperação e neutralização de substâncias tóxicas.

Incertezas no projeto

Os riscos em um determinado produto surgem das muitas incertezas encontradas pelos engenheiros projetistas, de produção e também pelos engenheiros de vendas. Iniciando pela concepção do produto, os objetivos principais podem ser maximizar os lucros na sua utilização ou ter o retorno do investimento mais rápido possível, por exemplo.

Dependendo do tipo de aplicação, uma peça mecânica pode apresentar boas características estáticas e falhar quando carregada dinamicamente. Além das incertezas sobre as aplicações de um produto, existem àquelas referentes aos materiais dos quais é feito e o nível de tecnologia utilizado na sua produção, no transporte e na adaptação.

Além disso, o engenheiro deve ainda entender que os dados fornecidos pelo fabricante referentes aos itens utilizados nos seus projetos, como resistores, vidros ópticos, isolantes elétricos, parafusos, cimento, ligas de aço, etc., foram calculados de forma estatística. As características dos componentes individuais podem variar muito do valor médio.

Os engenheiros tradicionalmente têm contornado essas incertezas sobre os materiais ou componentes, assim como o conhecimento limitado das condições de operação dos seus produtos, introduzindo um confortável "coeficiente de segurança". Esse fator tem como objetivo antecipar-se diante de possíveis condições limites de operação de forma que o produto tenha pequena probabilidade de falha, geralmente causados por pequenos desvios inesperados nos materiais, na variabilidade da qualidade ou nas condições de operação.

Um produto pode ser dito seguro se a sua capacidade excede a sua utilidade. Porém, isso pressupõe o conhecimento exato da capacidade e da utilidade atual. Por exemplo, o projeto de um elevador de passageiros é composto de muitos componentes e conta com inúmeras formas possíveis de carregamento e utilização durante a sua operação, que nem sempre podem ser totalmente previstas. O engenheiro dimensiona os componentes de acordo com uma especificação mecânica de cargas e formas de operação. Durante a construção, montagem, operação e manutenção do elevador, as condições reais de utilização podem variar muito em relação às previstas pelo engenheiro, e isso se deve em parte pelo fato de as peças componentes apresentarem certas tolerâncias nas suas dimensões físicas, assim como nas suas propriedades, por se tornarem viáveis economicamente ou pela aproximação inexata dos modelos utilizados. Durante as montagens, pode haver danos nas estruturas internas dessas peças. Durante a utilização, pode ocorrer o uso fora das especificações de projeto, por exemplo, nos casos de sobrecarga. Com o tempo, os materiais também envelhecem e as suas propriedades físicas se alteram.

Ética ambiental e aspectos sociais

A expressão *ética ambiental* pode ter vários significados. Pode-se utilizar essa expressão para se referir ao estudo dos problemas morais relacionados com o meio ambiente, ou para avaliar os pontos de vistas morais desses problemas.

Quando um engenheiro começa o projeto de um produto, processo ou dispositivo, as considerações dos aspectos ambientais e sociais desse trabalho devem ser avaliadas. Tais considerações não são novas no processo do projeto da engenharia, entretanto, no mundo atual elas têm ganhado uma grande ênfase nas avaliações de quais produtos, processos ou dispositivos deverão ser aceitos no mercado. Historicamente, o principal determinante da viabilidade de um produto ou processo de engenharia tem sido o seu custo com relação a outros que podem ser utilizados com o mesmo propósito. Se o novo produto ou processo fosse mais econômico, então ele era escolhido pelos clientes como uma escolha lógica. Se ele for, portanto, mais caro que outros produtos ou processos disponíveis, não irá sobreviver por muito tempo. Esse processo de seleção natural do mercado é perceptível tanto para bicicletas quanto para automóveis.

De certa forma, a escolha de um produto A com relação a um produto B, ou um processo C por um processo D, baseados em fatores econômicos, é uma escolha justificadamente vantajosa por parte do cliente. O mesmo raciocínio não se aplica necessariamente quando se levam em conta as preocupações ambientais ou sociais. O que torna a influência dos aspectos sociais e ambientais nos projetos de engenharia muito mais difícil é o paradoxo entre as medidas absolutas e os valores relativos. Se um engenheiro trabalha no projeto de um novo avião comercial para viajar a uma velocidade supersônica, o público poderá fazer algumas perguntas, como:

- Qual é a poluição sonora que o avião vai gerar?
- Qual é a taxa de destruição da camada de ozônio dos motores?

Ambas as questões podem ser válidas e respondidas em termos de quantidades absolutas em decibéis de potência sonora ou pela quantidade de perda de ozônio em toneladas por ano, levando em conta velocidade e altitude. Entretanto, o paradoxo é que o engenheiro não pode julgar apenas os valores absolutos dos efeitos colaterais e secundários negativos que o seu produto ou processo impactará no ambiente ou na sociedade.

Assim, essas quantidades absolutas não serão necessariamente comparadas com uma base comum entre produtos ou entre tecnologias. Não se pode comparar, por exemplo, as emissões de dióxido de enxofre e dióxido de carbono que uma usina termelétrica de carvão produz diariamente com o rejeito radiativo produzido por uma usina termelétrica nuclear. Algumas pessoas podem achar ambas as soluções inaceitáveis, porém, dificilmente queiram viver sem eletricidade ou com o seu uso restrito.

Não existem muitas formas de resolver esse tipo de problema. Uma das maneiras é utilizar uma pesquisa de mercado para avaliar o valor econômico dado pela maioria para os impactos sociais ou ambientais e então incluí-la nos custos do produto ou processo. Em alguns casos, pode ser associado um valor monetário equivalente para compensar esses impactos.

Outra forma de resolver o problema é utilizar o sistema político e estudar os limites regulatórios legais já estabelecidos do impacto ambiental ou social, para um determinado produto ou processo. No caso em que a regulação seja inexistente, ou na falta de normas específicas, elas podem ser estabelecidas e negociadas com a sociedade para alcançar um limite mensurável e razoável que permita a exploração do produto ou processo.

Nenhum dos métodos citados é totalmente satisfatório para todos e geralmente resulta em uma negociação com as partes entrando em conflito para tentar chegar a um termo que seja aceitável. Nessas discussões, a falta de racionalidade e a ignorância da parte conflitante pode ser um impedimento para os projetos do engenheiro.

A engenharia e o desenvolvimento sustentável

Alguns engenheiros acreditam que existe uma forma padronizada de entendimento na engenharia, que o mundo faz parte de um universo mecânico, onde tudo pode ser entendido pela análise e que, então, se alguma coisa der errado, pode ser consertada (KUHN, 2001).

Esse tipo de pensamento se contrapõe à visão de um ambiente orgânico, onde tudo está interconectado e que assume a ignorância e estupidez humana como uma das suas bases fundamentais. Esse segundo tipo de pensamento é chamado por alguns de "filosofia verde" e demanda humildade, respeito e sensibilidade para com o mundo natural.

Cabe reconhecer que, historicamente, os engenheiros não foram responsáveis como deveriam com relação ao meio ambiente; a esse respeito, eles simplesmente refletiam as atitudes predominantes da sociedade. Os movimentos sociais que mudaram esse comportamento surgiram timidamente no início da revolução industrial e amadureceram no início da segunda metade do século XX. Essas transformações culturais e sociais influenciaram os engenheiros, assim como a outros profissionais.

Os engenheiros, assim como outros profissionais, diferem consideravelmente nos seus pontos de vista individuais, incluindo a sua própria visão holística sobre o meio ambiente. O que é importante é que todos os engenheiros devem refletir seriamente sobre os valores ambientais (MARTIN; SCHINZINGER, 2010) e como eles podem ser melhor integrados na solução dos problemas de engenharia. Assim, os engenheiros devem ser hábeis em saber trabalhar em contextos organizacionais onde os métodos ecoamigáveis são valorizados e apoiados com ferramentas, informações e incentivos necessários para o sucesso. Além disso, eles devem trabalhar em um mercado onde haja um encorajamento para a produção de produtos e processos sustentáveis, bem como em um contexto político que objetive a proteção ambiental.

Em muitos aspectos, os engenheiros ocupam cargos de autoridade que permitem que possam fazer as suas contribuições para o desenvolvimento sustentável e o cuidado com o meio ambiente. Eles podem influenciar as empresas na direção da preocupação pela manutenção das condições naturais de forma a estimular a procura por soluções inteligentes e economicamente viáveis. Em muitos casos, eles ajudam a assegurar que as empresas estejam atendendo às leis ambientais aplicáveis.

Em todas as suas atividades, os engenheiros podem ser beneficiados pelo apoio de um código de ética que estabeleça as responsabilidades compartilhadas da profissão para com a exploração sustentável do meio ambiente.

O termo *desenvolvimento sustentável* foi introduzido na década de 1970 e foi utilizado para mostrar que os padrões da atividade e do crescimento econômico daquele tempo não se sustentariam com o crescimento da população, provocando a degradação do meio ambiente e, consequentemente, da economia global.

O termo também é utilizado na discussão de novos padrões econômicos e produtos sustentáveis, isto é, compatíveis com o desenvolvimento tecnológico e a proteção do meio ambiente, sugerindo o compromisso da economia tradicional, que antes negligenciava o meio ambiente e criticava quem tentasse avisar sobre a crise ambiental.

As decisões técnicas e o bem-estar humano

Os sistemas não devem crescer pela simples interconexão entre os sistemas existentes; o aumento do tamanho e da complexidade requer um controle mais sensível e providências mais elaboradas. Ao alcançar as decisões de projeto num sistema que se estende em cada extremidade da nossa sociedade tecnológica, o engenheiro deve levar em consideração a confiabilidade e a estética, assim como o custo e a segurança. Na definição da engenharia estudada nos capítulos iniciais, foi enfatizado o uso otimizado dos recursos naturais para o bem da humanidade.

O processo da otimização implica a seleção cuidadosa das alternativas, e a engenharia é, essencialmente, uma série de decisões. As decisões técnicas que envolvem fatores quantitativos são relativamente simples, e com elas podem-se efetuar comparações numéricas de forma direta. Onde os seres humanos estão envolvidos, como em todos os problemas importantes de engenharia, os fatores qualitativos podem ser significativos, e as decisões do engenheiro tornam-se mais difíceis.

▶ Resumo

Neste capítulo, estudamos as questões éticas que envolvem a profissão da engenharia, as responsabilidades assumidas pelos engenheiros e as consequências que as transgressões voluntárias e a negligência podem ocasionar. Tratamos dos problemas morais em potencial, que vão desde a falta de visão até a desatenção, incompetência e desonestidade por parte do engenheiro, dos seus supervisores, vendedores ou operadores do produto. Abordamos o significado de ética e sua relação com o objetivo primordial da engenharia: o benefício da sociedade e da natureza. Por fim, avaliamos os dilemas éticos e as formas de lidar com os desafios morais que podem surgir na atuação profissional do engenheiro.

Atividades

1. Identifique os valores morais, problemas e dilemas, se for o caso, envolvidos nos seguintes casos, explicando as suas percepções:

    a. Um engenheiro eletricista deve projetar o sistema de iluminação pública para uma autoestrada. A empresa onde ele trabalha representa uma conhecida marca de lâmpadas de descarga de vapor de mercúrio com tecnologia convencional. Um colega e amigo trabalha em uma empresa concorrente, que representa um fabricante de sistemas de iluminação pública que utiliza a nova tecnologia LEDs de iluminação. Essa concorrente argumenta que a solução de engenharia mais eficiente é o uso da nova tecnologia, mesmo com custo um pouco mais elevado, porém, com menores custos de manutenção, reaproveitamento e descarte final. O engenheiro aceita o argumento e o comprova nos seus cálculos, levando os dados objetivos para o seu supervisor, que rejeita imediatamente a ideia por resultar em lucro menor para a empresa.

    b. Um engenheiro mecânico, que trabalha em uma empresa automobilística projetando autopeças, é desafiado pelo seu supervisor a reduzir o custo de um mecanismo de rebatimento do banco traseiro de um modelo de automóvel produzido em escala global. Esse engenheiro simplesmente procura projetar um mecanismo que seja o mais barato possível e que execute a função do anterior sem quebrar patentes de outros proprietários. Como estava muito pressionado para terminar o projeto, ele eximiu os testes de segurança da nova peça. A nova peça foi produzida e instalada nos modelos locais, cujas normas de segurança são menos rígidas, enquanto que os produzidos para exportação, eram construídos com a peça original, mais segura, mesmo que resultasse em lucro menor para a empresa. A nova peça vendida para o modelo local foi a responsável por decepar vários dedos de usuários do veículo quando rebatiam o banco traseiro. A empresa se justificou dizendo que o projeto atendia às normas locais de segurança e que em outros países as normas são mais rígidas.

2. Um engenheiro de computação trabalha há 20 anos na área de vendas em uma companhia de computadores e é convidado a trabalhar para uma empresa concorrente onde lhe é oferecido um salário maior e vantagens adicionais. Em todo esse tempo, o engenheiro construiu uma rede de clientes, sendo que alguns deles se tornaram amigos. Ele avisa o seu supervisor sobre a oferta nova e pergunta se a empresa conseguiria equiparar os benefícios oferecidos pela concorrente para continuar o seu trabalho na mesma empresa. Após a negativa em melhorar as suas condições de remuneração, o engenheiro decide aceitar o

novo emprego. O engenheiro em questão poderá continuar negociando com a mesma carteira de clientes criada na empresa anterior para oferecer os produtos e serviços da nova empresa? O que ele pode fazer para que as suas ações não sejam interpretadas como ações antiéticas?

3. Procure a última versão do Código de Ética da Engenharia, promulgado pelo sistema Confea/CREA. Analise-o e resuma as principais virtudes, assim como os eventuais itens a melhorar, quando comparado com os Códigos de Ética da ASCE e do IEEE (ambos disponíveis na Web).

4. Um engenheiro civil trabalha na execução de uma obra projetada por um colega e verifica um possível erro de cálculo em uma das estruturas já construídas. Quais são as ações corretas a seguir por esse engenheiro?

5. Um engenheiro de produção, recém-graduado, foi contratado por uma fábrica de brinquedos. No sistema de produção de bichos de pelúcia com componentes eletrônicos, que ficam dentro do brinquedo, o sistema de fixação da tampa das pilhas apresentou defeito de qualidade de fabricação. O supervisor mandou colocar um parafuso metálico dentro do brinquedo para assegurar a tampa, argumentando que o sistema fica embutido no brinquedo e, portanto, protegido. O novo engenheiro argumenta que em algum momento a criança poderá ter acesso ao componente, por um rasgo acidental ou proposital do tecido do brinquedo de pelúcia, podendo retirar o parafuso e engoli-lo, além de não atender às normas de segurança de brinquedos para as crianças. O supervisor, que também é engenheiro, disse a ele que com o tempo iria entender esse tipo de atitude, afinal era apenas um aprendiz. O que o novo engenheiro deve fazer a respeito?

6. Elabore um texto sobre a ética acadêmica e a sua relação com a ética profissional na engenharia. Comente sobre as colas, as ausências, a falta de pontualidade, a falta de respeito com o professor e colegas, e outros assuntos da Escola de Engenharia. É possível uma pessoa ser antiética durante a sua formação e ética depois de formado, em seu exercício profissional?

Referências

BALTIC AVIATION ACADEMY. *Baltic Aviation Academy Airbus B737 Full Flight Simulator (FFS) in Vilnius*. [S.l.]: Baltic Aviation Academy, 2012. Disponível em: <https://commons.wikimedia.org/wiki/File:Baltic_Aviation_Academy_Airbus_B737_Full_Flight_Simulator_(FFS).jpg>. Acesso em: 2 nov. 2015.

BARCZAK, S. *Plutonium bomb fuel in the Tennessee Valley? Voice your concerns*. [S.l.]: FootPrints, 2010. Disponível em: <http://blog.cleanenergy.org/2010/09/12/plutonium-bomb-fuel/>. Acesso em: 2 nov. 2015.

BAYLES, M. *Professional ethics*. Belmont: Wadsworth, 1989.

BREHM, S.; KASSIN, S. *Social psychology*. Boston: Houghton Mifflin, 1990.

BRUNT, J. *In quality enhancement strategies*: facilitation skills for quality improvement. Madison: Routledge, 1993.

CARLISLE, T. *Fusion at core of power dream*. [S.l.]: The National Business, 2010. Disponível em: <http://www.thenational.ae/business/energy/fusion-at-core-of-power-dream>. Acesso em: 2 nov. 2015.

COCIAN, L. F. E. *Descobrindo a engenharia*: a profissão. Canoas: ULBRA, 2009d.

COCIAN, L. F. E. *Descobrindo a engenharia*: energia e materiais. Canoas: ULBRA, 2009c.

COCIAN, L. F. E. *Descobrindo a engenharia*: formação e exercício profissional. Canoas: ULBRA, 2009a.

COCIAN, L. F. E. *Descobrindo a engenharia*: o método. Canoas: ULBRA, 2009b.

CONSELHO NACIONAL DE EDUCAÇÃO. CÂMARA DE EDUCAÇÃO SUPERIOR. *Resolução CNE/CES 11, de 11 de março de 2002*. Institui diretrizes curriculares nacionais do curso de graduação em Engenharia. Brasília: CNE, 2002.

COX, J. *The 'Hindenburg Omen'*: bear signal scares market. [S.l.]: CNBC, 2013. Disponível em: <http://www.cnbc.com/id/100781186>. Acesso em: 2 nov. 2015.

DIMITRI. *Inventions you didn't know are Swiss*: Velcro. [S.l.]: Newly Swissed, 2010. Disponível em: <http://www.newlyswissed.com/inventions-you-didnt-know-are-swiss-velcro/>. Acesso em: 2 nov. 2015.

FERREIRA, A. B. H. *Novo Aurélio século XXI*: o dicionário da língua portuguesa. 3. ed. rev. ampl. Rio de Janeiro: Nova Fronteira, 1999.

FLICKR. MiniC.A.T Experience. [S. l.: s. n], 2007. Disponível em: <https://www.flickr.com/photos/a_siegel/406079126/>. Acesso em: 20 jul. 2016.

GREEN, J. *Gangs, violence, drugs and the promise of untold riches... Britain's latest offshore investment*: The Brazilian oil boom. [S.l.]: Mail Online, 2010.

Disponível em: <http://www.dailymail.co.uk/home/moslive/article-1328470/Britains-latest-offshore-investment-The-Brazilian-oil-boom.html>. Acesso em: 2 nov. 2015.

HAGEN, K. D. *Introduction to engineering analysis*. Upper Saddle River: Prentice Hall, 2005.

INSTITUTION OF CIVIL ENGINEERS. *Site*. London: ICE, 2015. Disponível em: <https://www.ice.org.uk/>. Acesso: 15 jul. 2015.

INTERNATIONAL ENERGY AGENCY. *Key world energy statistics 2014*. Paris: IEA, 2014.

JANIS, I. *Groupthink*. Boston: Houghton Mifflin, 1982.

KRICK, E. V. *Introdução à engenharia*. Rio de Janeiro: Ao Livro Técnico, 1970.

KUHN, S. Commentary on: "The greening of engineers: a cross-cultural experience" (A. Ansari). *Science and Engineering Ethics*, v. 7, n. 1, p. 123-124, 2001.

LAYTON JR., E. T. *The revolt of the engineers*: social responsibility and the American engineering profession. Baltimore: John Hopkins University, 1986.

MACHADO, F. A armadilha do Fox. *Revista Época*, 2008. Disponível em: <http://revistaepoca.globo.com/Revista/Epoca/0,,EDR81441-6014,00.html>. Acesso em: 31 jan. 2008.

MARTIN, M. W.; SCHINZINGER, R. *Introduction to engineering ethics*. New York: McGraw-Hill, 2010.

MAYOR, P. G. *Introducción a la ingeniería*: un enfoque a través del diseño. Bogotá: Pearson Educación de Colombia, 2001.

MDI GROUP. *Site*. [S.l.]: MDI, 2015. Disponível em: <http://www.mdi.lu/>. Acesso em: 31 maio 2015.

NATIONAL ACADEMY OF ENGINEERING. *Site*. Washington: NAE, c2015. Disponível em: <http://www.nae.edu/>. Acesso em: 20 out. 2015.

OFF SHORE WIND.BIZ. *Global wind turbine rotor blade market report available*. [S.l.]: Off Shore Wind.Biz, 2015. Disponível em: <http://www.offshorewind.biz/2015/01/15/global-wind-turbine-rotor-blade-market-report-available/>. Acesso em: 2 nov. 2015.

PESBO. *Site*. Jerez de la Frontera: Pesbo, 2015. Disponível em: <http://www.pesbo.com/free.htm>. Acesso em: 5 jun. 2015.

PININFARINA ITALIAN DESIGN AND ENGINEERING. *Site*. Cambiano: Pininfarina S. P. A., 2004. Disponível em: <www.pininfarina.it>. Acesso em: 26 out. 2015.

REAL ACADEMIA ESPAÑOLA. *Diccionario de la lengua Española*. Madrid: Real Academia Española, 2015. Disponível em: <http://dle.rae.es/?w=diccionario>. Acesso em: 24 jul. 2015.

SASSIN, W. Perspectivas del cambio. *El Correo de la UNESCO: energías para el siglo XXI*, ano 34, p. 9-12, jul. 1981.

SCALE MODEL UNLIMITED. *Site*. Memphis: SM, 2015. Disponível em: <http://www.smu.com>. Acesso em: 28 maio 2105.

SCHROEDER, M. *Centennial recalls German computer pioneer Konrad Zuse*. [S.l.]: Deutsche Welle, 2010. Disponível em: <http://www.dw.com/en/centennial-recalls-german-computer-pioneer-konrad-zuse/a-5719167>. Acesso em: 2 nov. 2015.

SIGNIFICADOS. *O que é retórica*. [S.l.]: 7Graus, c2015. Disponível em: <http://www.significados.com.br/retorica/>. Acesso em: 9 abr. 2015.

SMARTDRAW. *Site*. [S.l.]: SmartDraw, c2015. Disponível em: <http://www.smartdraw.com>. Acesso em: 26 out. 2015.

THE NATIONAL AVIATION HALL OF FAME. *Honoring aerospace legends to inspire future leaders*. Dayton: NAHF, c2011. Disponível em: <http://www.nationalaviation.org/>. Acesso em: 20 out. 2015.

TUCKMAN, B. W. Developmental sequence in small groups. *Psychological Bulletin*, v. 63, n. 6, p. 384-399, Jun. 1965.

ZENHAS, F. *Preguiça social*. [S.l.]: Knoow Enciclopédia Temática, 2015. Disponível em: <http://old.knoow.net/ciencsociaishuman/psicologia/preguica-social.htm>. Acesso em: 24 jul. 2015.

Leituras recomendadas

ADVANCED SIMULATION SYSTEMS. *Site*. Herndon: Advanced Simulation Technology, 2015. Disponível em: <http://www.flightsimulation.com/>. Acesso: 20 out. 2015.

AES SUL DISTRIBUIDORA GAÚCHA DE ENERGIA S/A. Companhia Estadual de Energia Elétrica. Rio Grande Energia S/A. *Regulamento de instalações consumidoras*: fornecimento em média tensão: rede de distribuição aérea. [S.l.]: AES Sul, 2008.

ALLEY, M. *The craft of scientific writing*. 3rd ed. New York: Springer Science Business Media, 1996.

AMLADI, P. *Manufacturing wants its jobs back – but can it find the workers?* [S.l.]: Forbes Business, 2013. Disponível em: <http://www.forbes.com/sites/sap/2013/11/25/manufacturing-wants-its-jobs-back-but-can-it-find-the-workers/>. Acesso em: 10 nov. 2015.

ASSOCIAÇÃO BRASILEIRA DE NORMAS TÉCNICAS. *NBR 10520*: informação e documentação: citações em documentos: apresentação. Rio de Janeiro: ABNT, 2002.

ASSOCIAÇÃO BRASILEIRA DE NORMAS TÉCNICAS. *NBR 10719*: informação e documentação: relatórios técnico e/ou científicos: apresentação. Rio de Janeiro: ABNT, 2015.

ASSOCIAÇÃO BRASILEIRA DE NORMAS TÉCNICAS. *NBR 6027*: informação e documentação: sumário: apresentação. Rio de Janeiro: ABNT, 2012.

ASSOCIAÇÃO BRASILEIRA DE NORMAS TÉCNICAS. *NBR 6028*: informação e documentação: resumo: apresentação. Rio de Janeiro: ABNT, 2003.

AUDIOLOGY SYSTEMS. *Site*. [S.l.]: Audiology Systems, 2015. Disponível em: <http://www.audiologysystems.com/products>. Acesso: 13 maio 2015.

BERNSTEIN, T. M. *The careful writer*: a modern guide to English usage. 2nd ed. New York: Free, 1995.

BRASIL. *Lei Federal nº 8.666, de 21 de junho de 1993*. Regulamenta o art. 37, inciso XXI, da Constituição Federal, institui normas para licitações e contratos da

Administração Pública e dá outras providências. Brasília: Presidência da República, 1993.

BRASIL. *Lei Federal nº 8.883, de 8 de junho de 1994*. Altera dispositivos da Lei nº 8.666, de 21 de junho de 1993, que regulamenta o art. 37, inciso XXI, da Constituição Federal, institui normas para licitações e dá outras providências. Brasília: Presidência da República, 1994.

BUREAU INTERNATIONAL DÊS POIDS ET MEASURES. *Site*. [S.l.]: BIPM, 2015. Disponível em: <http://www.bipm.org>. Acesso em: 6 jun. 2015.

CALLISTER JR., W. D. *Materials science and engineering*: an introduction. [S.l.]: John Wiley & Sons, 2000.

CHAN, M. *The HP ways*: a look at CEOs, from Packard to Whitman. [S.l.]: Bloomberg Business, 2011. Disponível em: <http://www.bloomberg.com/money-gallery/2011-09-23/the-hp-ways-a-look-at-ceos-from-packard-to-whitman.html#slide3>. Acesso em: 2 nov. 2015.

CHARLES, M. D. B.; FLEDDERMANN, B. *Introduction to electrical and computer engineering*. Upper Saddle River: Prentice Hall, 2003. p. 136.

CHIAVENATO, I. *Comportamento organizacional*: a dinâmica de sucesso das organizações. Rio de Janeiro: Elsevier, 2005.

CLEVELAND, C. J. (Ed.). *Meter*. [S.l.]: The Encyclopedia of Earth, 2011. Disponível em: <http://www.eoearth.org/view/article/154588/>. Acesso em: 2 nov. 2015.

COMSOL. *COMSOL multiphysics® modeling software*. [S.l.]: Comsol, 2015. Disponível em: <https://www.comsol.com/>. Acesso em: 20 out. 2015.

CONSELHO FEDERAL DE ENGENHARIA E AGRONOMIA. *Resolução nº 1.010, de 22 de agosto de 2005*. Dispõe sobre a regulamentação da atribuição de títulos profissionais, atividades, competências e caracterização do âmbito de atuação dos profissionais inseridos no Sistema Confea/Crea, para efeito de fiscalização do exercício profissional. Brasília: CONFEA, 2005.

DASSAULT SYSTÈMES. *Catia*. [S.l.]: Dassault Systèmes, 2015. Disponível em: <http://www.3ds.com/products-services/catia>. Acesso em: 17 set. 2015.

DAVENPORT, W. H.; ROSENTHAL, D. I. *Engineering*: its role and function in human society. [S.l.]: Pergamon, 1967.

DAVIS, R. M. Technical writing in industry and government. *Journal of Technical Writing and Communications*, v. 7, n. 3, p. 235-242, Jul. 1977.

DNW GERMAN-DUTCH WIND TUNNELS. *Site*. [S.l.]: DNW, 2015. Disponível em: <http://www.dnw.aero/>. Acesso: 20 nov. 2015.

EUROPEAN SPACE AGENCY. *Nº 33-1996*: Ariane 501 – Presentation of Inquiry Board Report. [S.l.]: ESA, 1996.

EV WORLD. *AirPod*: the other electric car. [S.l.]: EV World, 2008. Disponível em: <http://www.evworld.com/article.cfm?storyid=1561>. Acesso em: 2 nov. 2015.

FERGUSON, E. S. *Engineering and the mind's eye*. Cambridge: MIT, 1994.

FLORMAN, S. *The existential pleasures of engineering*. [S.l.]: Souveni; 2013.

GHANTOOT GROUP. ELECTRICAL PROJECTS DIVISION. *Substation design, engineering works & network studies*. [S.l.]: Ghantoot Group. Electrical Projects Division, 2015. Disponível em: <http://www.ghantootelectrical.com/substation-design.html>. Acesso em: 2 nov. 2015.

HOOVER, T. J.; FISH, J. C. L. *The engineering profession*. 2nd ed. Stanford: Stanford University, 1941. p. 463-464.

INSTITUTE OF ELECTRICAL AND ELECTRONICS ENGINEERS. *IEEE code of ethics*. [S.l.]: IEEE, 1963. Disponível em: <http://www.ieee.org/about/corporate/governance/p7-8.html>. Acesso em: 10 nov. 2015.

INSTITUTO DE PESQUISAS HIDRÁULICAS – UFRGS. *Site*. Porto Alegre: IPA, 2015. Disponível em: <http://www.ufrgs.br/iph/>. Acesso em: 20 out. 2015.

INTERNATIONAL ORGANIZATION FOR STANDARDIZATION. *Guide to the expression of uncertainty in measurement*. Geneva: ISO, 1995.

KRICK, E. V. *Fundamentos de ingeniería*. México: Limusa, 1991.

LOWRANCE, W. W. *Of acceptable risk*: science and the determination of safety. Los Altos: William Kaufmann, 1976.

MATTION, A. B. *El proyecto de ingeniería*. Buenos Aires: El Ateneo, 1992.

MICROSOFT CORPORATION. *Microsoft Encarta 97 Encyclopedia*. [S.l.]: Microsoft, 2006.

MILLS, H. R. *Techniques of technical training*. 3rd ed. London: Macmillan, 1977.

MONASH UNIVERSITY. *Language and learning online*. [S.l.]: Monash University, 2015. Disponível em: <http://www.monash.edu.au/lls/llonline/index.xml>. Acesso em: 24 abr. 2015.

NATIONAL AERONAUTICS AND SPACE ADMINISTRATION. *Report of the Presidential Commission on the space shuttle challenger accident*. Washington: NASA, 1986.

OMEGA. *Magnetic field gauss meter*. [S.l.]: Omega, c2015. Disponível em: <http://www.omega.com/pptst/HHG191.html>. Acesso em: 2 nov. 2015.

PACKARD, D. *The HP way*: how Bill Hewlett and I built our company. New York: Harper Business, 2006.

PANEL ON TECHNOLOGY EDUCATION et al. *Engineering education and practice in the United States*: engineering technology education. [S.l.]: National Academy, 1985.

PETERS, G.; WOOLLEY, J. T. *Dwight D. Eisenhower: "Address at the Second Assembly of the World Council of Churches, Evanston, Illinois,"*. [S.l.]: The American Presidency Project, 1954. Disponível em: <http://www.presidency.ucsb.edu/ws/?pid=9991>. Acesso em: 12 abr. 2015.

PHILIPS SONICARE. *Site*. [S.l.]: Philips Electronics, 2015. Disponível em: <http://www.sonicare.com/>. Acesso em: 15 maio 2015.

PORTAL DA EDUCAÇÃO. *A retórica e a oratória*. Campo Grande: Portal da Educação, 2013. Disponível em: <https://www.portaleducacao.com.br/fonoaudiologia/artigos/48117/a-retorica-e-a-oratoria#>. Acesso em: 9 abr. 2015.

PROJECT BETZALEL. *Tabernacle design, analysis, and exegesis*. [S.l.]: Project Betzalel, c2015. Disponível em: <http://www.projectbetzalel.com/design>. Acesso em: 2 nov. 2015.

RAY, M. *A giant leap for mankind*. [S.l.]: Encyclopaedia Britannica, 2012. Disponível em: <http://blogs.britannica.com/2012/08/giant-leap-mankind/>. Acesso em: 2 nov. 2015.

ROBBINS, S. *Comportamento organizacional*. São Paulo: Prentice Hall, 2005.

ROWE, W. D.; GOODMAN, G. T. *What is an acceptable risk and how can it be determined?* New York: Academic, 1979.

SCADA and HMI systems in process control and plant management. [S.l.: s.n.], 2006. Disponível em: <http://people.etf.unsa.ba/~asalihbegovic/SCADA%20and%20HMI.html>. Acesso em: 2 nov. 2015.

SISTEPLANT SMART SOLUTIONS. *Site*. Bilbao: Sisteplant Smart Solutions, c2015. Disponível em: <http://www.sisteplant.com/es/soluciones/strategy/bt-business-transformation/>. Acesso em: 2 nov. 2011.

SMITH, R. J. *Engineering as a career*. New York: McGraw-Hill, 1956.

SOLUTIONS AUDITIVES. *Site*. Casablanca: Solutions Auditives, c2015. Disponível em: <http://www.solutions-auditives.ma/admin/wordpress/projects/depistage-neonatal/>. Acesso em: 2 nov. 2015.

SUN TZU. *A arte da guerra*. Petrópolis: Vozes, 2011.

ULLMAN, D. G. *The mechanical design process*. New York: McGraw-Hill, 1992.

WORLD OF WAR PLANES. *Site*. [S.l.]: Wargaming, c2015. Disponível em: <http://worldofwarplanes.eu/>. Acesso em: 20 out. 2015.

WRIGHT, P. H. *Introduction to engineering*. 3rd ed. Hoboken: John Wiley & Sons, 2002.

WULF, A. Great achievements and grand challenges. *The Bridge*, v. 30, n. 3/4, 2000. Disponível em: <https://www.nae.edu/Publications/Bridge/EngineeringAchievements/GreatAchievementsandGrandChallenges.aspx>. Acesso em: 12 nov. 2015.

Índice

A

Análise de engenharia, 133-152
   metodologia, 137
   procedimento geral, 141
      apresentando os resultados, 147
      área de cabeçalho, 149f
      definição de problemas do mundo real, 147
      descreva o problema, 142
      desenhe os diagramas, 143
      discuta os resultados, 147
      efetue os cálculos, 144
      escreva as equações, 144
      estabeleça as suposições, 143
      folha de cálculo de engenharia, 149f
      junção de tubulações e o seu diagrama, 142f
      método da "receita de bolo", 150
      sistema de combustão e o seu diagrama, 143f
      verifique as soluções, 145
   projeto de engenharia, 134
      análise para o projeto de um componente mecânico, 135
      barra engastada, 135f
Atividades dos engenheiros, 24-36
   aptidão para engenharia, 25
   equipe tecnológica, 34
      auxiliar técnico, 35
      técnico especialista, 35, 35f
      tecnólogo, 36
   funções dos engenheiros, 27
      aplicações, 31
      de operação, 30
      de vendas, 31
      na academia, 34
      na concepção, 28
      na construção, 29
      na consultoria, 33
      na gestão, 32
      na instalação, 29
      na pesquisa, 27
      na produção, 29
      no desenvolvimento, 28
      no projeto, 28
      novas estruturas, 30f
      novas máquinas
      novas soluções, 28f
      serviços, 31

B

Busca da solução ótima, 116-132
   autonomia do motor MDI *versus* velocidade, 122f
   conceito ilustrativo do valor ótimo, 117f
   critérios são contraditórios, 124
      aceitação relativa, 126f
      análise para otimização, 125
      níveis de aceitação do raio da lata, 125f
      resposta visual do olho humano, 124f
   curva da nitidez, 119f
   curva do comportamento do conjugado e da potência, 123f
   custos da correlação dos modelos, 120f
   nitidez de imagem para ajuste da distância, 118f
   nitidez de imagem para ajuste do foco, 118f
   potência do motor MDI *versus* velocidade, 122f
   valor relativo, 127
   variáveis controláveis, 117t
   variáveis dependentes, 117t
   veículo com motor de ar comprimido, 122f
   processo de otimização, 128
      da produção, 130
      usando matemática, 128f

C

Cálculo de grandezas numéricas, 138
   aproximações, 138
   dígitos significativos, 139
   regras para a divisão, 140
   regras para a multiplicação, 140
   regras para a soma, 140
   regras para a subtração, 140
   regras para operações combinadas, 141
   uso da calculadora, 141
Classificação dos materiais de engenharia, 185
   de acordo com a sua natureza, 186
      compósitos, 192
      madeira, 189
      metais, 186
         aço carbono, 187
         aço inoxidável, 187
         alumínio, 188
         cobre, 188, 189f
         ferros fundidos, 187

latão, 189
magnésio, 189
titânio, 187
plásticos, 190, 191f
  acetal, 192
  acrílicos, 192
  epóxi, 190
  nylon, 191
  poliésteres, 191
  poliestireno, 191
  polietileno, 191
  termestáveis, 190
  termoplásticos, 190
de acordo com as suas propriedades, 192
  propriedades elétricas, 192
    condutividade elétrica de alguns materiais, 193t
    ferroeletricidade, 195
    permissividade, 195
    piezeletricidade, 195
    resistividade, 193
    supercondutores, 195
  propriedades magnéticas, 195
    coercitividade, 197
    densidade de saturação, 197
    diamagnetismo, 196
    ferrimagnetismo, 196
    ferromagnetismo, 196
    histerese, 196
    paramagnetismo, 196
    permeabilidade, 196
    remanescência, 197
  propriedades mecânicas, 199
    anelasticidade, 201
    coeficiente de Poisson, 201
    compressibilidade, 200, 201t, 202
    ductilidade, 201, 201t
    dureza, 202
    módulo de elasticidade, 200
    módulo de resiliência, 202
    módulo de Young, 200, 201t
    resiliência, 202
    tensão de escoamento, 200
    viscoelasticidade, 201
    viscosidade, 200, 202
  propriedades ópticas, 197
    absortividade, 197
    eletroluminescência, 199
    fluorescência, 199
    fosforescência, 199
    fotocondutividade, 199
    índice de refração, 198
    luminescência, 199
    opacos, 198
    refletividade, 1971 198
    translúcidos, 197
    transmissividade, 197
    transparentes, 197
  propriedades químicas, 203
    reatividade química, 203
  propriedades térmicas, 202
    calor específico, 202
    capacidade calorífica, 202
    capacidade térmica, 202
    coeficiente de dilatação, 203
    coeficiente de expansão térmica, 203
    condutividade térmica, 202, 203
    expansão térmica, 202
    tensões térmicas, 203
de acordo com o seu estado, 185
  estado gasoso, 186
  fase líquida, 185
  materiais sólidos, 185

E

Educação em engenharia, 25
  aplicações de engenharia, 26
  ciências da engenharia, 25
  comunicação e expressão, 26
  humanidades, 26
  meio ambiente, 26
  sociedade, 26
Engenharia, 1-23
  breve introdução, 1-23
  como profissão, 4
  arte, 6
  benefício da humanidade como propósito, 9
  ciência aplicada, uso da, 7
  ciência, 6
  como vocação, 6
  definição legal típica, 4
  definição profissional, 4
  diagrama das atividades humanas, 5f
  próteses robotizadas, 7f
  recursos energéticos, 9
  recursos materiais, 8
  recursos naturais, utilização dos, 8
  coração artificial, 2f
  grandes realizações, 14
  água abundante, 15
  água tratada, 15
  automóvel, 14
  avião, 15
  computadores, 16
  eletrificação, 14
  eletrodomésticos, 17
  eletrônica, 15
  exploração espacial, 17
  fibras ópticas, 18
  internet, 17
  laser, 18
  malhas rodoviárias, 17
  mapeamento por satélite, 18f
  materiais de alto desempenho, 19
  mecanização agrícola, 15, 16f
  rádio, 15
  sistemas de ar condicionado, 16
  sistemas de refrigeração, 16
  tecnologia nuclear, 18
  tecnologias da saúde, 17
  tecnologias de aproveitamento do gás, 18

tecnologias de aproveitamento do petróleo, 18
tecnologias de imagem, 17
telefonia, 16
televisão, 15
primeiro contato, 19
  atividades extracurriculares, 21
  atividades que desenvolvem, 19
  boa opção para as mulheres, 21
  carreira adequada, 19
  criatividade, 22
  formação, 22
  horas de trabalho, 22
  horas por dia para os estudos, 21
  licença para exercer a profissão, 22
  perspectivas de carreira, 20
  pós-graduação, 22
  relação com os técnicos, 20
  relação com os tecnólogos, 20
  tipos de conhecimentos prévios, 20
tempos futuros, 12
  influências da ciência, 13
  influências da tecnologia, 13
  liberdade, 14
  responsabilidade, 14
  velocidade do progresso, 13
tempos passados, 9
  aqueduto romano de Pont du Gard, 11f
  arquitetura, 10
  estradas, 10
  hidráulica, 11
  ingenium, 12
  metalurgia, 11
  pirâmides do Egito, 10f
Engenheiros,
  ambientais, 52
  biomédicos, 61
  civis, 54

de agricultura, 51
de construção, 55
de estruturas, 55
de materiais, 53
de minas, 50
de prevenção e proteção de incêndios, 64
de produção, 57
de saúde e segurança, 63
de segurança aeroespacial, 64
de segurança de minas, 50
de segurança de produtos, 64
de segurança de sistemas, 64
de transportes, 55
eletricistas e eletrônicos, 60
geológicos, 50
geotécnicos, 55
mecânicos, 56
químicos, 58
Especialidades da engenharia, 47-66
  aplicações militares, 65
  aplicações para sistemas biológicos, 61
  classificação das, 48
  eletroeletrônica, computação, iluminação, instrumentação, energia elétrica e magnética, 59
  extração, processamento e uso dos recursos naturais, 49
  infraestrutura e urbanismo, 54
  máquinas, mecanismos, produção, energia térmica e mecânica, 56
  processos químicos, alimentos, tecnologia de materiais e energia nuclear, 58
  saúde e segurança, 63
Ética e responsabilidades, 252-273
  compromisso com a segurança, 267
    incertezas no projeto, 268
    riscos, 267

escolhas morais e os dilemas éticos, 263
  códigos de ética profissionais, importância dos, 265
  códigos, limitações dos, 266
  códigos, não atendimento dos, 266
  passos para resolver dilemas éticos, 264
    clareza conceitual, 265
    clareza moral, 264
    conhecer as alternativas, 265
    estar bem informado, 265
    ser razoável, 265
ética ambiental e aspectos sociais, 269
  decisões técnicas e o bem-estar humano, 271
  engenharia e o desenvolvimento sustentável, 270
ética e profissionalismo, 253
  complexidade moral dos sistemas de engenharia, 255
  estudo da ética da engenharia, importância do, 258
  ética na engenharia, 258
  problemas morais potenciais, 256
  questões macro, 254
  questões micro, 254
  sequência de tarefas de um produto, 255f
  tarefas de engenharia e possíveis problemas, 259t
profissionais, profissões e empresas responsáveis, 260
  ética nas empresas, 262
  responsabilidades profissionais, 261
responsabilidade na engenharia, 253

F
Falhas de engenharia, 137
Fontes de energia, 206-228, 207, 208f
  armazenada na matéria, 207
  classificação dos tipos de energia, 213
    aerogeradores em uma usina eólica, 224f
    carvão mineral, 217
    combustíveis fósseis, 216
    consumo de energia, 215
    consumo de energia por fase de desenvolvimento, 215f
    eficiência na energia e no transporte, 213
    energia da biomassa, 221
    energia de fissão nuclear, 218
    energia de fusão nuclear, 219
    energia eólica, 223
    energia geotérmica, 225
    energia hidráulica, 223
    energia oceânica, 226
    energia solar, 219
    energias renováveis e não renováveis, 213
    fornecimento de energia no mundo por tipo de fonte, 215f
    gás natural, 217
    petróleo, 216
    planta de energia de biomassa, 221f
    planta geotérmica, 227f
    produção de dióxido de carbono, 216f
    reator de fissão nuclear, 219f
    reator de fusão nuclear, 220f
  da radiação e do calor, 210
    usina solar fotovoltaica, 211f
    usina solar térmica, 212f
  do movimento da matéria, 209
    usinas hidrelétricas, 209f
    muscular, 211
    não exploradas comercialmente, 212
    pouco exploradas, 212

H
Habilidades de liderança, 229-251
  características dos grupos, 230
  comportamentos interpessoais, 230
    construtivos, 231t
    destrutivos, 231t
  desenvolvendo habilidades, 240
    tipos de liderança e formas de exercê-la, 241
  divisão do trabalho, 239
    atribuindo atividades e responsabilidades, 239
  etapas de desenvolvimento da equipe, 231
  ferramentas para assistência no planejamento, 236
    carta de Gantt, 239f
    carta PERT/COM, 238f
    diagrama de Ishikawa, 237f
  habilidades na tomada de decisões, 241
    conceito de probabilidade, 242
    desvio padrão, 247
    distribuição de frequências, 249f
    distribuição normal, 248, 250f
    erro padrão, 250
    ferramentas estatísticas, 243
      cálculo de probabilidades para dois dados, 244f
      cálculo de probabilidades para um dado, 243f
      frequência de espessuras de uma chapa de alumínio, 247f
      histograma, 246
      medições de espessura de chapas de alumínio, 247t
      medida de espessura de placas de alumínio, 248t
      moda e mediana, 245, 246f
      possibilidade e probabilidade, 243
      risco das decisões, 241
      valor médio, 245, 246f
  planejamento e atribuição de responsabilidades, 235
    paradoxo do processo do projeto, 236f
  reuniões, 233
    alcançando o consenso, 234
    conflitos nas equipes, 234
      e as suas características, 234f
    funções comuns dos membros da equipe em reuniões, 233
    métodos de tomada de decisão, 233
Habilidades necessárias ao engenheiro, 37-46
  competências e habilidades esperadas, 41
    administração, 44
    ciência e tecnologia dos materiais, 43
    ciências do ambiente, 44
    comunicação e expressão, 44
    economia, 44
    eletricidade aplicada, 43
    expressão gráfica, 44
    fenômenos de transporte, 43
    física, 42
    habilidades desenvolvidas nos currículos de engenharia, 41q
    humanidades, ciências sociais e cidadania, 45
    informática, 44
    matemática, 42
    mecânica dos sólidos, 43

metodologia científica e
tecnológica, 44
química, 43
tópicos básicos para
a formação em
engenharia, 41
habilidades desejáveis, 38
analisar tudo em
detalhes, 39
comunicar-se de forma
eficiente, 40
pensar de forma
convergente, 38
pensar de forma
divergente, 39
projetar, 39
ser criativo, 38
ser útil, 40
trabalhar em equipe, 40
pensamento humanístico,
41

M
Materiais de engenharia,
184-205
escolha dos materiais de
engenharia, 204
Método para a solução dos
problemas de engenharia,
67-94
especificação da solução
final, 91
processo solucionador, 92
representação gráfica da
distribuição das fases no
tempo, 92f
tamanho dos detalhes, 92
fase da análise do
problema, 72
critérios, 76
escala de produção, 77
fatores condicionantes,
74
conflitos entre fatores
condicionantes, 75
fatores condicionantes
fictícios, 75
problema com três
variáveis de solução,
74f
região das soluções, 74
utilização da solução, 76

variedade de entradas e
saídas, 73
fase da decisão, 85
classificação de alguns
subcritérios, 88f
comparar alternativas, 89
critérios para a decisão
de compra, 90t
decidir a melhor solução,
90
escolher critérios, 85
influência de dois fatores
no ponto ótimo de
operação, 91f
pesquisa e decisão na
escolha de uma solução
para um problema, 86f
prever o desempenho, 88
procedimento geral da
tomada de decisão, 85
relatório de comparação
de critérios, 87t
fase da formulação do
problema, 69
amplitude da formulação,
70
diferentes alternativas
para formular um
problema, 71
exemplo de formulação,
69
layout de uma fábrica,
69f
problema com
processamento de
informações, 71f
riscos, 72
fase da pesquisa por
soluções alternativas, 78
fator criativo e a
inventividade, 78
aptidão, 79
atitude, 79
conhecimento, 78
espaço de solução, 80f
método, 79
organização de ideias
na forma de árvore de
alternativas, 83f
importância da
simplicidade, 84

fases da solução de um
problema, 68
Modelos e modelagem na
engenharia, 95-115
classificação, 98
abstração da tensão e
corrente elétrica num
motor de indução, 113f
segundo as
características de
resposta, 108
modelo dinâmico de
um resistor elétrico
em alta frequência,
109f
modelo estático de um
resistor elétrico, 109f
modelos dinâmicos,
108
modelos estáticos, 108
segundo seu propósito,
98
modelo atômico de
Bohr, 98f
modelo descritivo
de uma planta
geotérmica, 99f
modelo gráfico de
resposta, 100f
modelo matemático de
resposta, 99f
modelos de
comportamento, 99
modelos de decisão, 99
modelos de resposta,
99
modelos descritivos, 98
segundo suas
características
construtivas, 100
carta psicrométrica,
104f
diagrama de um
circuito eletrônico,
105f
fábrica de
beneficiamento de
carvão mineral, 106f
gerador de energia
elétrica, 101f
modelos analíticos, 105

modelos analógicos, 103
modelos diagramáticos, 103
modelos iconográficos, 100
sistema de segurança para células robotizadas, 102f
sistema de suspensão de automóvel, 107f
sistemas elétricos e térmicos, 103f
significado dos modelos, como, 111
   ferramentas de previsão, 112
   ferramentas de treinamento, 114
   ferramentas para a comunicação, 112
   ferramentas para auxiliar no discernimento, 112
   ferramentas para o controle automático, 113
validade dos modelos, 110
simulador para treinamento de pilotos de aviação, 114f
modelagem na solução de problemas de engenharia, 98
modelos, 96
   máquina de vapor, 96f
   testes da aerodinâmica de torres de resfriamento, 97f
representações dos sistemas físicos, 96
uso dos modelos, 109
Mundo quantificado dos engenheiros, 153-183
   consistência das dimensões nos modelos matemáticos, 155
     acústica, 160
     aerodinâmica, 156
     bote salva-vidas de queda-livre da Pesbo, 159f
     cinemática, 159
     dimensões derivadas expressas em termos das dimensões fundamentais, 157t
     dimensões fundamentais e as suas unidades no SI, 156t
     pás de um aerogerador, 158f
   dimensões, 155
   escrita das quantidades e suas unidades, 174
     nomes das unidades, 176
     símbolos das unidades, 175
     unidades não SI associadas com o antigo sistema CGS de unidades, 174t
   múltiplos e submúltiplos decimais das unidades SI, 167
     prefixos SI, 169t
     quilograma, 170
     unidades com nomes especiais, 168t
   quantidades e unidades, 160
     modelo da Torre Eiffel, 161f
   regras e convenções de estilo para expressar valores de quantidades, 177
     estabelecendo valores de quantidades adimensionais, 181
     expressando a incerteza das medidas no valor de uma quantidade, 180
     formatando números com marcador decimal, 180
     formatando o valor das quantidades, 179
     multiplicando ou dividindo números, 181
     multiplicando ou dividindo símbolos de quantidade, 181
     multiplicando ou dividindo valores de quantidade, 181
     representação dos eixos na forma de quociente entre quantidade e unidade, 178f
     símbolos de quantidade e símbolos de unidade, 178
     tabela com valores e unidades representados na forma de quocientes, 179t
     valor numérico de uma quantidade, 177
Sistema Internacional e suas unidades de, 162
   comprimento – metro, 162
   corrente elétrica – ampère, 163
   intensidade luminosa – candela, 164
   massa – quilograma, 162
   quantidade de substância – mole, 164
   temperatura termodinâmica – kelvin, 163
   tempo – segundo, 163
unidades derivadas, 164
   coerentes com nomes e símbolos especiais, 166t
   coerentes expressas em termos das suas unidades básicas, 165t
   com nomes e símbolos especiais, 167
   com nomes especiais, 165
unidades fora do SI, 170
   outras unidades não SI utilizadas na prática, 173t
   unidades não SI aceitas para uso com unidades SI, 171t
   unidades não SI cujos valores devem ser obtidos de forma experimental, 172t
   unidades não SI para uso com SI, 171